教育部　财政部职业院校教师素质提高计划职教师资培养资源开发项目
《机电技术教育》专业职教师资培养资源开发（VTNE016）

工业机器人编程与操作

主　编　祁宇明　孙宏昌　邓三鹏
参　编　蒋永翔　李丽娜　刘朝华　马　骏
蒋　丽　王　钰　杨雪翠　叶　晖
曹向红　王仲民　曹雪姣　吕世霞

机 械 工 业 出 版 社

本书以 ABB 工业机器人为对象，使用 ABB 公司的 IRB 系列机器人以及仿真软件 RobotStudio，以项目驱动方式创建现代工业机器人典型应用案例，利用其离线编程功能在各个工作站中集成夹具动作、物料搬运、周边设备等仿真动作，使机器人工作站完成典型工作任务与工作场景，同时在真实的机器人中予以实现。

本书采用项目驱动方式，充分体现了理论知识“必需、够用”的特点，突出应用能力和创新素质的培养，全面地介绍了工业机器人基本操作，并对工业机器人的示教器、仿真软件等进行详细的讲解；通过工业机器人坐标系数据设置与校准，介绍了工业机器人的基本安装调试方法；详细阐述了工业机器人在生产线中的编程与仿真应用；讲解了工业机器人的 I/O 通信及工作站逻辑配置；并对搬运机器人、压铸机器人与工业机器人柔性制造系统进行详解。本书能帮助读者学习工业机器人技术及其应用方法，进而掌握工业机器人的编程调试及相关控制技术。

本书内容丰富，结构清晰，通俗易懂，通过本书的学习可以使读者快速掌握使用 ABB 工业机器人进行常用的工业机器人操作的方法。本书适用于职业院校以及普通高等院校机电或机器人相关专业。

图书在版编目（CIP）数据

工业机器人编程与操作/祁宇明，孙宏昌，邓三鹏主编．—北京：机械工业出版社，2019.2（2024.10 重印）
教育部、财政部职业院校教师素质提高计划职教师资培养资源开发项目《机电技术教育》专业职教师资培养资源开发（VTNE016）
ISBN 978-7-111-61647-4

Ⅰ．①工…　Ⅱ．①祁…②孙…③邓…　Ⅲ．①工业机器人-程序设计　Ⅳ．①TP242.2

中国版本图书馆 CIP 数据核字（2018）第 286839 号

机械工业出版社（北京市百万庄大街 22 号　邮政编码 100037）
策划编辑：汪光灿　责任编辑：汪光灿　黎　艳
责任校对：佟瑞鑫　封面设计：张　静
责任印制：常天培
北京中科印刷有限公司印刷
2024 年 10 月第 1 版第 5 次印刷
184mm×260mm · 12 印张 · 296 千字
标准书号：ISBN 978-7-111-61647-4
定价：36.00 元

电话服务	网络服务
客服电话：010-88361066	机　工　官　网：www.cmpbook.com
010-88379833	机　工　官　博：weibo.com/cmp1952
010-68326294	金　　书　　网：www.golden-book.com
封底无防伪标均为盗版	机工教育服务网：www.cmpedu.com

教育部　财政部职业院校教师素质提高计划成果系列丛书

项目牵头单位：天津职业技术师范大学

项目负责人：阎兵

项目专家指导委员会：

出版说明

《国家中长期教育改革和发展规划纲要（2010—2020年）》颁布实施以来，我国职业教育进入到加快构建现代职业教育体系、全面提高技能型人才培养质量的新阶段。加快发展现代职业教育，实现职业教育改革发展新跨越，对职业学校“双师型”教师队伍建设提出了更高的要求。为此，教育部明确提出，要以推动教师专业化为引领，以加强“双师型”教师队伍建设为重点，以创新制度和机制为动力，以完善培养培训体系为保障，以实施素质提高计划为抓手，统筹规划，突出重点，改革创新，狠抓落实，切实提升职业院校教师队伍整体素质和建设水平，加快建成一支师德高尚、素质优良、技艺精湛、结构合理、专兼结合的高素质专业化的“双师型”教师队伍，为建设具有中国特色、世界水平的现代职业教育体系提供强有力的师资保障。

目前，我国共有60余所高校正在开展职教师资培养，但由于教师培养标准的缺失和培养课程资源的匮乏，制约了“双师型”教师培养质量的提高。为完善教师培养标准和课程体系，教育部、财政部在“职业院校教师素质提高计划”框架内专门设置了职教师资培养资源开发项目，中央财政划拨1.5亿元，系统开发用于本科专业职教师资培养标准、培养方案、核心课程和特色教材等系列资源。其中，包括88个专业项目、12个资格考试制度开发等公共项目。该项目由42家开设职业技术师范专业的高等学校牵头，组织近千家科研院所、职业学校、行业企业共同研发，一大批专家学者、优秀校长、一线教师、企业工程技术人员参与其中。

经过三年的努力，培养资源开发项目取得了丰硕成果。一是开发了中等职业学校88个专业（类）职教师资本科培养资源项目，内容包括专业教师标准、专业教师培养标准、评价方案，以及一系列专业课程大纲、主干课程教材及数字化资源；二是取得了6项公共基础研究成果，内容包括职教师资培养模式、国际职教师资培养、教育理论课程、质量保障体系、教学资源中心建设和学习平台开发等；三是完成了18个专业大类职教师资资格标准及认证考试标准开发。上述成果，共计800多本正式出版物。总体来说，培养资源开发项目实现了高效益：形成了一大批资源，填补了相关标准和资源的空白；凝聚了一支研发队伍，强化了教师培养的“校—企—校”协同；引领了一批高校的教学改革，带动了“双师型”教师的专业化培养。职教师资培养资源开发项目是支撑专业化培养的一项系统化、基础性工程，是加强职教教师培养培训一体化建设的关键环节，也是对职教师资培养培训基地教师专业化培养实践、教师教育研究能力的系统检阅。

自2013年项目立项开题以来，各项目承担单位、项目负责人及全体开发人员做了大量深入细致的工作，结合职教教师培养实践，研发出很多填补空白、体现科学性和前瞻性的成果，有力推进了“双师型”教师专门化培养向更深层次发展。同时，专家指导委员会的各位专家以及项目管理办公室的各位同志，克服了许多困难，按照两部对项目开发工作的总体要求，为实施项目管理、研发、检查等投入了大量时间和心血，也为各个项目提供了专业的咨询和指导，有力地保障了项目实施和成果质量。在此，我们一并表示衷心的感谢。

编写委员会

2016年10月

前　言

为适应国家大力发展职业教育的新形势，深入贯彻落实《国家中长期教育改革和发展规划纲要（2010—2020 年)》中关于实施“职业院校教师素质提高计划”的精神，发挥职教师资的培养优势和特色，编者通过对职业院校和企业的广泛调研，针对机电技术教育专业培养职教师资的社会需求，努力构建既能体现机电一体化技术理论与技能，又能充分体现师范技能与教师素质培养要求的培养标准与培养方案；构建一种紧密结合本专业人才培养需要的一体化课程体系，基于 CDIO 开发核心课程与相应特色教材，为我国职业教育的发展做出贡献。

本书是以职业能力培养为核心，融合生产实际中的工作任务，基于工作过程、项目驱动进行开发编写的。本书打破了课程的学科体系，打破了理论教学和实践教学的界限，以综合性工业机器人任务为载体，把相关知识点嵌入到每个项目的每个任务中，通过各项目及渐进的工作任务来讲述工业机器人控制相关知识、设计和应用方法，工作任务需要什么就讲什么、就练习什么，突出了专业实践能力和专业实践问题解决能力的培养。

本书结合工业机器人多功能综合实训系统（BNRT - MTS120)，针对工业机器人应用知识要点，共分为七个项目。项目一主要对 ABB 工业机器人的基本操作进行介绍，尤其对机器人的基本操作单元——示教器在 RobotStudio 虚拟工作站上进行仿真训练等；项目二介绍工业机器人坐标系数据设置与校准；项目三介绍工业机器人在生产线中的编程与仿真应用；项目四介绍工业机器人的 I/O 通信及工作站逻辑配置；项目五介绍搬运机器人的编程与操作；项目六介绍压铸机器人的编程与操作；项目七介绍工业机器人柔性制造系统的设计及仿真应用。为了便于读者学习，本书中每个项目均以“项目概述”为开端，通过项目的简介提供学习导航；而后以“任务目标”“任务引入”和“任务实施”作为项目的展开，引导读者进行操作练习和理论思考。每个任务均可在实际的 ABB 机器人工作站上操作验证，也可以在 RobotStudio 虚拟工作站上进行仿真训练，方便读者进行比对与验证。

本书由天津职业技术师范大学祁宇明主编，全书由祁宇明（项目一、六、七)、邓三鹏（项目二、三)，孙宏昌（项目四、五)、蒋永翔、李丽娜（项目一、二)、刘朝华（项目

三、四）、马骏（项目五、六）、蒋丽（项目六、七）、王钰（项目三、四）、杨雪翠（项目六）、王仲民（项目七），ABB公司叶晖（项目五、六、七），天津交通职业技术学院曹向红（项目二），天津冶金职业技术学校曹雪姣（项目三）、北京电子科技职业技术学院吕世霞（项目四）参与编写。此外，天津职业技术师范大学机器人及智能装备研究所的部分研究生也参与了本书的编写与校对以及视频录制工作。

本书是由教育部财政部职业院校教师素质提高计划职教师资培养资源开发项目（项目编号：VTNE016）资助的《机电技术教育》专业核心课程教材开发成果。在本书编写过程中得到了天津职业技术师范大学机电工程系、机器人及智能装备研究所和天津博诺机器人技术有限公司的大力支持和帮助，在此深表谢意。

由于编者学术水平所限，书中难免存在不妥之处，恳请同行专家和读者们不吝赐教。

编　者

目　录

项目一　工业机器人基本操作

项目概述

掌握 ABB 工业机器人及其示教器的基本结构，熟悉并了解 RobotStudio 软件，能使用 RobotStudio 软件进行简单的操作。

任务一　工业机器人示教器认知

任务目标

1）理解示教器在编程操作中的作用。
2）学会如何使用示教器操作工业机器人。
3）掌握示教器的使用步骤。
4）了解 ABB 工业机器人示教器相关操作按钮的作用。

任务引入

机器人技术已广泛应用于制造业、资源勘探开发、医疗服务、军事和航天等领域，并发挥着重要作用。示教器是工业机器人的重要组成部分，是实现机器人控制和人机交互的重要工具，应用在各种场所的工业机器人，基本上都需要经过示教后才能正常运行。本项目基于天津博诺智创机器人技术有限公司研发的 BNRT－MTS120 型工业机器人多功能实训系统，操作者可通过示教器对机器人进行手动示教，控制机器人达到不同位姿，并记录各个位姿点的坐标；使用机器人语言进行在线编程，实现程序回放，让机器人按程序要求的轨迹运动。

任务实施

一、ABB 机器人示教器认知实验

ABB 机器人示教器（Flex Pendant）由硬件和软件组成，其本身就是一套完整的计算机。示教器（也称为 TPU 或教导器单元）用于处理与机器人系统操作相关的许多功能，例如运行程序、微动控制操纵器、修改机器人程序等。某些特定功能，如管理（User Authorization System，简称 UAS），无法通过示教器执行，只能通过 RobotStudio Online 软件实现。作为 IRC 系列机器人控制器的主要部件，示教器通过集成电缆和连接器与控制器连接。而 hot plug 按钮选项使得在自动模式下无需连接示教器仍可继续运行。示教器可在恶劣的工业环境下持续运作，其触摸屏易于清洁，且防水、防油、防溅湿。图 1-1 所示为示教器的组成。

控制杆：使用控制杆移动操纵器。它称为微动控制机器人。控制杆移动操纵器的设置有以下几种：

USB 端口：将 USB 存储器连接到 USB 端口以读取或保存文件。USB 存储器在对话窗口和示教器浏览器中显示为“驱动器/USB：可移动的”。

注意：不使用时应盖上 USB 端口的保护盖。

触摸笔：触摸笔随示教器提供，设置在示教器的背面。拉小手柄可以松开触摸笔。使用示教器时应用触摸笔触摸屏幕，不要使用螺钉旋具或者其他尖锐的物品。

重置按钮：会重置示教器，而不是控制器上的系统。

注意：USB 端口和重置按钮对使用 RobotWare 5.12 或更高版本的系统有效，对于低版本的系统无效。

硬按钮：示教器上有专用的硬按钮，如图 1-2 所示，其功能如下：

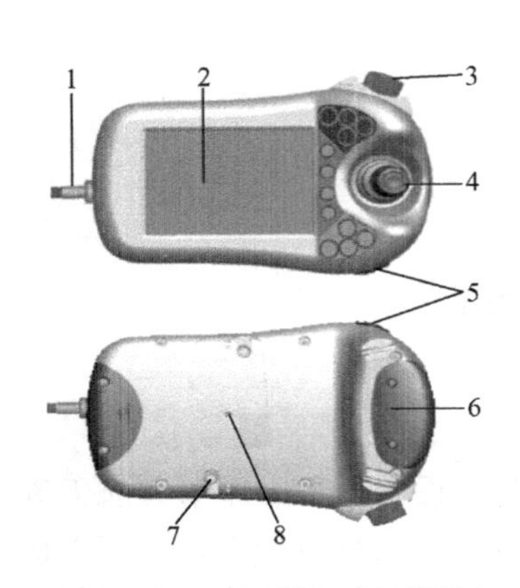

图 1-1 ABB 工业机器人示教器的组成

1—连接器 2—触摸屏 3—紧急停止按钮 4—控制杆
5—USB 端口 6—使动装置 7—触摸笔 8—重置按钮

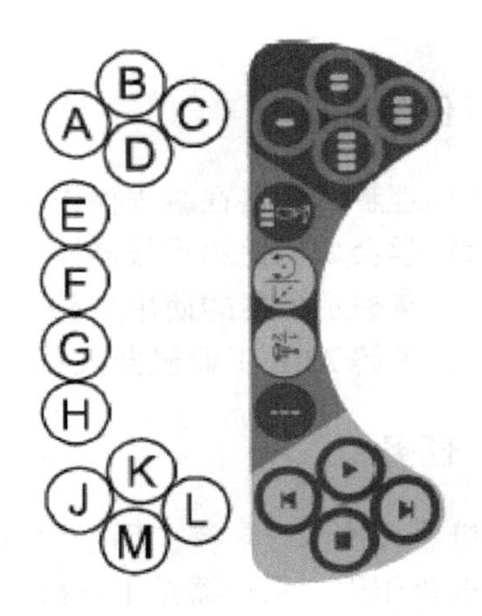

图 1-2 ABB 工业机器人示教器硬按钮

预设按钮 A ~ D：预设按钮可用于由用户设置的专用特定功能。对这些按钮进行编程后可简化程序编制或测试过程。它们也可用于启动示教器上的菜单。

E：选择机械单元。

F：切换运动模式为重定向或线性。

G：切换运动模式为轴 1 – 3 或轴 4 – 6。

H：切换增量。

J：步退（Step BACKWARD）按钮。按下此按钮，可使程序后退至上一条指令。

K：启动（Start）按钮，按下此按钮，开始执行程序。

L：步进（Step FORWARD）按钮。按下此按钮，可使程序前进至下一条指令。

M：停止（Stop）按钮，按下此按钮，停止执行程序。

操作示教器时，通常会手持该设备。惯用右手者用左手持设备，右手在触摸屏上执行操作；而惯用左手者可以轻松通过将显示器旋转 180°，使用右手持设备，如图 1-3 所示。

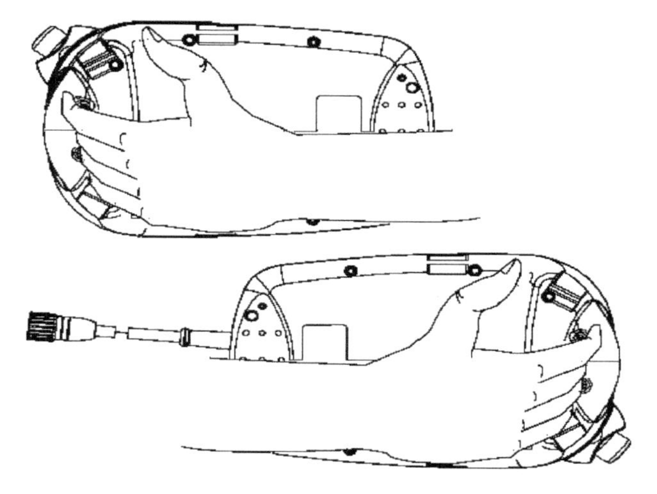

图 1-3　示教器握姿

二、ABB 机器人示教器界面认知

图 1-4 显示了示教器触摸屏的组成。

图 1-4　ABB 工业机器人示教器触摸屏

Ⓐ—ABB 菜单　Ⓑ—操作员窗口　Ⓒ—状态栏　Ⓓ—关闭按钮　Ⓔ—任务栏　Ⓕ—快速设置菜单

1. ABB 菜单

可从 ABB 菜单中选择以下项目：

HotEdit：输入和输出，微动控制；Production Window：运行时窗口；Program Editor：程序编辑器；Program Data：程序数据；Backup and Restore：备份与恢复；Calibration：校准；Control Panel：控制面板；Event Log：事件日志；FlexPendant Explorer：资源管理器、系统信息等。

2. 操作员窗口

操作员窗口显示来自机器人程序的消息。

3. 状态栏

状态栏显示与系统状态有关的重要信息，如操作模式、电动机开启/关闭、程序状态等。

4. 关闭按钮

单击关闭按钮将关闭当前打开的视图或应用程序。

5. 任务栏

通过 ABB 菜单可以打开多个视图，但一次只能操作一个视图。任务栏显示所有打开的视图，并可用于视图切换。

6. 快速设置菜单

快速设置菜单包含对微动控制和程序执行进行的设置。

任务二　RobotStudio 软件的使用

任务目标

1）了解 RobotStudio 软件界面。

2）掌握 RobotStudio 工作站的建立。

任务引入

RobotStudio 软件是 ABB 公司的一款离线机器人编程与仿真工具，其独特之处在于它在下载到实际控制器的过程中没有翻译阶段。RobotStudio 软件支持机器人的整个生命周期，它使用图形化编程、编辑和调试机器人系统来创建机器人的运动，并模拟优化现有的机器人程序。它还可用于远程维护和故障排除，把该机器人连接到实际系统并采取即时虚拟复制，即可离线进一步研究当时的情况。

任务实施

学会 RobotStudio 软件的安装，并进行简单操作。

一、RobotStudio 软件的安装

安装 RobotStudio 软件的步骤如下：

1）插入光盘，打开后如图 1-5 所示，然后双击“Launch. exe”。

2）选择演示语言为“中文”，然后单击“确定”按钮，如图 1-6 所示。

3）选择“安装产品”，弹出语言选择对话框，如图 1-7 所示。

4）单击“RobotWare”按钮与“RobotStudio”按钮，并按照提示安装软件，注意安装顺序，先安装“RobotWare”，再安装“RobotStudio”，如图 1-8 所示。

图 1-5　RobotStudio 软件安装界面（一）

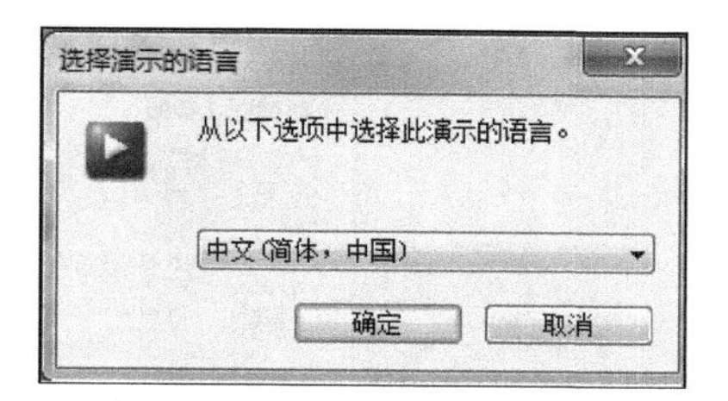

图 1-6　RobotStudio 软件安装界面（二）

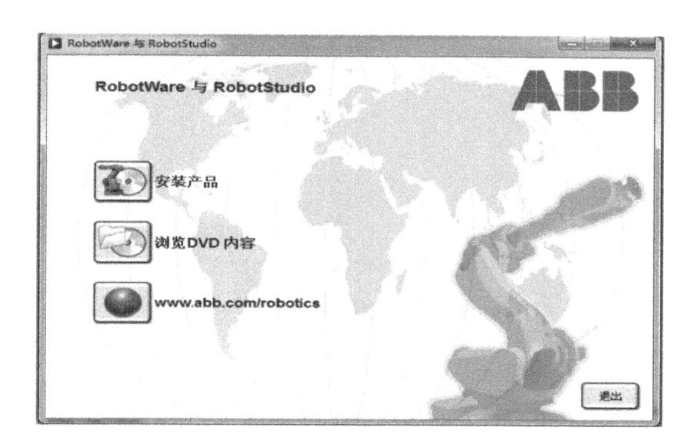

图 1-7　RobotStudio 软件安装界面（三）

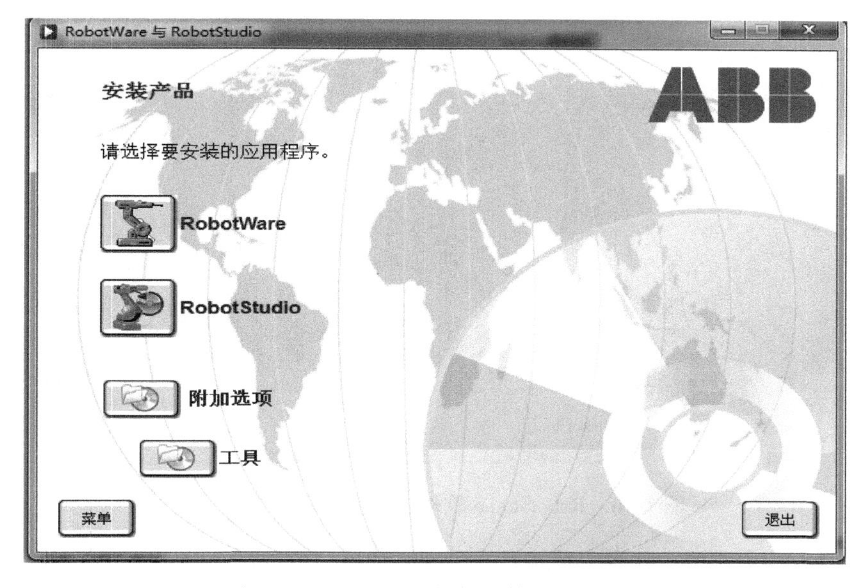

图 1-8　RobotStudio 软件安装界面（四）

二、在 RobotStudio 软件中建立练习用工作站

RobotStudio 软件提供了在计算机中进行 ABB 机器人示教器操作练习的功能。在 RobotStudio 软件中建立练习用工作站的步骤如下：

1）打开 RobotStudio 软件，如图 1-9 所示。

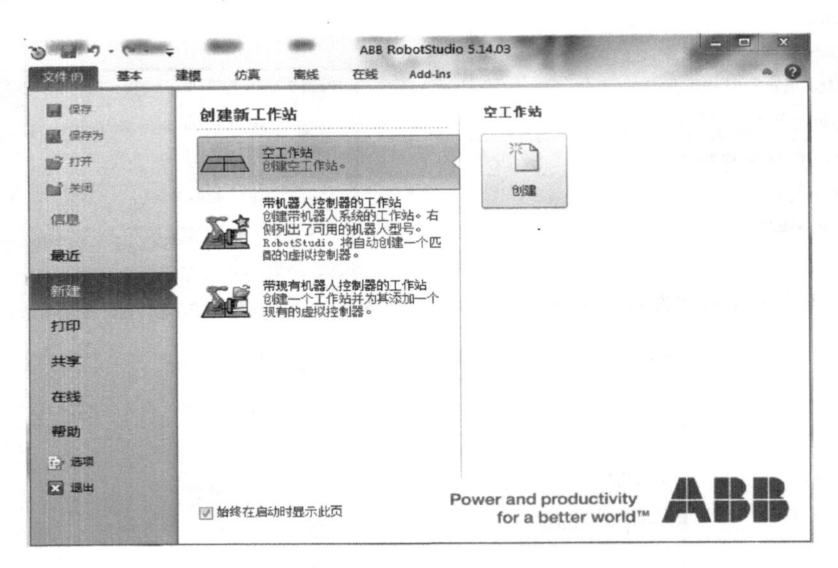

图 1-9　RobotStudio 软件建立工作站界面（一）

2）然后打开“离线”菜单，如图 1-10 所示。

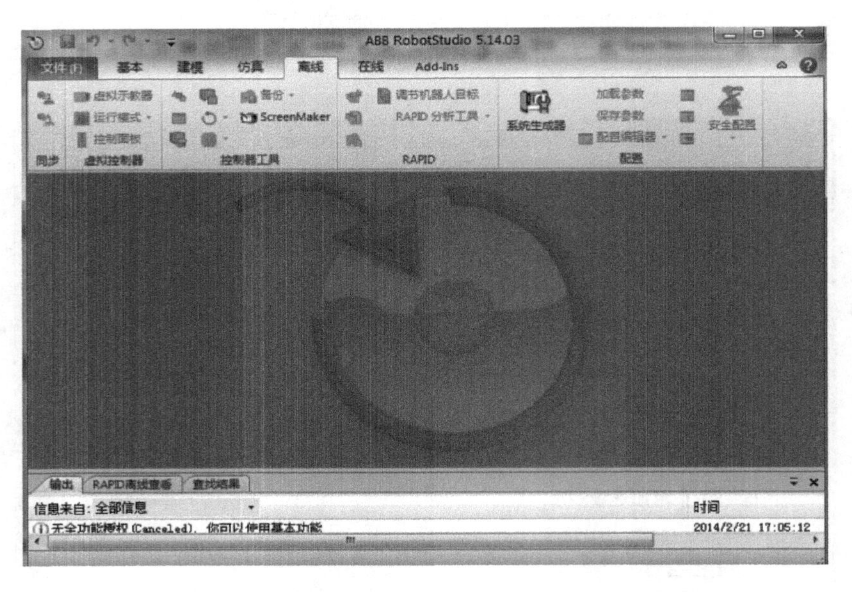

图 1-10　RobotStudio 软件建立工作站界面（二）

3）再打开系统生成器，并设定系统存放目录，选择“创建新系统 N...”，如图 1-11 所示。

4）在弹出的菜单中单击“下一步”按钮，如图 1-12 所示。

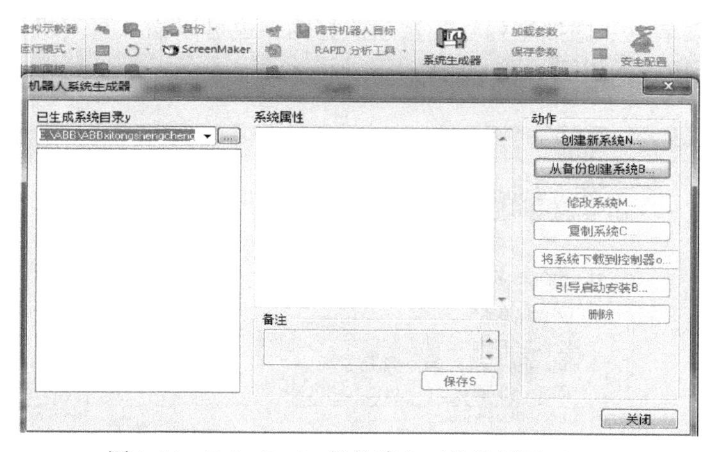

图 1-11　RobotStudio 软件建立工作站界面（三）

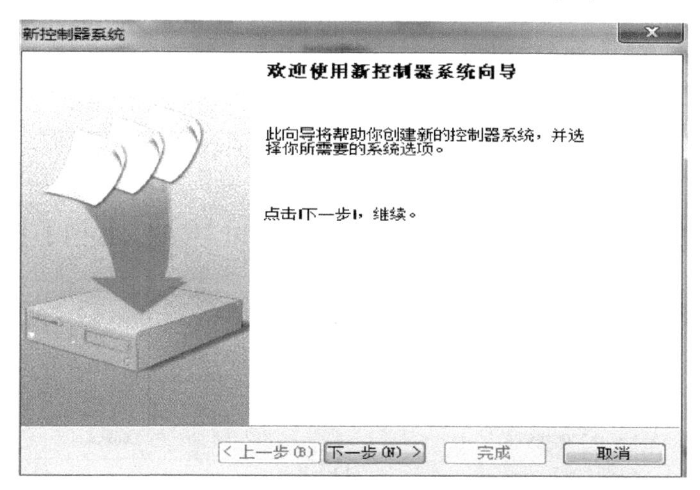

图 1-12　RobotStudio 软件建立工作站界面（四）

5）在弹出的菜单中设定系统名称，然后单击“下一步”按钮，如图 1-13 所示。

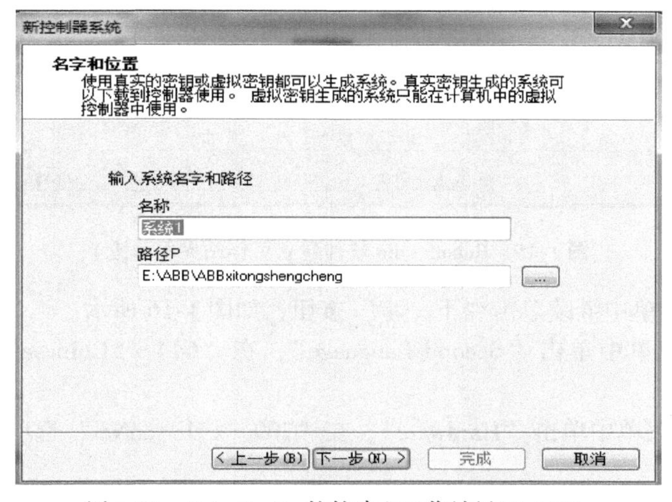

图 1-13　RobotStudio 软件建立工作站界面（五）

6）在弹出的菜单中“虚拟序列号”选项前打钩，也可以输入真实机器人的序列号，然后单击“下一步”按钮，如图 1-14 所示。

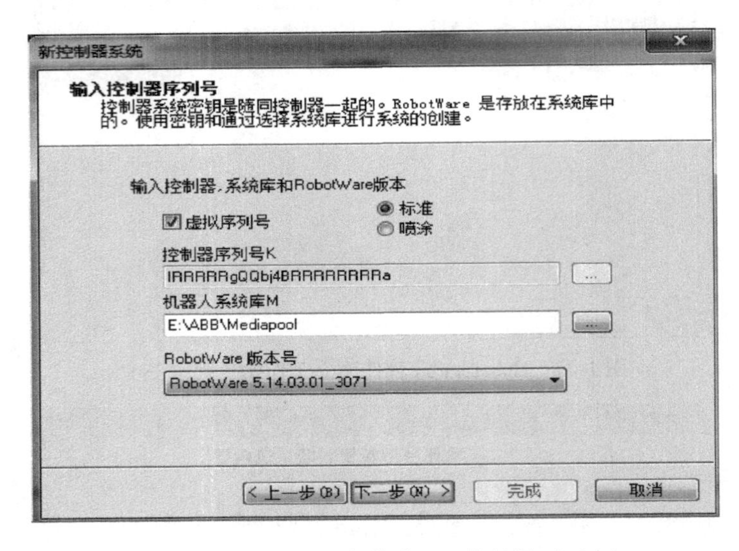

图 1-14　RobotStudio 软件建立工作站界面（六）

7）在弹出的菜单中单击“→”，然后单击“下一步”按钮，如图 1-15 所示。

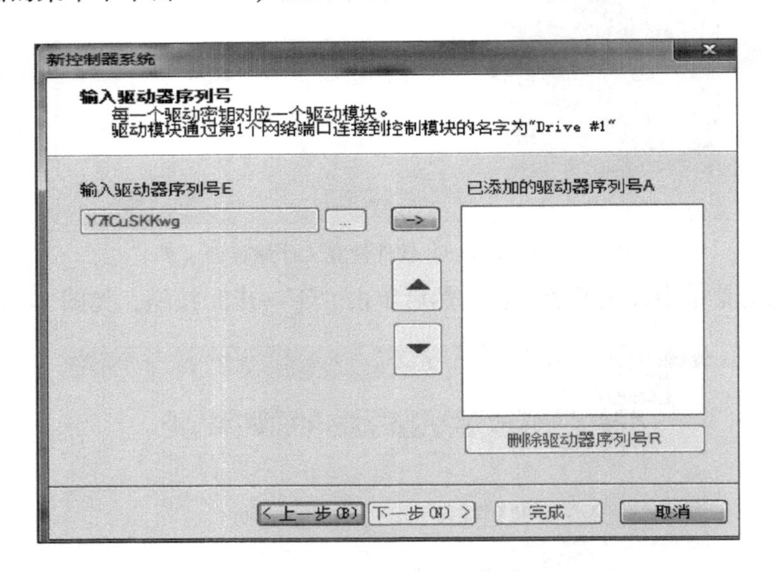

图 1-15　RobotStudio 软件建立工作站界面（七）

8）在弹出的菜单中继续单击“下一步”按钮，如图 1-16 所示。

9）在弹出的菜单中单击“Second Language”，在“644 - 5Chinese”选项前打钩，如图 1-17 所示。

10）在弹出的菜单中单击“Hardware”，在“709 - x DeviceNet”选项前打钩，如图 1-18 所示。

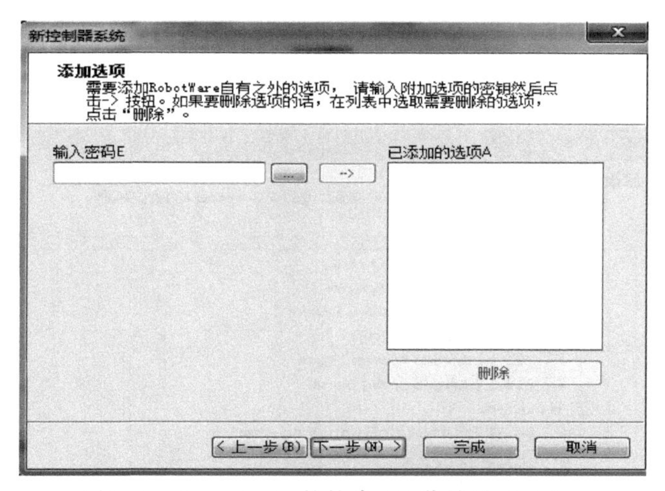

图 1-16　RobotStudio 软件建立工作站界面（八）

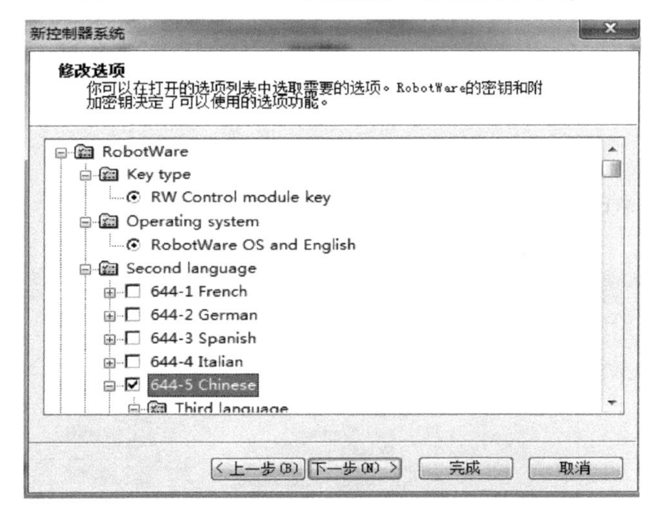

图 1-17　RobotStudio 软件建立工作站界面（九）

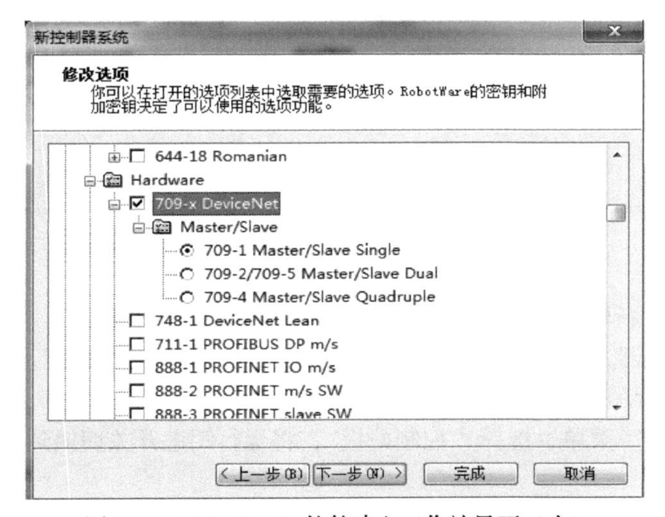

图 1-18　RobotStudio 软件建立工作站界面（十）

11）在弹出的菜单中“840－2 Profibus Adapter”选项前打钩，然后单击“完成”按钮，如图1-19所示。

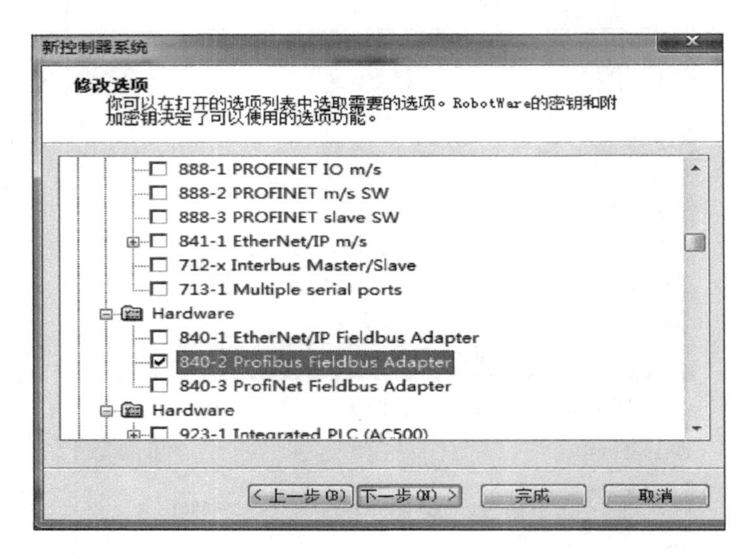

图1-19　RobotStudio软件建立工作站界面（十一）

12）在弹出的菜单中单击“关闭”按钮，如图1-20所示。

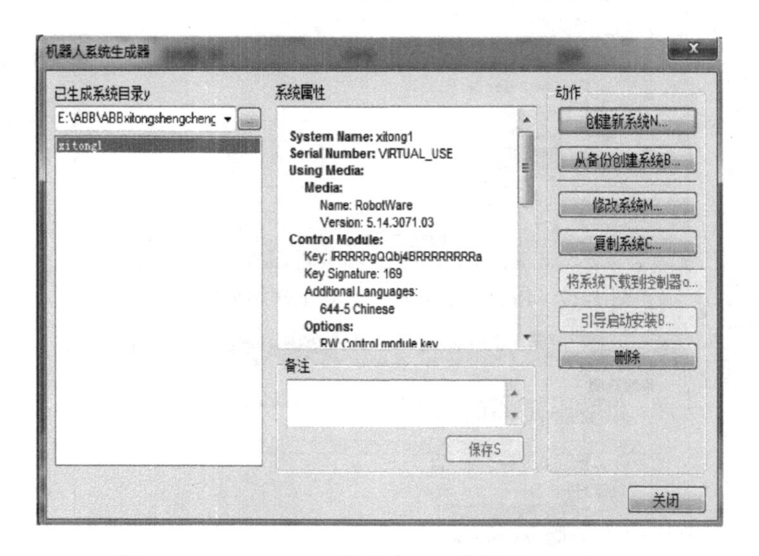

图1-20　RobotStudio软件建立工作站界面（十二）

13）然后单击“新建”按钮，选择“带机器人控制器的工作站”，如图1-21所示。

14）选择一款机器人型号，然后浏览系统，选择上面创建的系统，再单击“创建”图标按钮，如图1-22所示。

15）打开“离线”菜单，选择“控制面板”，将运行钥匙开关切换到中间位置，如图1-23和图1-24所示。

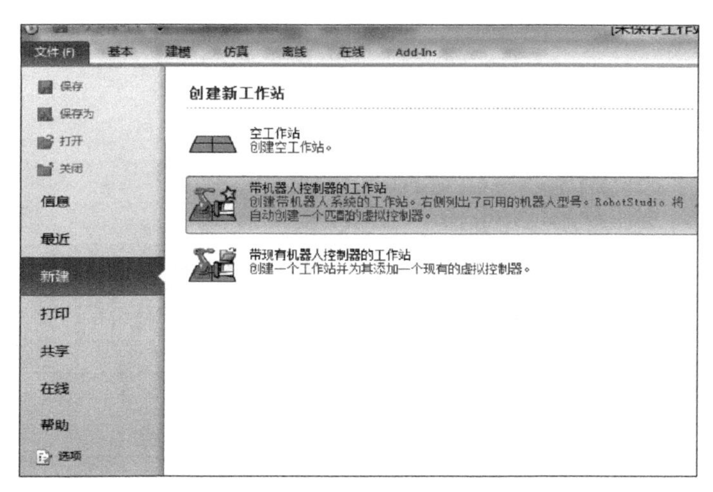

图 1-21　RobotStudio 软件建立工作站界面（十三）

图 1-22　RobotStudio 软件建立工作站界面（十四）

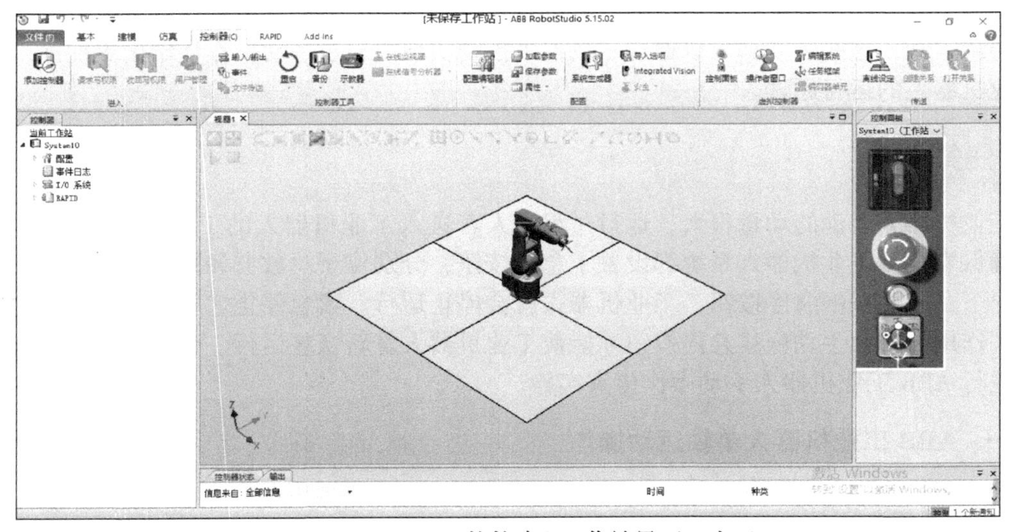

图 1-23　RobotStudio 软件建立工作站界面（十五）

图 1-24 RobotStudio 软件建立工作站界面（十六）

任务三 工业机器人的手动操作

任务目标

1）掌握工业机器人单轴运动操作过程。
2）掌握工业机器人线性运动操作过程。
3）掌握工业机器人重定位操作过程。
4）熟练掌握工业机器人定位及姿态变换方法。

任务引入

工业机器人的运动可以是连续的，也可以是增量的，既可以是单轴的运动，也可以是整体的协调运动，这些运动都可以通过示教器来控制实现。通过手动操作让学生更加深入地了解工业机器人的运行原理。

任务实施

工业机器人运动的动量很大，运行过程中人若进入工业机器人的工作区域是很危险的。为了确保安全，工业机器人系统都设置了急停按钮，分别位于示教器和控制柜上。无论在什么情况下，只要按下急停按钮，工业机器人就会停止运行。紧急停止之后，示教器的使能键将失去作用，必须手动恢复急停按钮才能使工业机器人重新恢复运行。下面通过 RobotStudio 软件进行 ABB 工业机器人手动操作仿真实验。

一、ABB 工业机器人单轴运动操作

1. 机器人轴的分类

一般 ABB 工业机器人由 6 台伺服电动机分别驱动，那么每次手动操纵一个关节轴的运

动就称为单轴。以下是手动操纵单轴机器人运动的方法，如图 1-25 所示。

2. 机器人手动运动操作的准备工作

1）将控制柜上机器人状态钥匙切换到中间的手动限速状态，如图 1-26 所示。

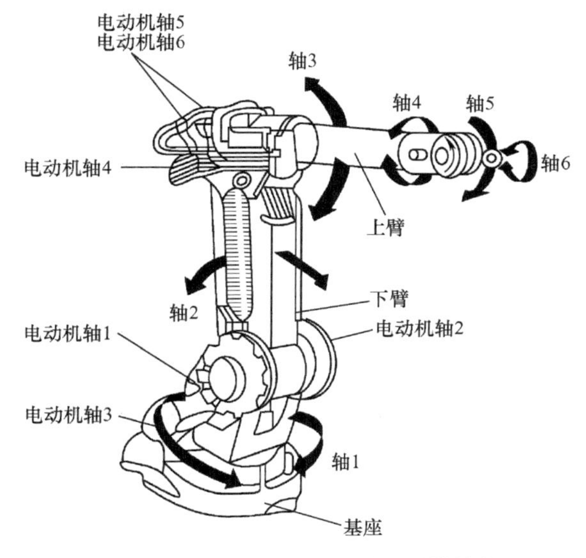

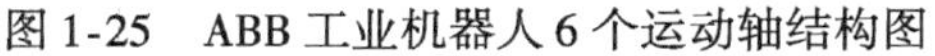

图 1-25　ABB 工业机器人 6 个运动轴结构图

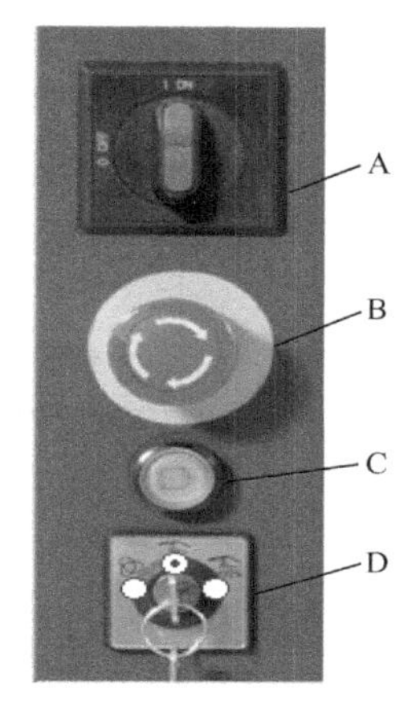

图 1-26　控制柜上面板

该面板功能包括：

A：控制柜开关，ON 为机器人开启状态。

B：急停按钮，紧急情况时按下。

C：电动机控制钮，按下时电动机一直处于开启状态，在自动生产时使用。

D：控制柜钥匙，可进行自动、手动切换。

2）在状态栏中，确定将机器人的状态切换为“手动”，然后单击“ABB”按钮，如图 1-27 所示。

图 1-27　示教器状态栏（一）

3）在弹出的界面中选择“手动操纵”，如图 1-28 所示。

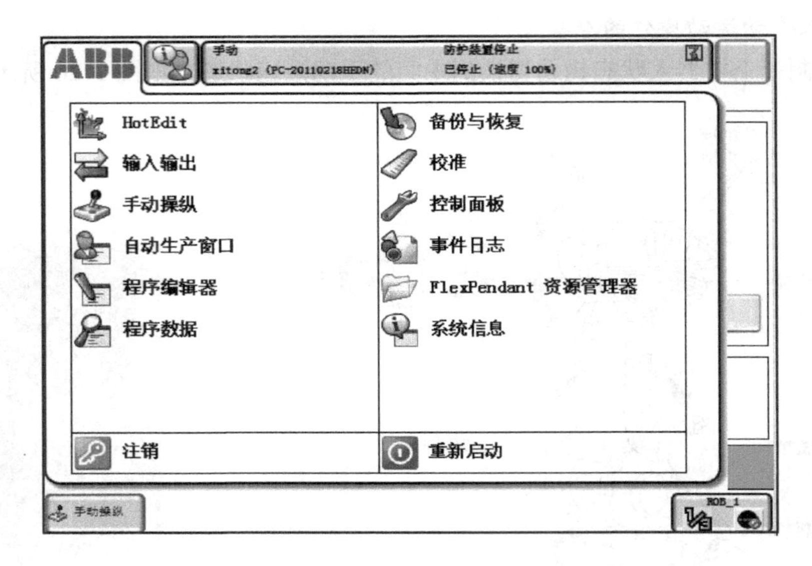

图 1-28　示教器状态栏（二）

4）选择“动作模式”，如图 1-29 所示。

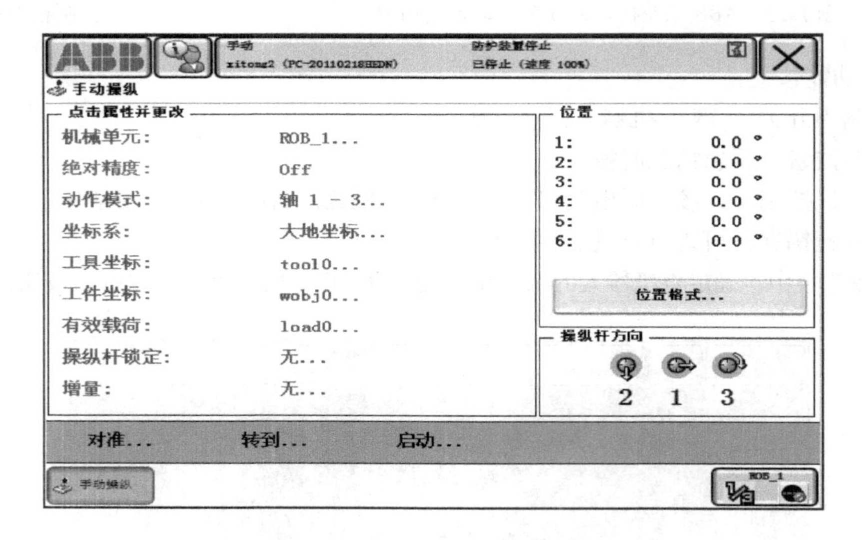

图 1-29　示教器状态栏（三）

3. 机器人单轴手动运动操作

1）选中“轴 1 – 3”，然后单击“确定”按钮，如图 1-30 所示。用左手按下使能键，进入“电机开启”状态。

2）在状态栏中确认“电机开启”状态，显示“轴 1 – 3”的操纵杆方向的黄箭头代表正方向，然后操作操纵杆即可进行机器人单轴运动，如图 1-31 所示。

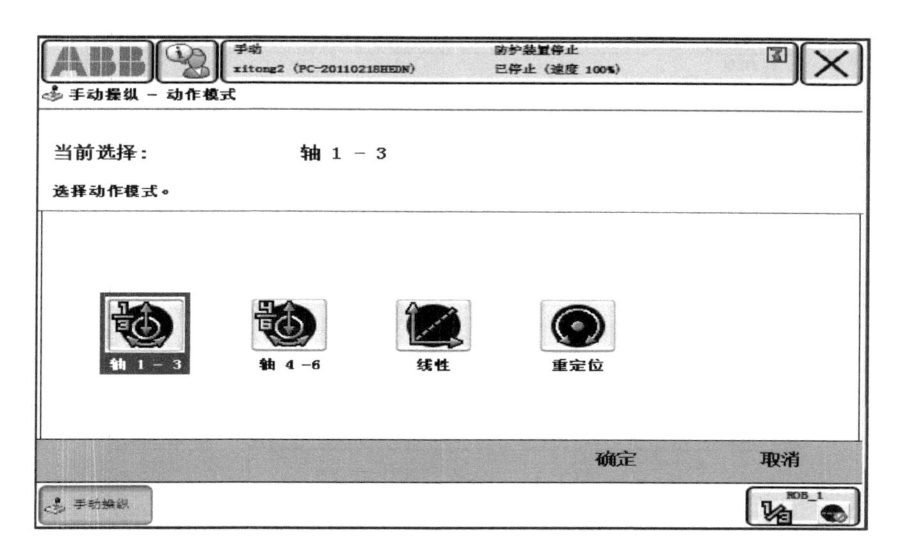

图 1-30　选择动作模式

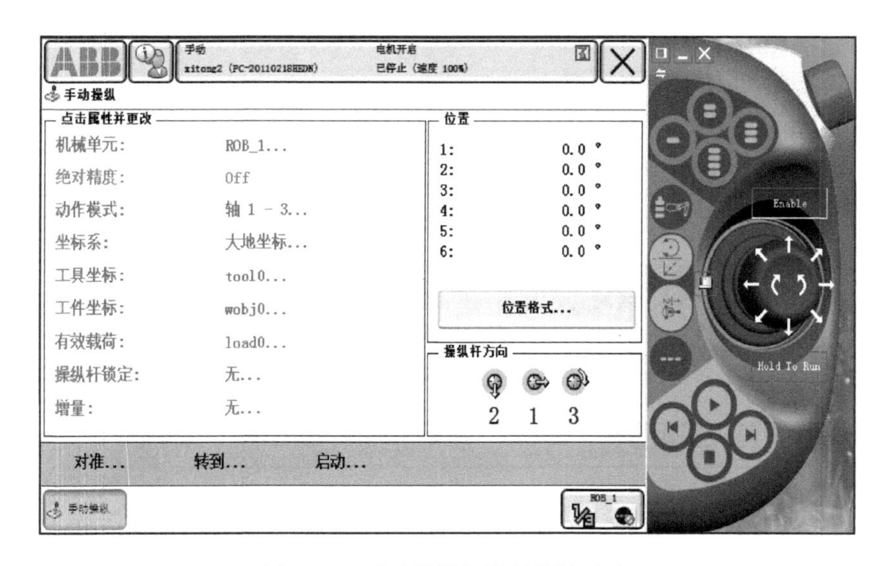

图 1-31　通过操纵杆控制单轴运动

二、机器人线性运动的手动操作实验

机器人的线性运动是指安装在机器人第 6 轴法兰上的工具中心点（TCP）在空间中做线性运动。以下是手动操纵线性运动的方法。

1）单击“ABB”在弹出的界面中选择“手动操纵”，如图 1-28 所示。

2）选择“动作模式”，如图 1-32 所示。

3）选择“线性”模式，如图 1-33 所示，单击“确定”按钮。

4）选择“工具坐标”，如图 1-34 所示。

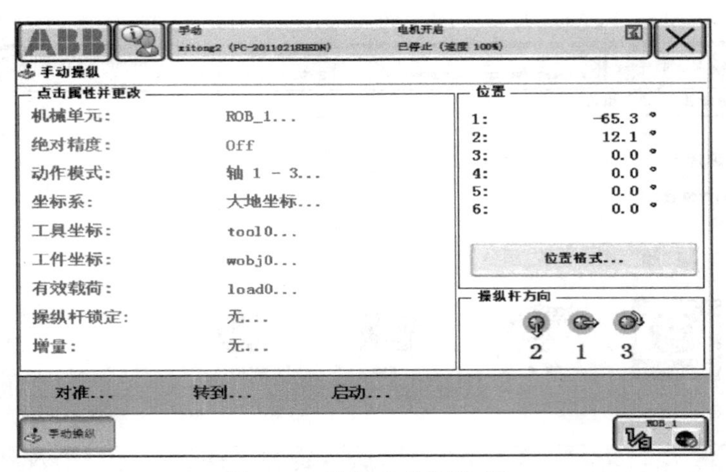

图 1-32　选择“动作模式”

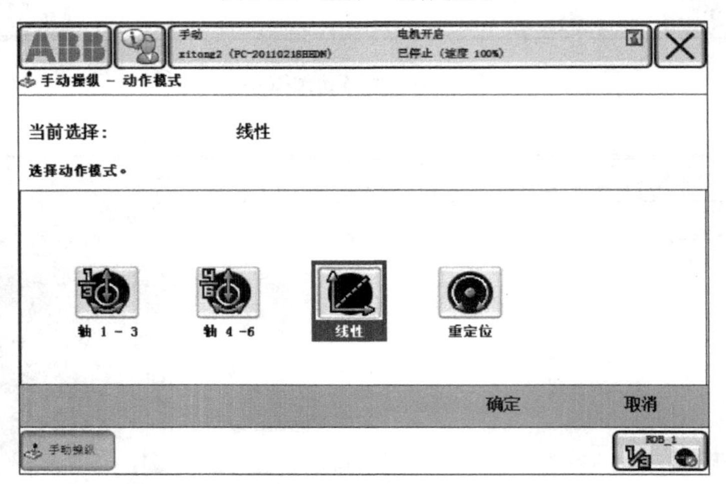

图 1-33　选择“线性”模式

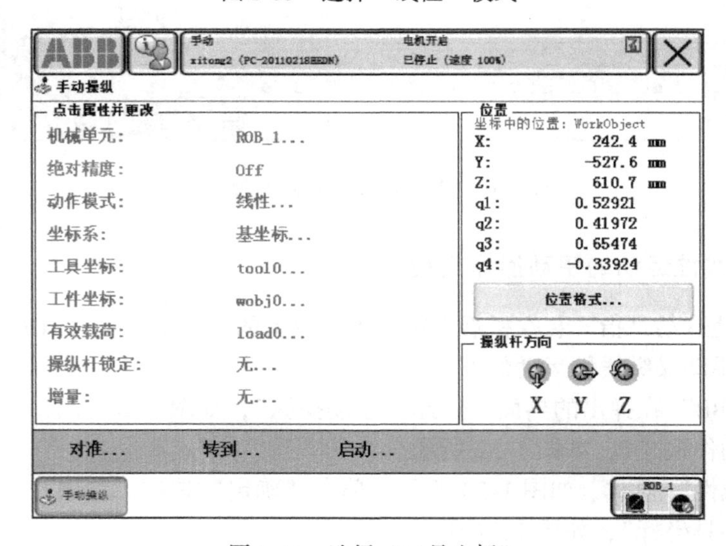

图 1-34　选择“工具坐标”

5）选择对应的工具“tool1”，如图 1-35 所示。

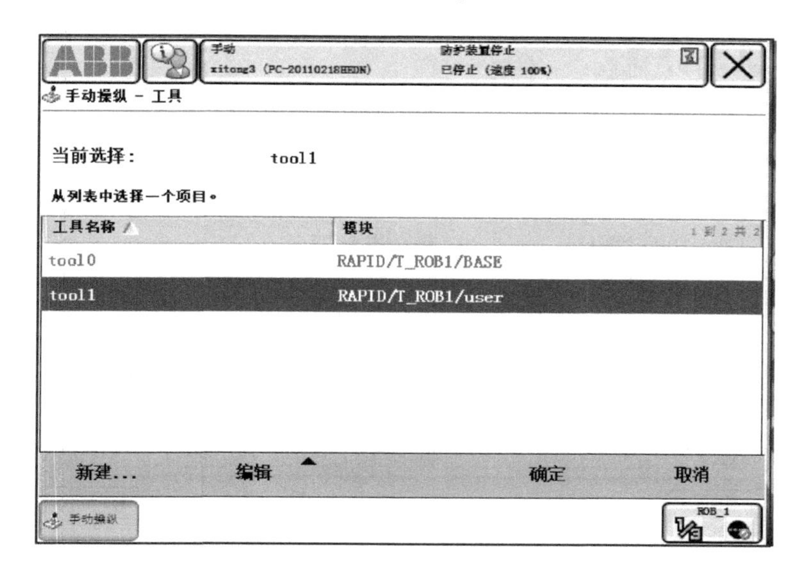

图 1-35　选择工具

6）按下使能键，进入“电机开启”状态，并在状态栏确认“电机开启”状态。操作示教器上的操纵杆，工具的 TCP 点在空间中做线性运动，如图 1-36 所示。

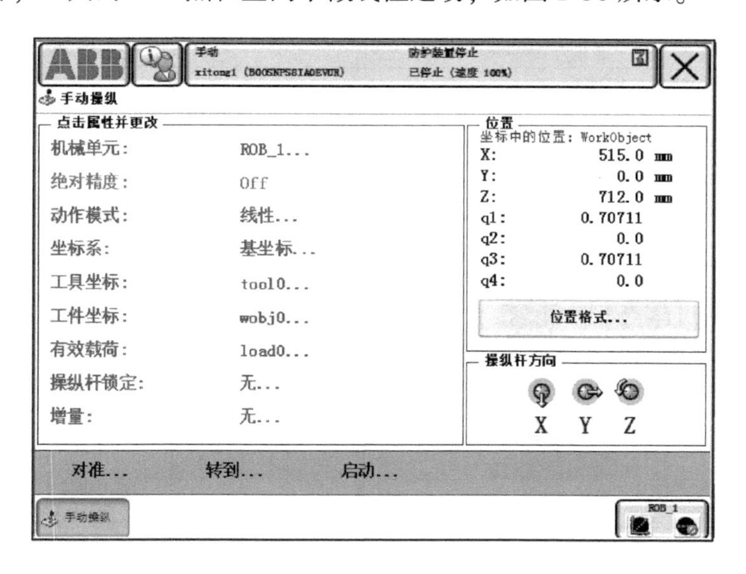

图 1-36　通过操纵杆控制线性运动

三、重定位的手动操作实验

机器人的重定位是指机器人第 6 轴法兰上的工具 TCP 点在空间中绕着坐标轴旋转的运动，也可以理解为机器人绕着工具 TCP 点做姿态调整的运动。以下为手动操作重定位的方法。

1）选择“手动操纵”，如图 1-37 所示。

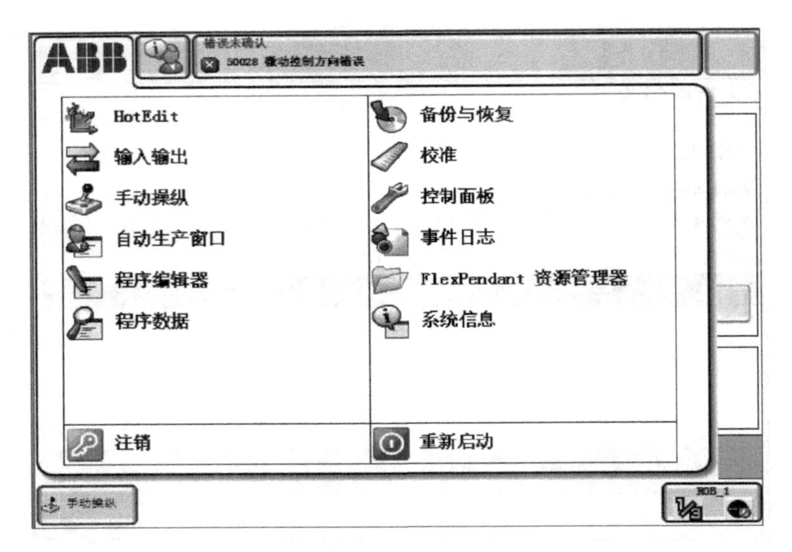

图 1-37　选择“手动操纵”

2）选择“动作模式”，如图 1-32 所示。

3）选择“轴 1－3”，然后单击“确定”按钮，如图 1-38 所示。

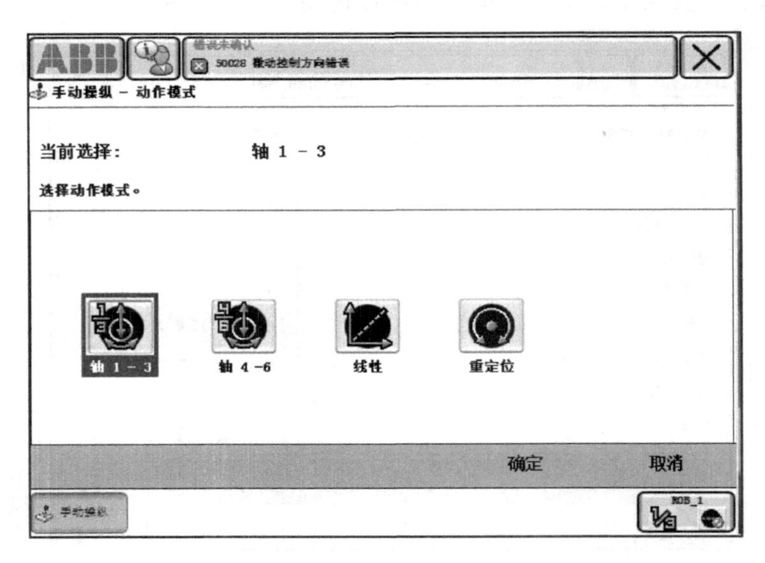

图 1-38　选择“轴 1－3”

4）选择“坐标系”，如图 1-39 所示。

5）单击“工具”坐标系，如图 1-40 所示。

6）选中正在使用的工具“tool1”，单击“确定”按钮。按下使能键，进入“电机开启”状态，并在状态栏确认“电机开启”状态；然后操作示教器上的操纵杆使机器人绕着 TCP 点做姿态调整的运动，如图 1-35 所示。

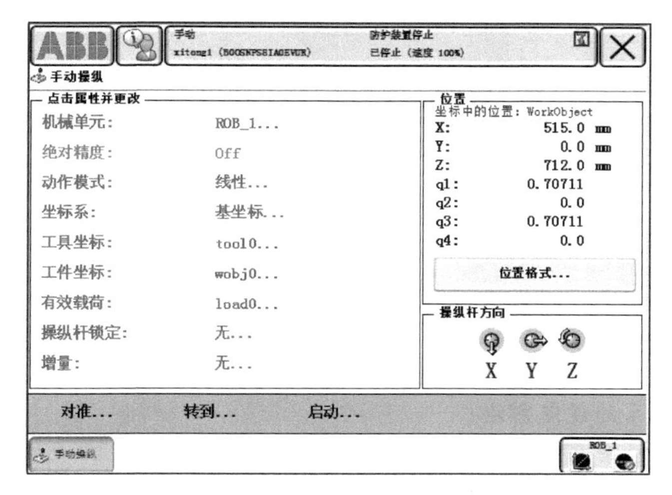

图 1-39　选择“坐标系”

图 1-40　选择“工具”坐标系

课后练习

1. 工业机器人 6 轴的极限角度是多少？
2. 工业机器人回零位置在哪？
3. 手动操作工业机器人回零的步骤是什么？
4. 工业机器人示教器的作用是什么？
5. 示教器的页面切换是通过什么方法实现的？
6. ABB 工业机器人的线性运动与关节运动的区别在哪里？为什么要进行相应的关节操作？
7. 什么是机器人的运动姿态？姿态对机器人的相应运动有哪些重要影响？
8. RobotStudio 软件的安装过程是什么？为什么需要在安装过程中进行注册？

项目二　工业机器人坐标系数据设置与校准

项目概述

在正式编程前需要构建必要的编程环境，其中有三个必需的程序数据（工具坐标系“tooldata”、工件坐标系“wobjdata”、有效载荷“loaddata”）需要在编程前进行定义，本项目主要介绍三种坐标系的设定方法。

任务一　工业机器人工具坐标系 tooldata 的设定

任务目标

1）理解 ABB 工业机器人工具坐标系 tooldate 的作用及设定方法。

2）熟练掌握 ABB 工业机器人工具坐标系 tooldata 的建立方法。

任务引入

程序数据是程序模块和系统模块中设定的值和定义的一些环境数据，工具坐标系 tool-date 用于描述安装在机器人第 6 轴上的工具中心点（TCP）、质量、重心等参数。

默认工具坐标系（tool0）的工具中心点（TCP）位于机器人安装法兰的中心。如图 2-1 所示，*A* 点就是 tool0 的工具中心点。

如图 2-2 所示，工具中心点（TCP）设定原理如下：

1）首先在机器人工作范围内找一个非常精确的固定点作为参考点。

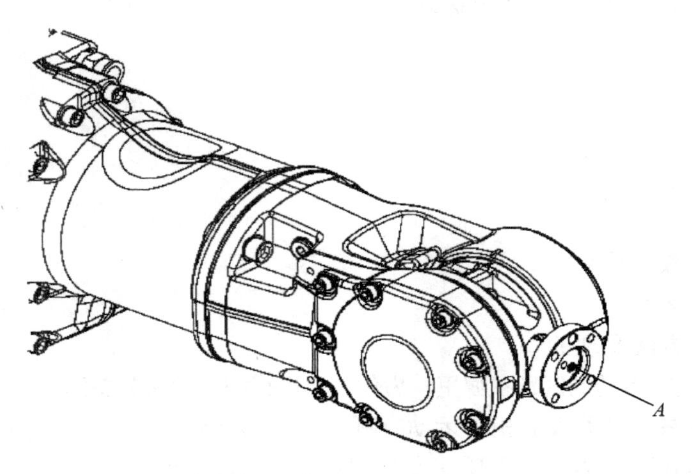

图 2-1　tool0 的工具中心点

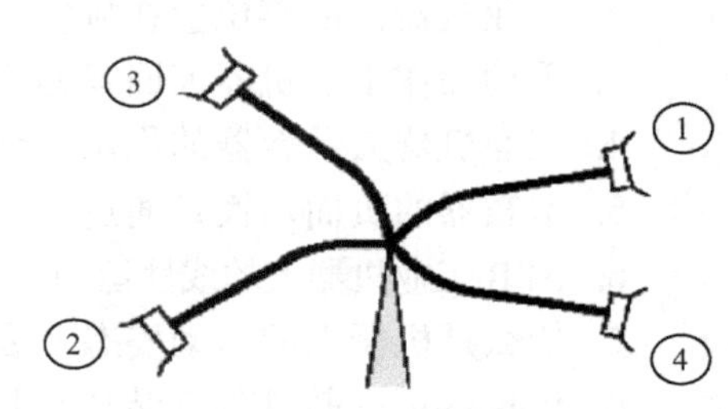

图 2-2　tool0 的设定原理

2）再在工具上找一个参考点（最好在工具中心）。

3）操纵工具上的参考点以最少 4 种不同的姿态尽可能接近参考点。

4）机器人通过 4 组解的计算得出工具中心点坐标。

任务实施

工具坐标系 tooldate 的设定

1）打开示教器，单击“ABB”，然后单击“手动操作”单击“工具坐标”，弹出图 2-3。

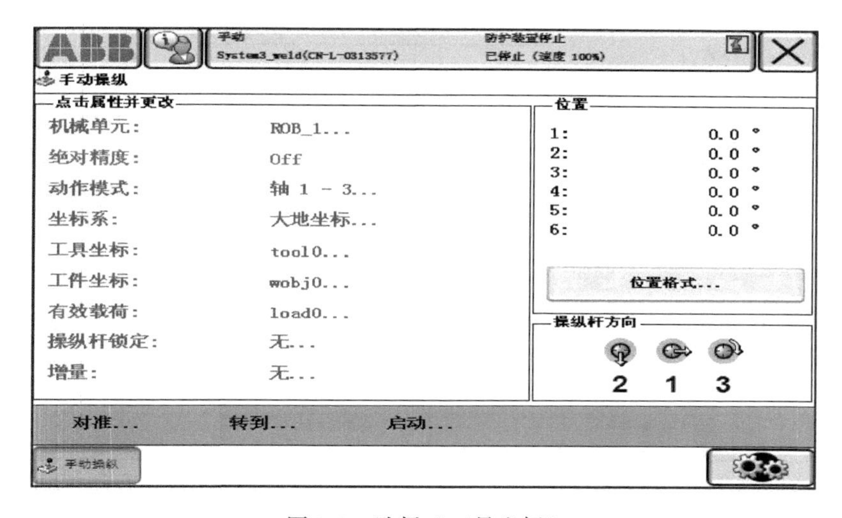

图 2-3　选择“工具坐标”

2）在弹出的界面中单击“新建……”按钮，如图 2-4 所示。

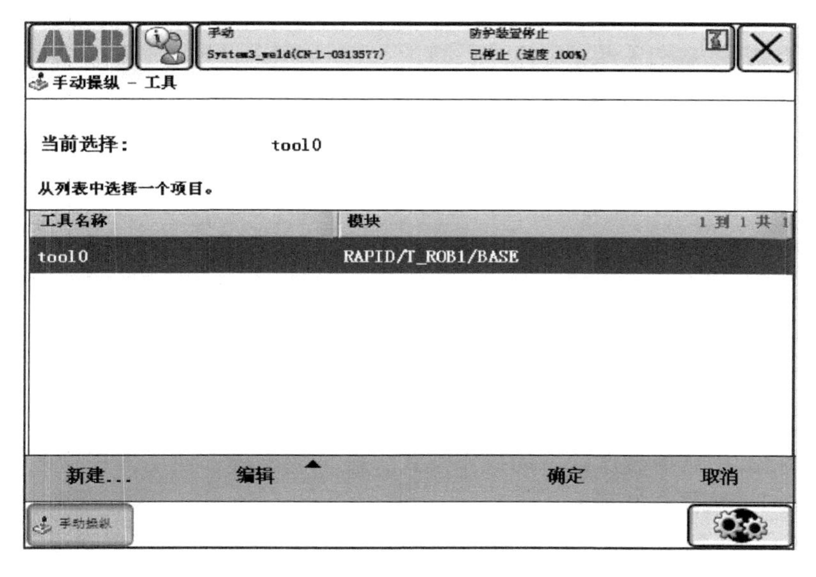

图 2-4　新建工具坐标系

3）对工具数据进行设定后，在弹出的界面中单击“确定”按钮，如图 2-5 所示。

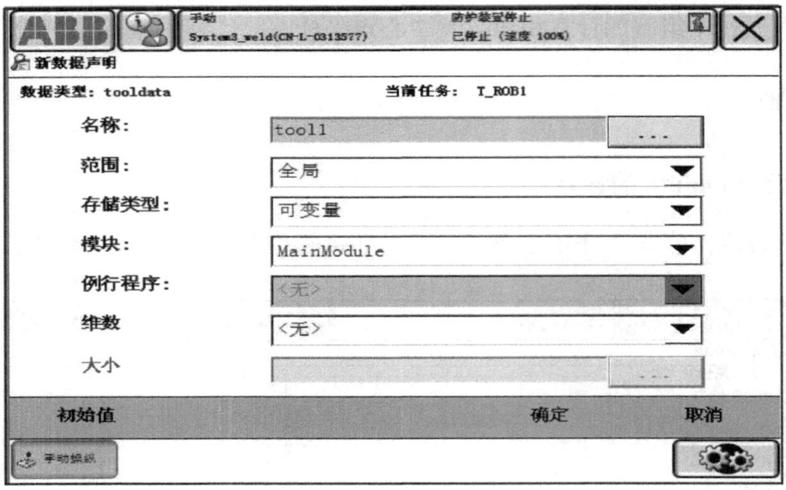

图 2-5　设定工具坐标系

4）在弹出的界面中选中工具“tool1”后，单击“编辑”菜单中的“定义”选项，如图 2-6 所示。

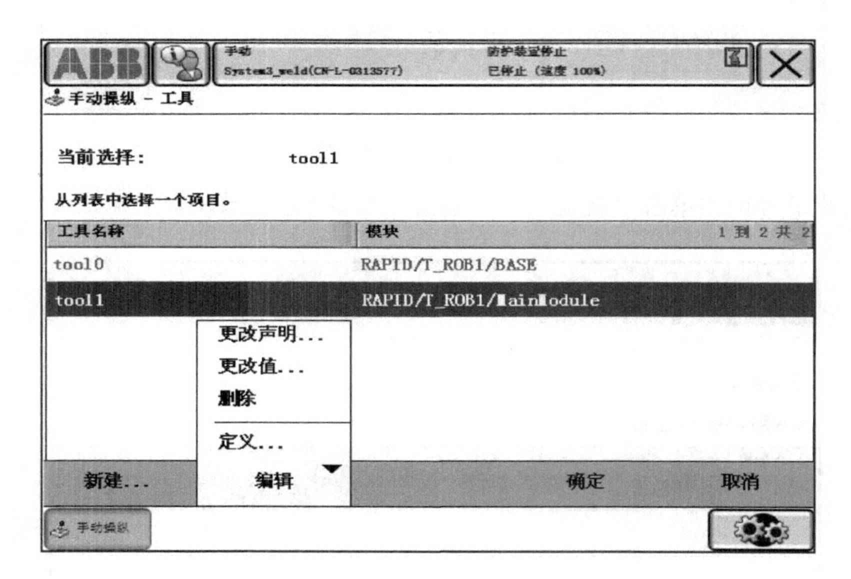

图 2-6　定义工具

5）在方法栏中选择“TCP 和 Z，X”，使用 6 点法设定 TCP，如图 2-7 所示。

6）在动作模式中选择合适的手动操作模式，按下使能键，使用摇杆使工具参考点靠上固定点，作为点 1，如图 2-8 所示。

7）选取点 1，回到示教器，然后单击“修改位置”，将点 1 的位置记录下来，如图 2-9 所示。

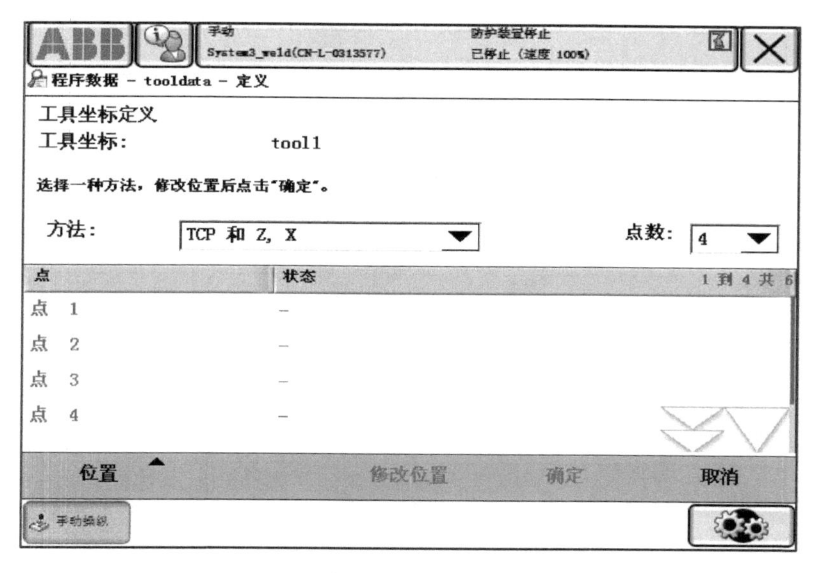

图 2-7　设定 TCP

图 2-8　选取点 1

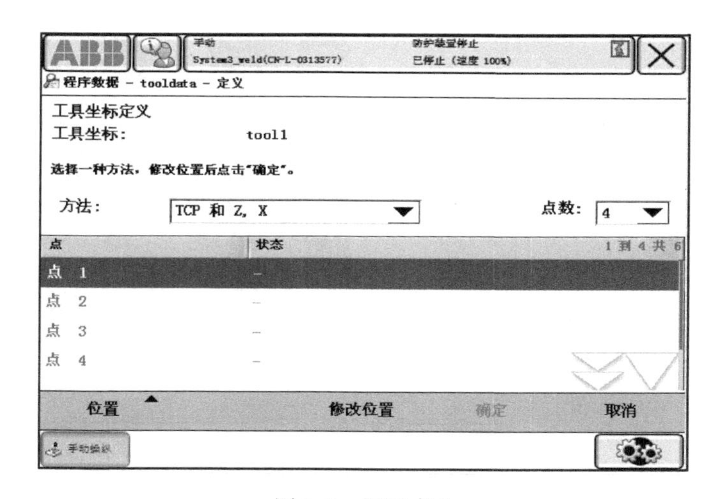

图 2-9　记录点 1

8）选取点 2 的姿态，如图 2-10 所示。

9）回击到示教器单击“修改位置”，将点 2 的位置记录下来，如图 2-11 所示。

10）选取点 3 的姿态，如图 2-12 所示。

11）回到示教器单击“修改位置”，将点 3 的位置记录下来，如图 2-13 所示。

12）点 4 的位置与顶尖垂直，选取点 4，如图 2-14 所示。

13）回到示教器单击“修改位置”，将点 4 的位置记录下来，如图 2-15 所示。

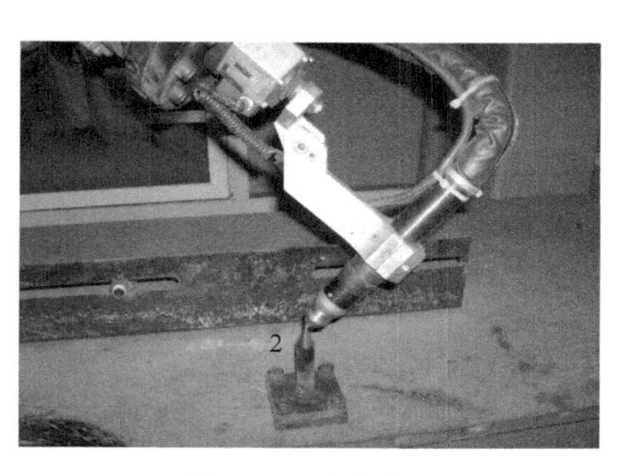

图 2-10　选取点 2

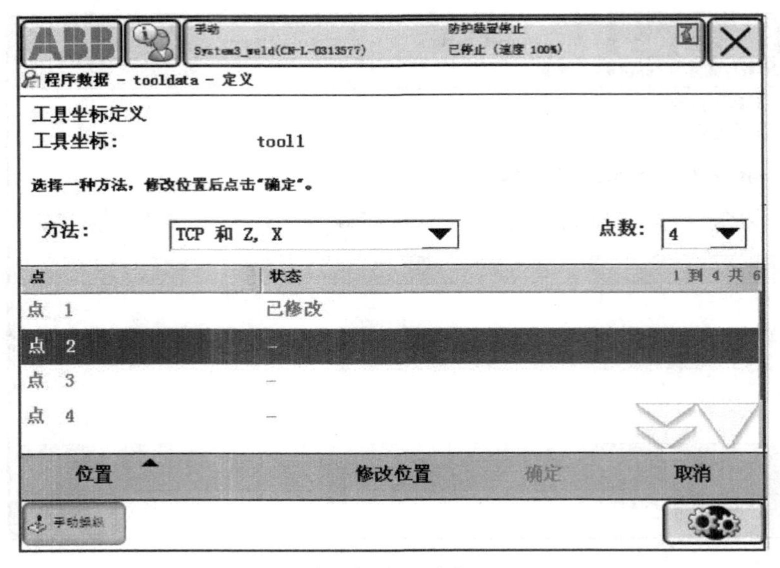

图 2-11　记录点 2

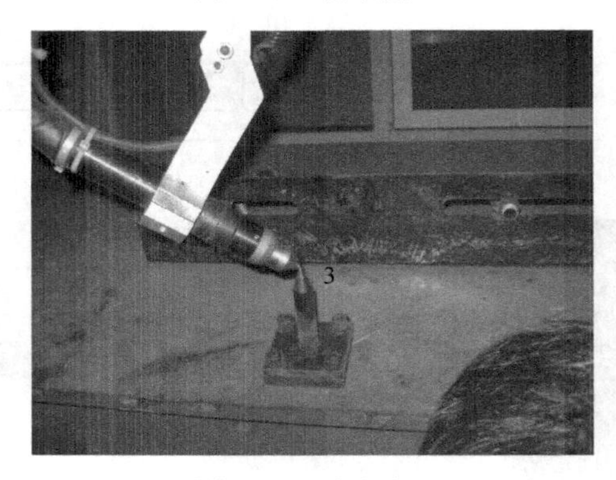

图 2-12　选取点 3

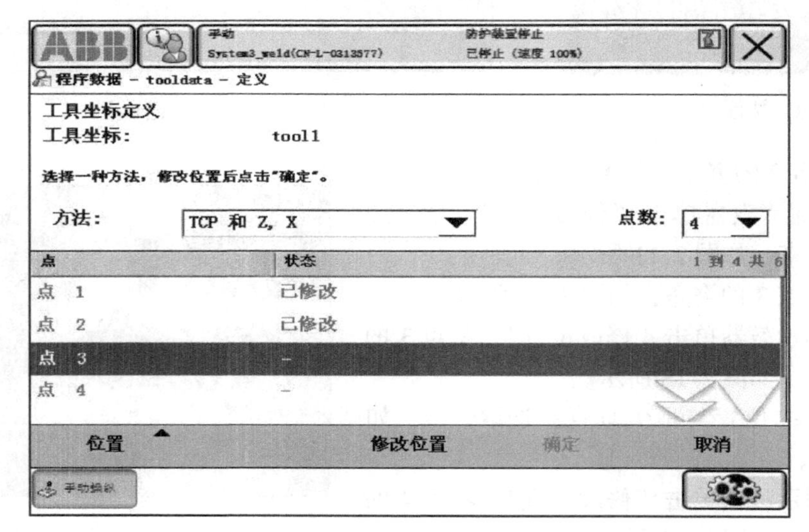

图 2-13　记录点 3

图 2-14　选取点 4

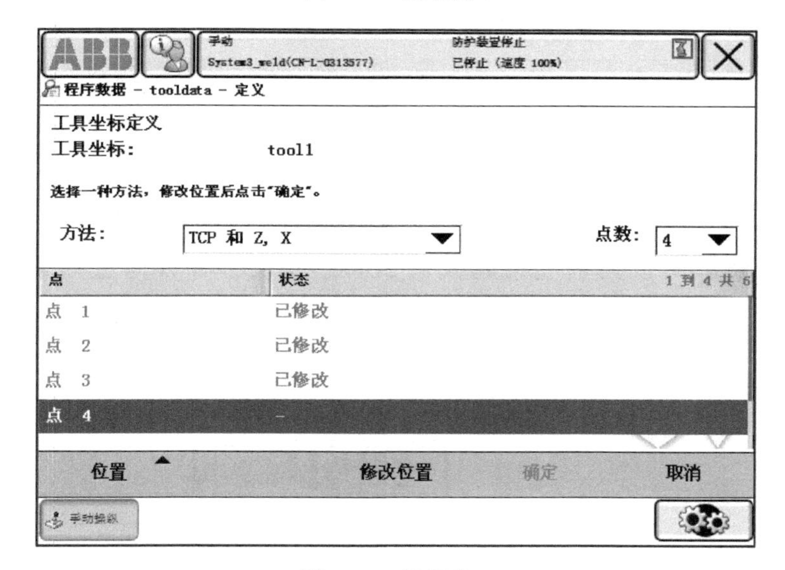

图 2-15　记录点 4

14）点 5 的姿态从顶尖向 X 方向移动大概 50cm，选取点 5，如图 2-16 所示。

图 2-16　选取点 5

15）回到示教器单击“修改位置”，将延伸器点 X 的位置记录下来，如图 2-17 所示。

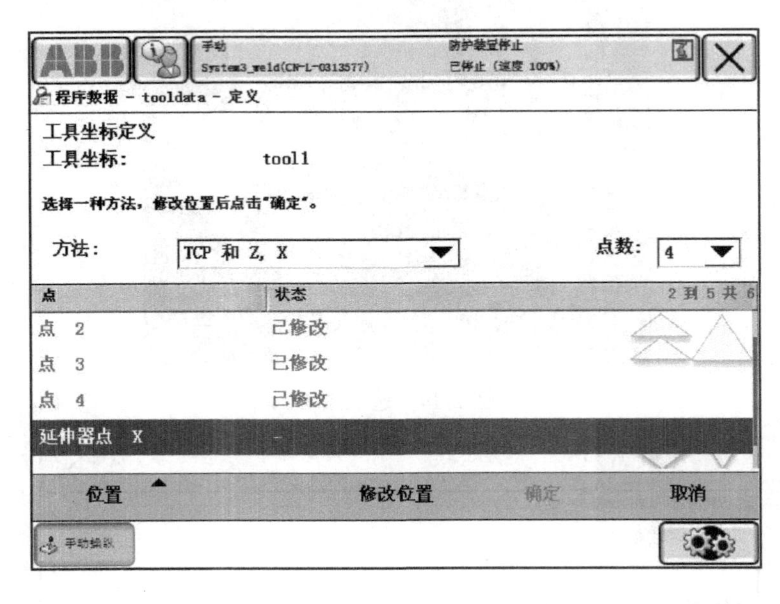

图 2-17　记录点 X

16）点 6 的姿态从顶尖垂直抬起大概 50cm，即沿 + Z 方向选取点 6，如图 2-18 所示。

17）回到示教器单击“修改位置”，将延伸器点 Z 的位置记录下来，如图 2-19 所示。

18）单击“确定”按钮，完成设置，如图 2-20 所示。

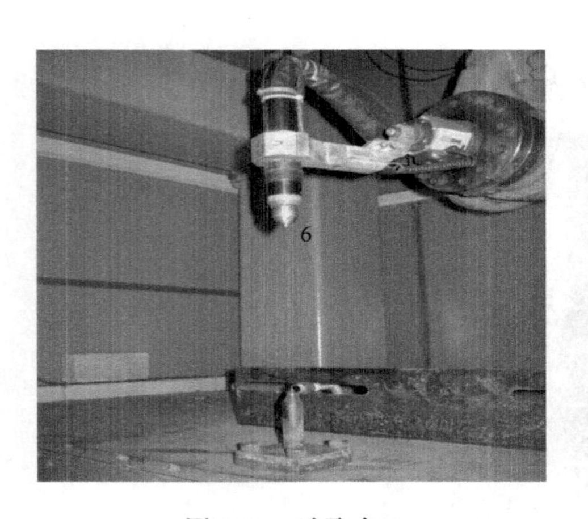

图 2-18　选取点 6

图 2-19　记录点 Z

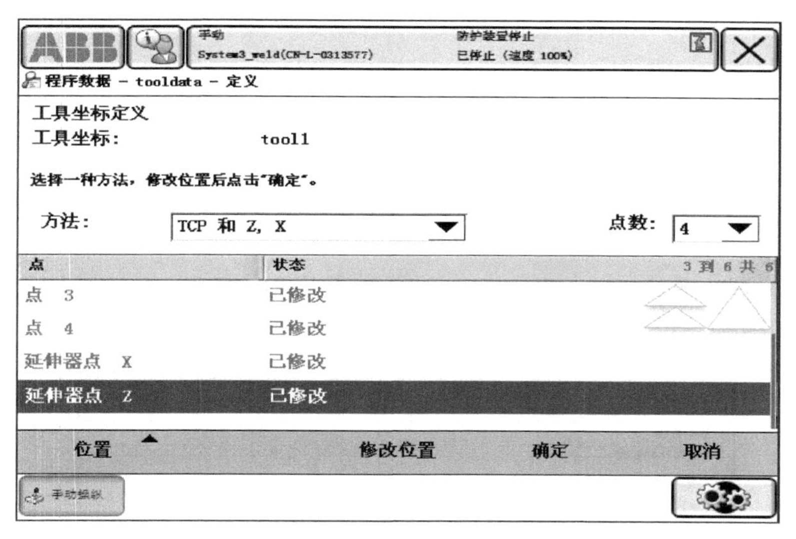

图 2-20　完成设置

任务二　工业机器人工件坐标系 wobjdata 的设定

任务目标

1）理解工业机器人工件坐标系 wobjdata 的作用及原理。
2）掌握 ABB 工业机器人工件坐标系 wobjdata 的设定方法。
3）掌握 ABB 工业机器人工件坐标系 wobjdata 的精度检测方法。

任务引入

机器人可以拥有若干工件坐标系，用于表示不同工件的位置，或者表示同一工件在不同位置的若干副本。对机器人进行编程就是在工件坐标系中创建目标和路径。这带来如下优点：

1）重新定位工作站中的文件时，只需更改文件坐标的位置，所有路径将随之更新。

2）允许操作以 Y 轴或传动导轨移动的工件，因为整个工件可连同其路径一起移动，如图 2-21 所示。

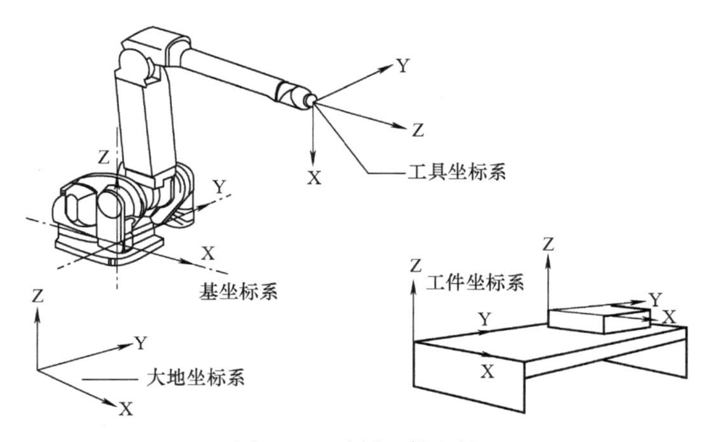

图 2-21　选择工件坐标

任务实施

首先进行相关理论知识的学习，然后在 RobotStudio 软件中进行相应的仿真操作，最后进行设定工件坐标系 wobjdata 的实际操作。

一、建立工件坐标系的步骤

1）打开示教器，单击“ABB”，在手动操纵界面中，选择“工件坐标”，如图 2-22 所示。

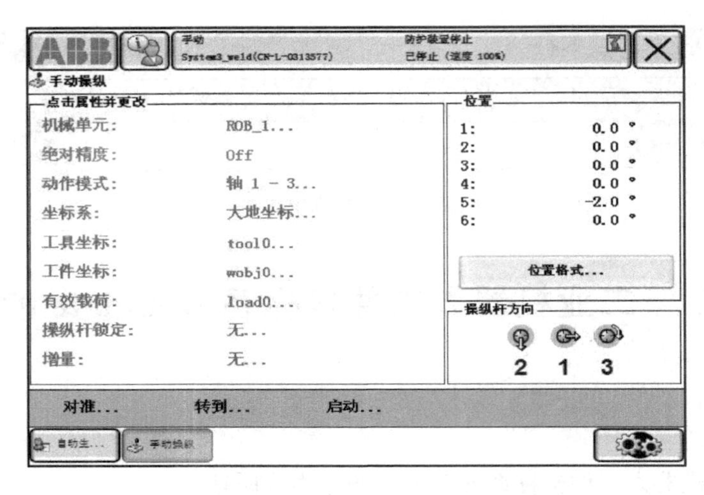

图 2-22　选择“工件坐标”

2）在弹出的界面中单击“新建”新建工件坐标系，如图 2-23 所示。

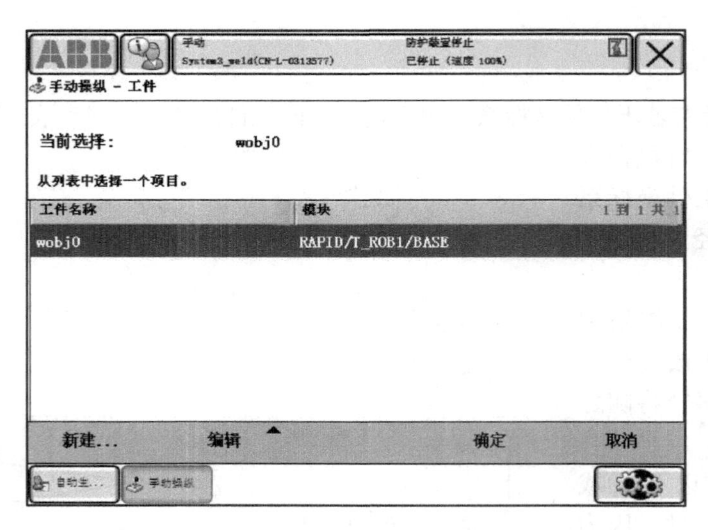

图 2-23　新建工件坐标系

3）对工件坐标属性进行设定后，单击“确定”按钮，如图 2-24 所示。

4）打开编辑菜单，选择“定义”，如图 2-25 所示。

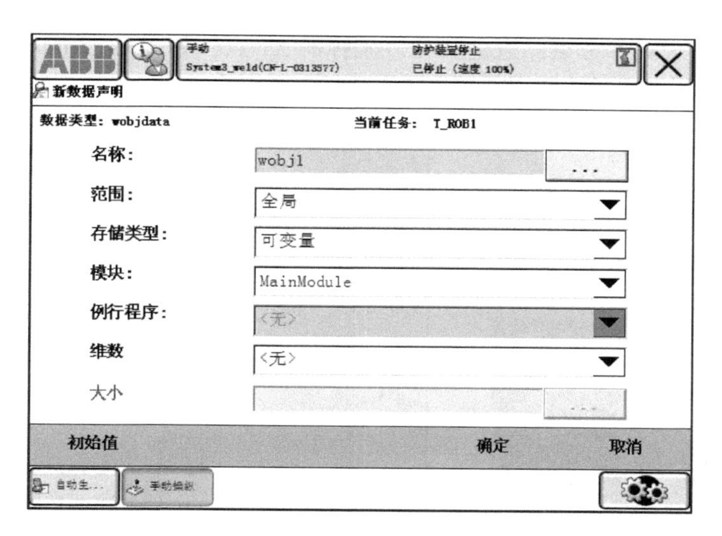

图 2-24　设定工件坐标属性

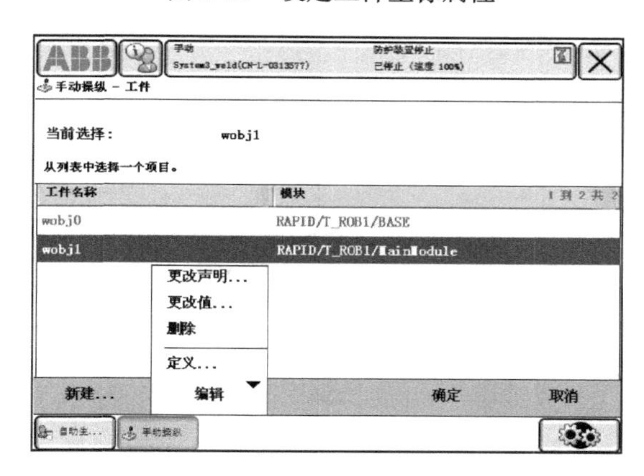

图 2-25　定义工件坐标

5）在弹出的界面中将用户方法设定为“3 点”，如图 2-26 所示。

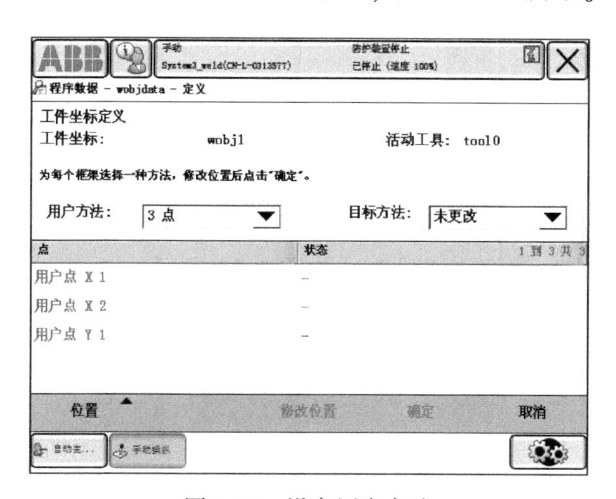

图 2-26　设定用户方法

6）将机器人的工具参考点靠近定义工件坐标的 X1 点，如图 2-27 所示。

7）选取 X1 点，然后单击“修改位置”，如图 2-28 所示。

图 2-27　设定工具参考点

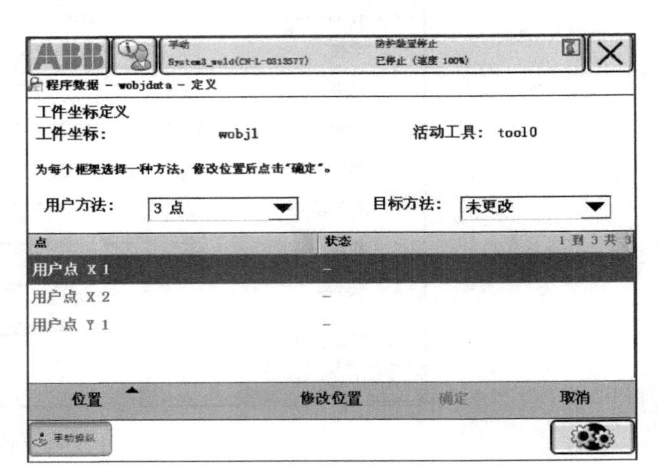

图 2-28　设定 X1 点

8）将机器人移至 X2 点，如图 2-29 所示。

9）选取 X2 点，然后单击“修改位置”，如图 2-30 所示。

图 2-29　移至 X2 点

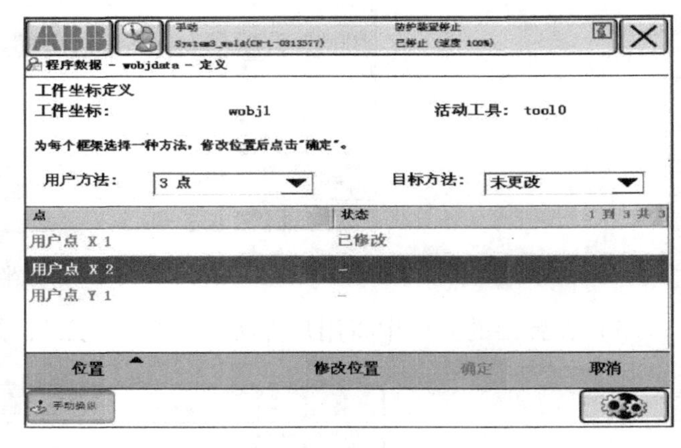

图 2-30　设定 X2 点

10）将机器人移至 Y1 点，如图 2-31 所示。

11）选取 Y1 点，然后单击“修改位置”，如图 2-32 所示。

12）最后单击“确定”按钮完成设定，如图 2-33 所示。

二、验证工件坐标的精度

1）打开示教器，单击“ABB”，选定动作模式为“线性”，工件坐标为“wobj1”，如图 2-34 所示。

2）在工件坐标系中线性移动机器人，体验新建的工件坐标系，如图 2-35 所示。

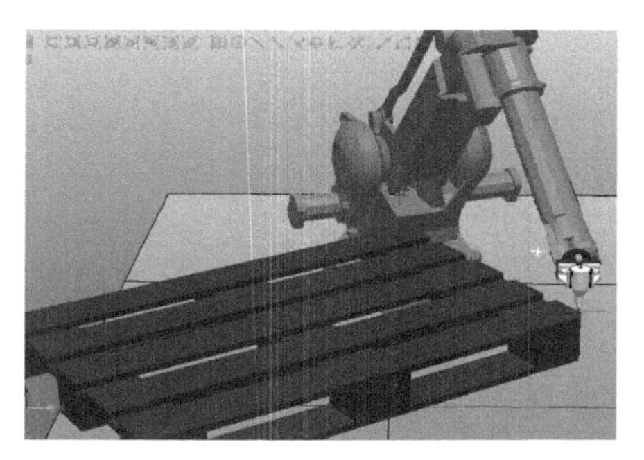

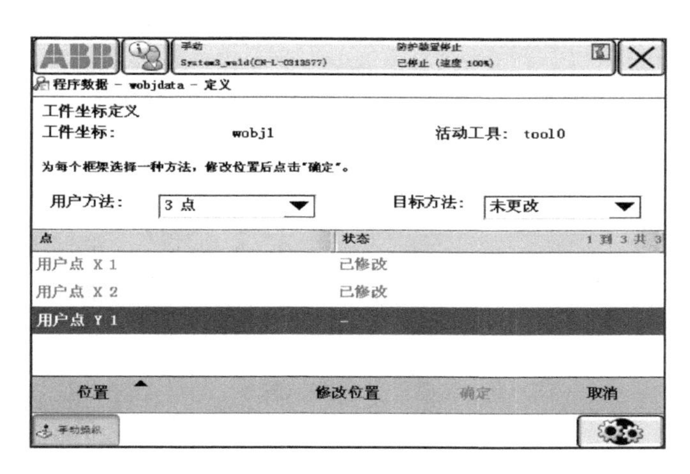

图 2-31　移至 Y1 点

图 2-32　设定 Y1 点

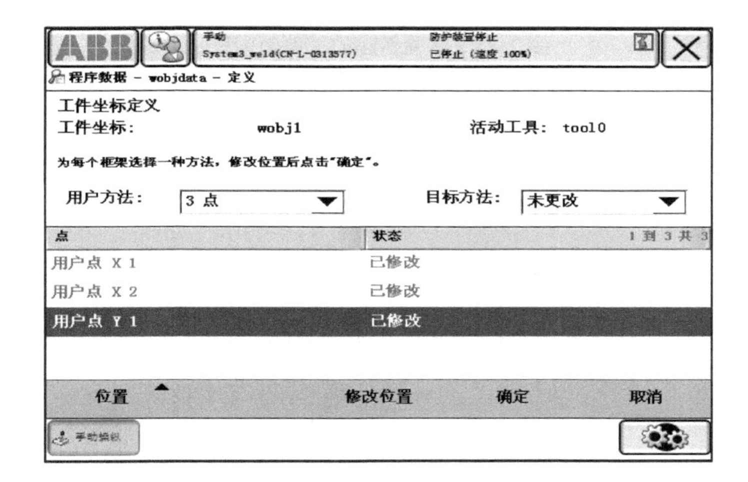

图 2-33　设定完成

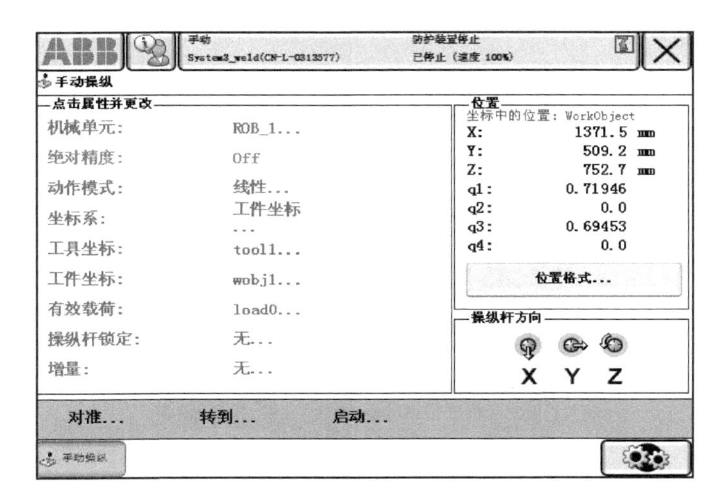

图 2-34　设定工件坐标

图 2-35　体验新建的工件坐标系

任务三　工业机器人有效载荷 loaddata 的设定

任务目标

1）了解工业机器人有效载荷 loaddata 在机器人编程操作中的意义。
2）掌握工业机器人有效载荷 loaddata 的设定方法。

任务引入

对于搬运机器人，应该正确设定夹具的质量、工具坐标系 tooldata 以及搬运对象的质量和重心数据 loaddata，如图 2-36 所示。

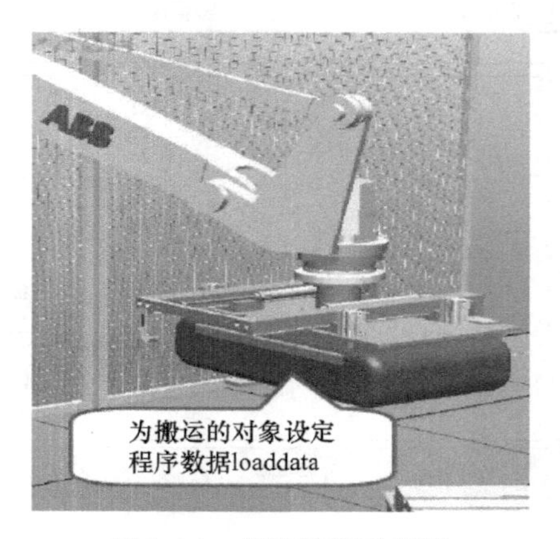

图 2-36　有效载荷示意图

任务实施

先进行相关理论知识的学习，然后在 RobotStudio 软件中进行相关仿真操作，最后进行相关实际操作。

有效载荷 loaddate 的设定

有效载荷 loaddata 的设定过程如下：

1）打开示教器，单击“ABB”，然后单击“有效载荷”，如图 2-37 所示。

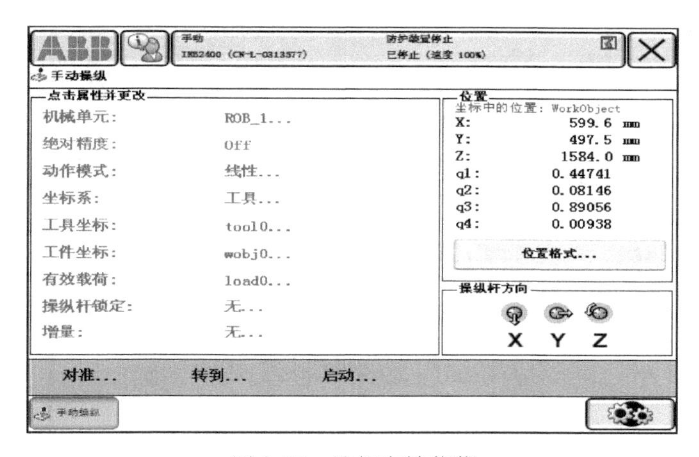

图 2-37　选择有效载荷

2）在弹出的界面单击“新建...”按钮，新建有效载荷，如图 2-38 所示。

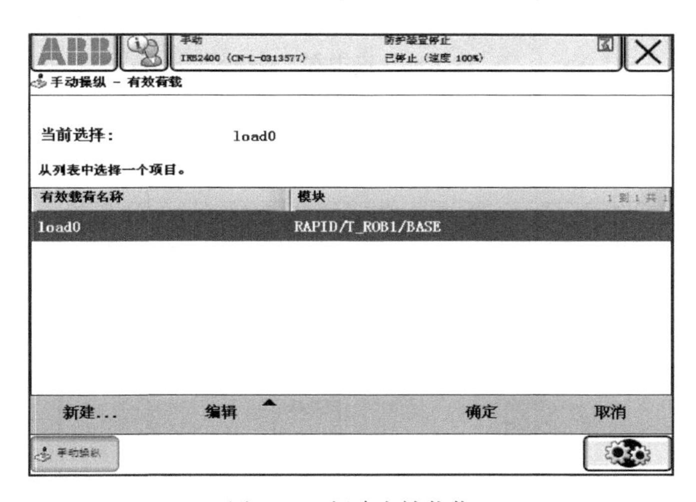

图 2-38　新建有效载荷

3）单击“更改值...”更改有效载荷，如图 2-39 所示。

4）对程序数据进行以下设定，如图 2-40 所示：

① 设定搬运对象的重量。

② 设定搬运对象的重心。

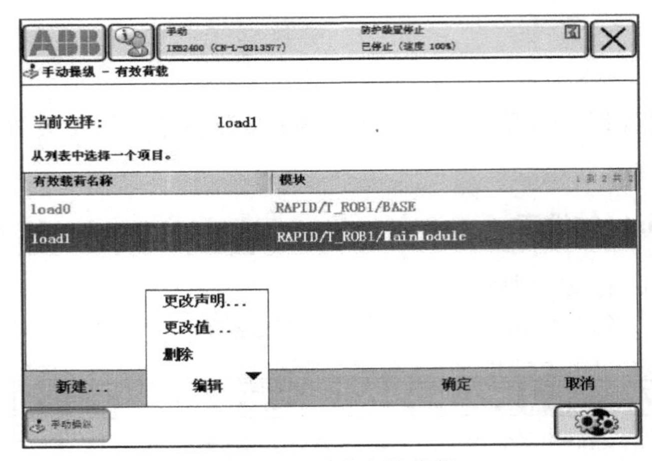

图 2-39　更改有效载荷

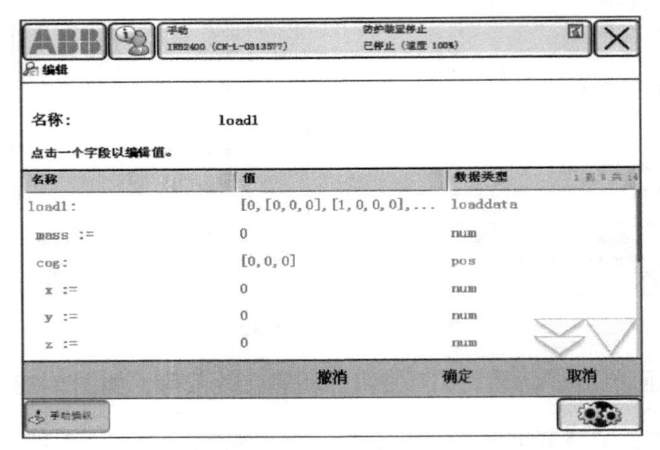

图 2-40　设定有效载荷

注意：第①、②项是必须设定的；可以通过 loadIdentify 进行自动测量。

5）实际使用说明如图 2-41 所示。

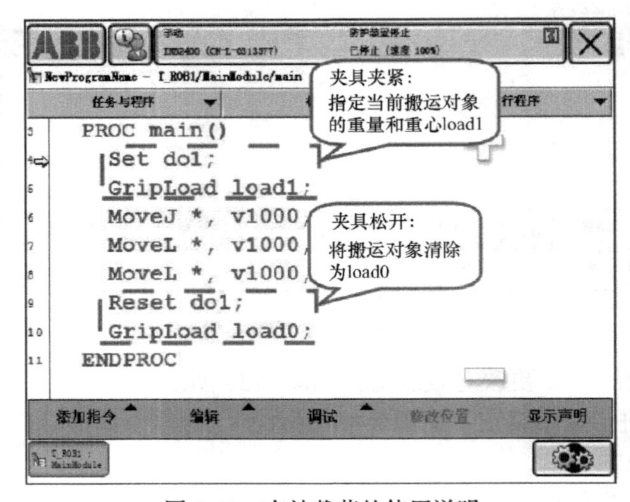

图 2-41　有效载荷的使用说明

任务四　工业机器人的人工校准

任务目标

1）理解人工校准的意义。

2）掌握 ABB 工业机器人转数计数器更新操作方法。

任务引入

工业机器人的 6 个关节轴都有一个机械原点，当某些意外发生后，需要对机器人进行返回机械原点操作，并且进行转数计数器的更新操作。ABB 工业机器人 6 个关节轴都有一个机械原点的位置，以下情况需要对机械原点的位置进行转数计数器更新操作。

1）更换伺服电动机转数计数器电池后。

2）当转数计数器发生故障修复后。

3）转数计数器与测量板之间断开过以后。

4）断电后机器人关节轴发生了移动。

5）当系统报警提示“10036 转数计数器未更新”时。

任务实施

先进行相关理论知识的学习，然后在 RobotStudio 软件中进行相关仿真操作，最后进行相关实际操作。

转数计数器更新步骤

以下是进行 ABB 工业机器人 IRB120 转数计数器更新的操作步骤（各关节轴已处在机械原点位置才可以进行）：

1）打开示教器，单击“ABB”，选择“校准”，如图 2-42 所示。

2）在弹出的界面中单击“ROB_1”，如图 2-43 所示。

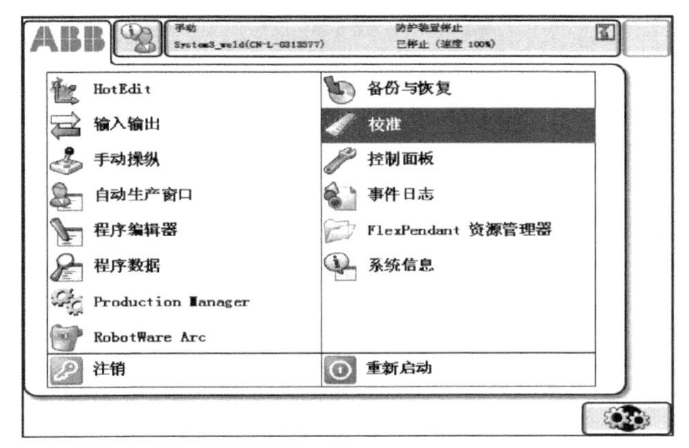

图 2-42　选择校准

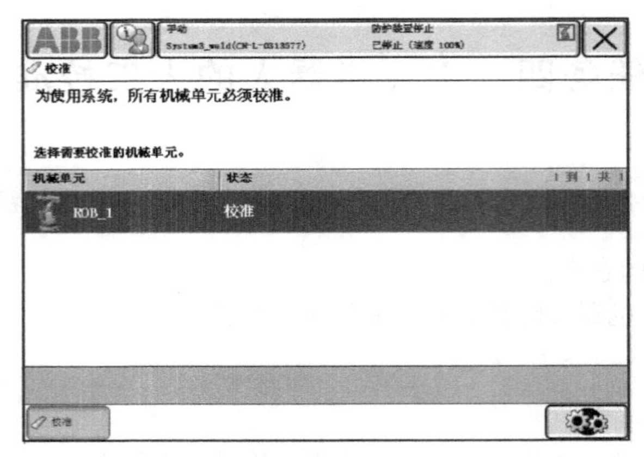

图 2-43　选择机械单元

3）在弹出的界面中选择“更新转数计数器...”进行转数计数器更新，如图 2-44 所示。

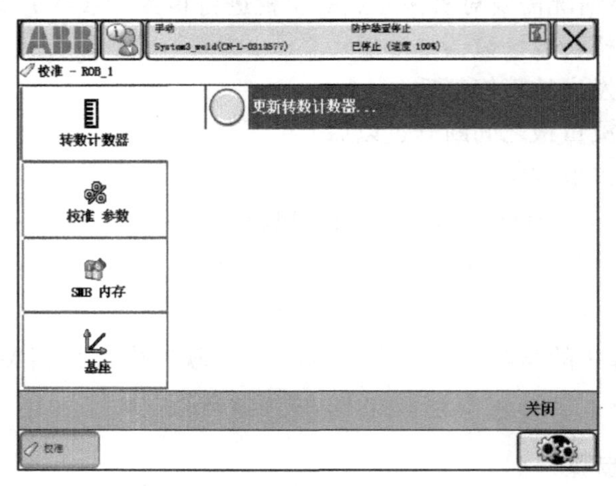

图 2-44　更新转数计数器（一）

4）在弹出的对话框中单击“是”，如图 2-45 所示。

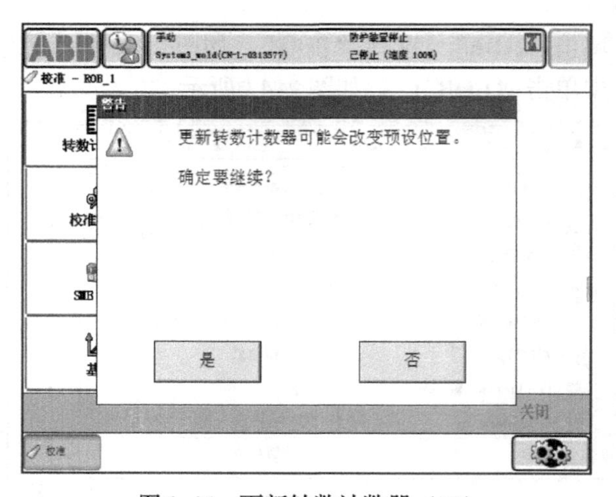

图 2-45　更新转数计数器（二）

5）单击“全选”，在弹出的对话框中单击“更新”，如图 2-46 所示。

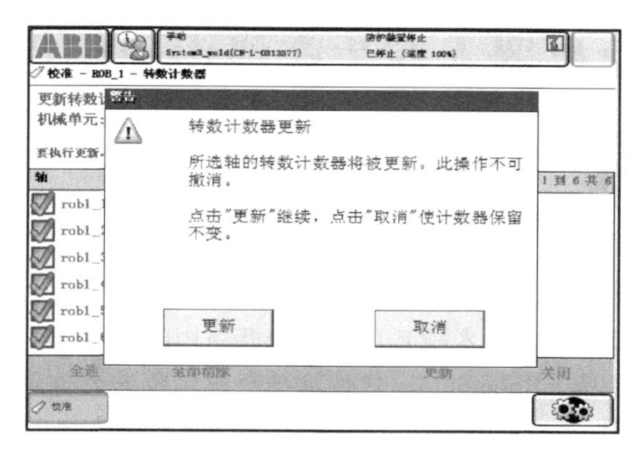

图 2-46　更新转数计数器

6）更新完成，如图 2-47 所示。

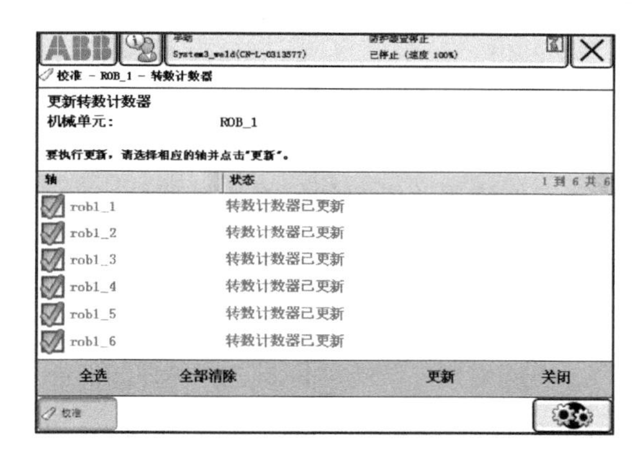

图 2-47　更新完成

课后练习

1）工具数据设定中如何提高 TCP 的精度？

2）不同的工具需要设定不同的工具坐标系吗？为什么？

3）更改工件坐标系的位置，机器人的工作路径会改变吗？

4）工件坐标能设定多个吗？

5）工业机器人无法 6 轴同时回到机械原点位置怎么办？

6）如何通过仿真软件提高 TCP 精度操作机器人的重定位能力？

7）通过仿真器，根据系统提示完成以下操作：

① 设定一个工具坐标系。

② 设定一个工件坐标系。

③ 设定一个有效载荷。

项目三　工业机器人在生产线中的编程与仿真应用

项目概述

通过机器人仿真软件可以对机器人的运行与配套设备的真实运行情况进行编程仿真，并达到校验与工作过程设计的作用。本项目将继续使用 ABB 公司开发的 RobotStudio 软件通过虚拟示教器编写机器人程序。RobotStudio 软件准确离线编程的关键是虚拟机器人技术，同样的代码可以运行在 PC 和机器人控制器上。因此，当代码完全离线开发时，它可以直接下载到控制器，缩短了将产品推向市场的时间，提高了生产率。

任务一　系统的设备组成及系统仿真布局

任务目标

1）了解工业机器人系统工作流程并学习如何将机械部分组件引入编程环境。
2）了解柔性生产线各组成部分的功能，能够正确地旋转机械组件，实现定位与安装。
3）了解工业机器人系统各种组件的布置，学会系统的仿真布局。

任务引入

本系统主要由工业机器人立体仓库系统、AGV 小车机器人、托盘流水线、物品盒流水线、视觉系统、六自由度工业机器人六大部分组成。系统的主要工作目标是通过工业机器人从立体仓库中取出工件，通过 AGV 小车机器人搬运工件到托盘流水线上，通过视觉系统对工件进行识别，然后再由另一台工业机器人进行装箱操作。

任务实施

系统工作流程图

系统工作流程图（图 3-1）及组成介绍：

（1）工业机器人立体仓库系统　用于存储物品托盘，并且机械手按照要求完成出库和入库。

（2）AGV 小车机器人　用于把载有物品的托盘从工业机器人立体仓库系统对接为沿铺设的磁条运行到托盘流水线。

（3）托盘流水线　负责把物品托盘输送到视觉检测工位，经视觉定位识别输送到抓取工位。

（4）物品盒流水线　负责成品物品盒的装箱及传送。

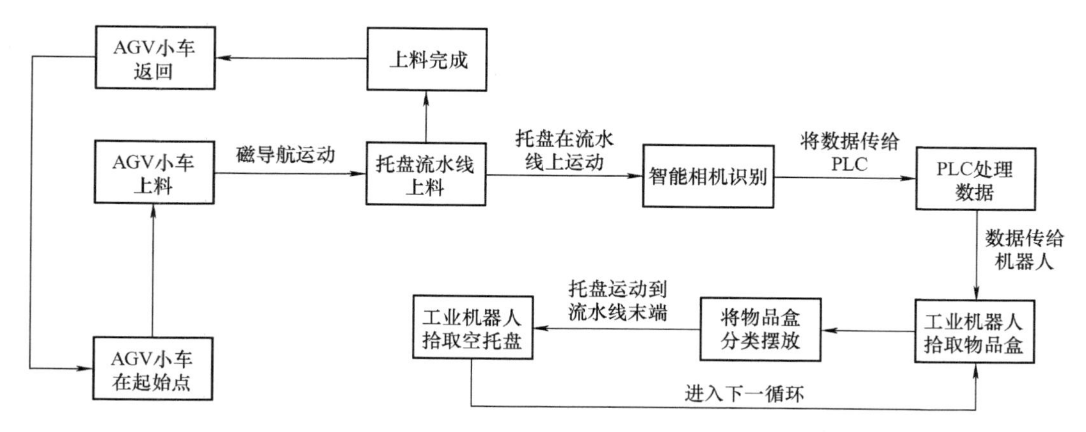

图 3-1 系统工作流程图

(5) 视觉系统：对托盘流水线托盘上的物品进行识别，并把识别结果发送至主控系统的 PLC。

(6) 六自由度工业机器人 根据主控系统 PLC 发送的数据，对托盘流水线托盘上的物品进行分拣，放置于物品盒流水线上的指定物品盒中，同时把空托盘放置于空托盘库中。

1) 双击打开 ABB 工业机器人仿真软件 RobotStudio6.01，单击“新建”菜单，创建一个新的空工作站，如图 3-2 所示。

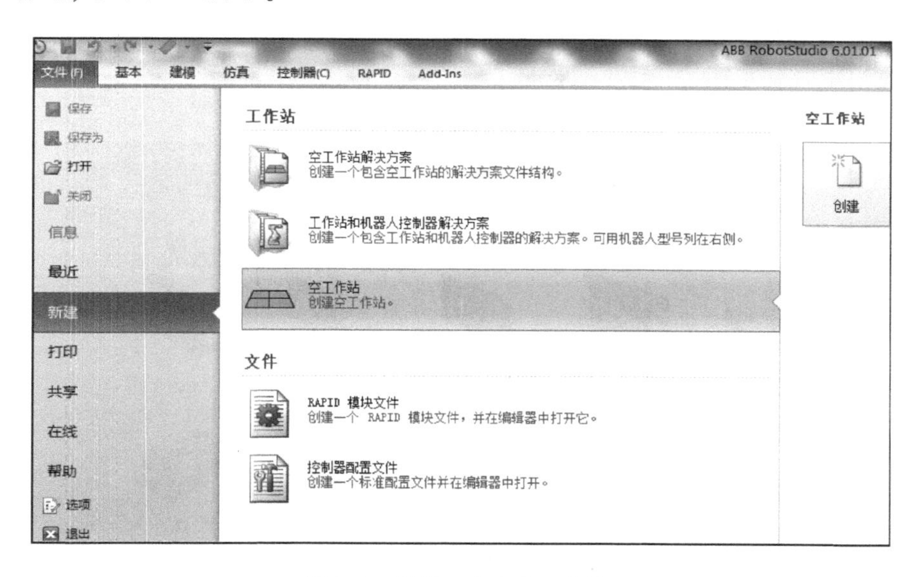

图 3-2 新建一个空的工作站

2) 空工作站建成，如图 3-3 所示。

3) 从 ABB 模型库中导入导轨 RTT 模型，行程设定为 2.7m，并设定坐标位置为 (-1203.17，1750.07，0)，创建带导轨机器人，步骤如图 3-4 ~ 图 3-7 所示。

4) 从 ABB 模型库中导入 IRB2600 机器人模型，操作界面如图 3-8 所示。

5) 设定容量为“12kg”，到达为“1.65m”，单击“确定”按钮，如图 3-9 所示。

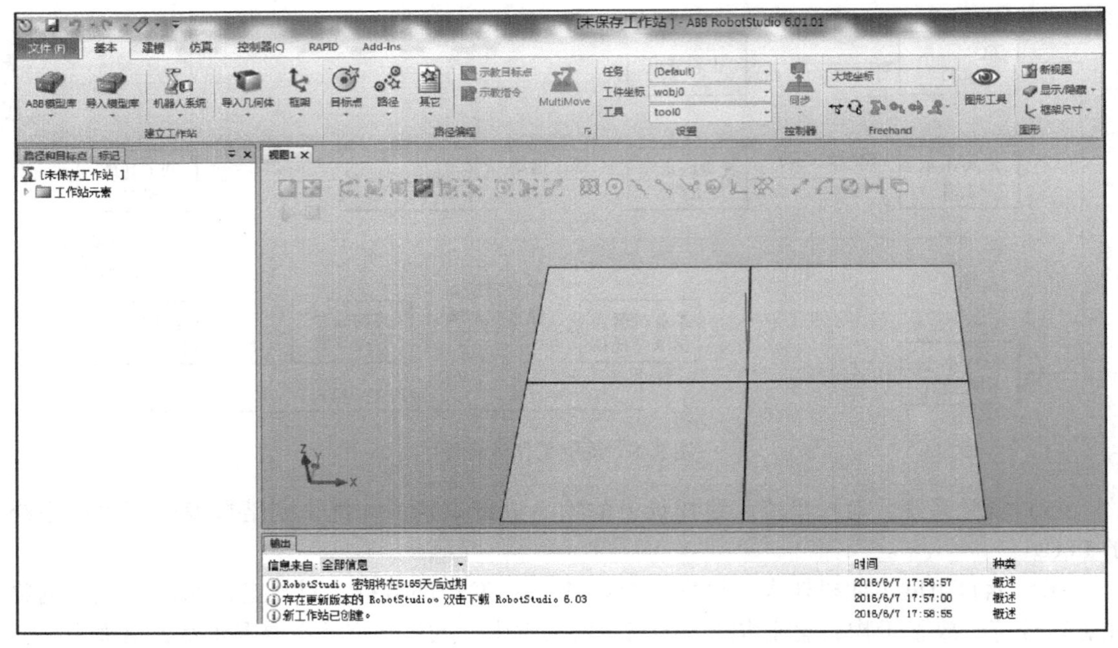

图 3-3　空工作站建成

图 3-4　导轨 RTT 模型

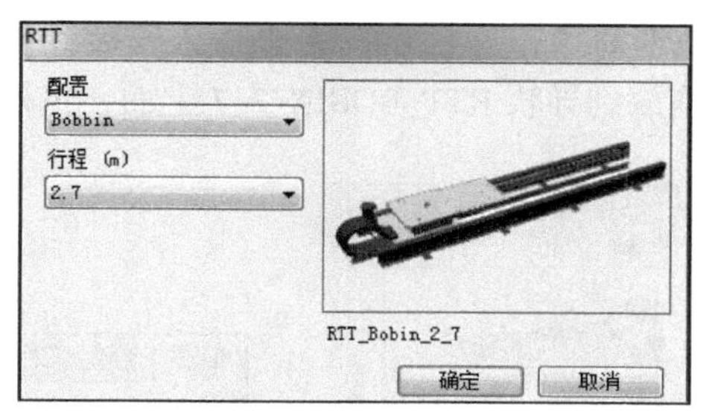

图 3-5 导轨参数

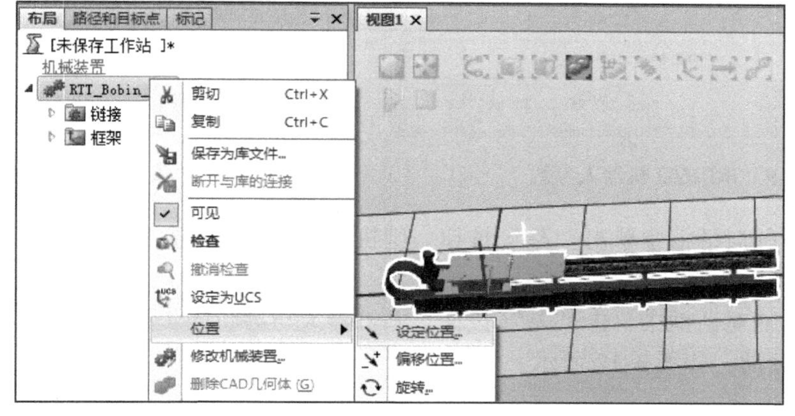

图 3-6 设定位置

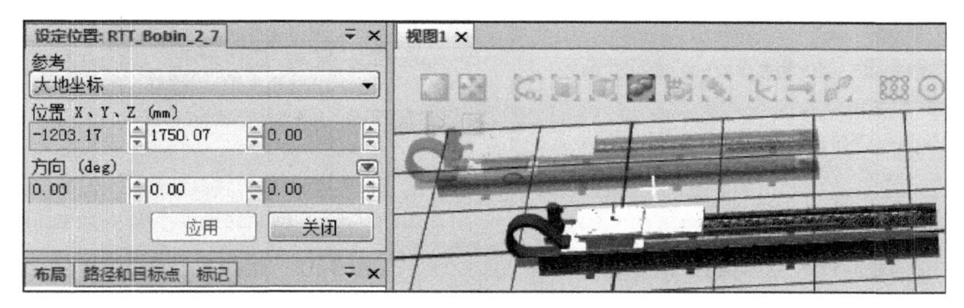

图 3-7 输入导轨坐标

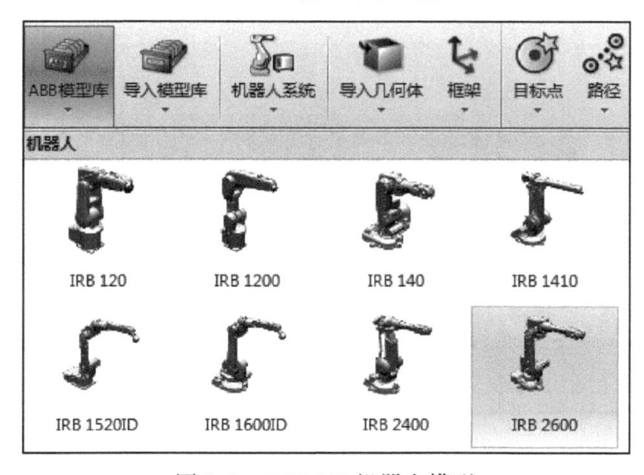

图 3-8 IRB2600 机器人模型

6）在“基本”功能选项卡的“布局”窗口将机器人安装到导轨上面（用鼠标左键拖住机器人 IRB2600 不放，将其拖放到导轨 RTT_BOBIN_2_7 上面，再松开鼠标，如图 3-10 所示）。

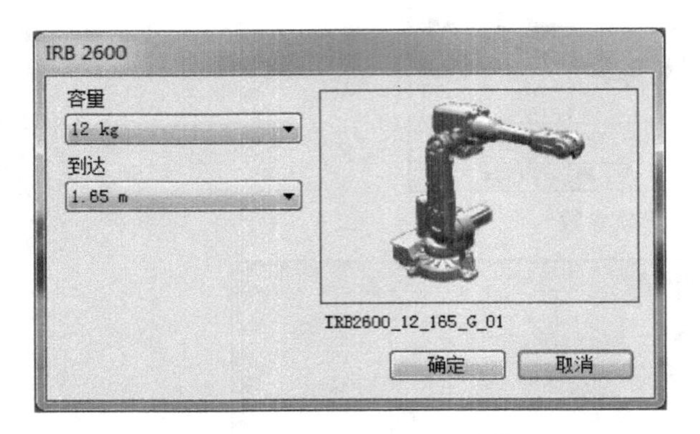

图 3-9　IRB2600 机器人参数

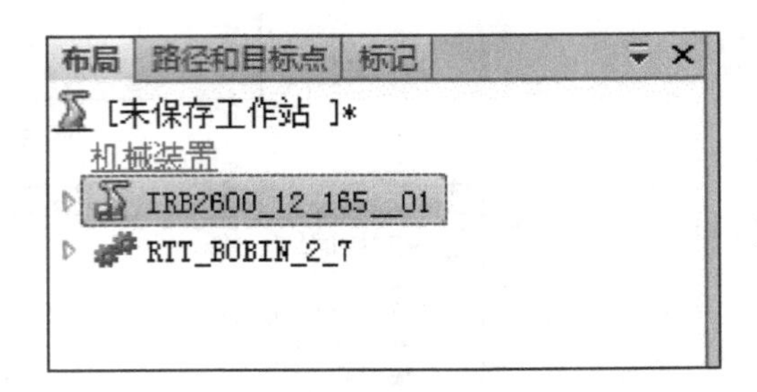

图 3-10　安装 IRB2600 机器人模型

7）在弹出的对话框中单击“是”按钮，则机器人位置更新到导轨基座上面，如图 3-11 所示。

8）在弹出的对话框中单击“是”按钮，则机器人与导轨同步运动，即机器人及坐标系随着导轨同步运动，如图 3-12 所示。

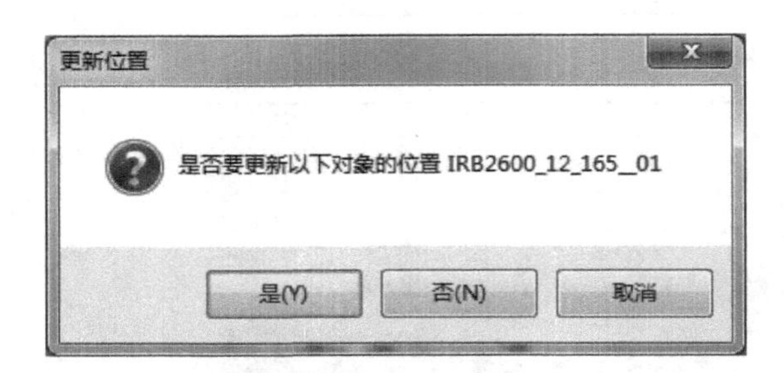

图 3-11　更新位置

图 3-12　选择机器人与导轨是否同步

9）机器人已安装到导轨上，如图 3-13 所示。

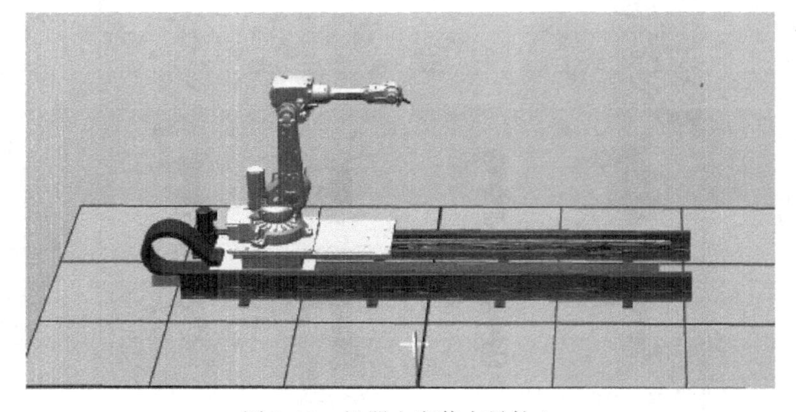

图 3-13　机器人安装在导轨上

10）在 RobotStudio 6. 01 软件中依次导入机器人立体仓库、围栏内 IRB2600_12_165 工业机器人、AGV 小车及其引导线、托盘流水线、物品盒流水线、IRC5 控制柜、机器人底座、移动托盘工具、单双吸盘和周边围栏，设定各个模型的位置坐标，见表 3-1。

表 3-1　工作站各个模型的位置坐标

模型名称	坐　标
立体仓库	(0, 1162. 42, 0)
围栏内 IRB2600_12_165 工业机器人	(-439. 103, -4155. 3, 140)
AGV 小车	(0, 2600, 0)
AGV 小车引导线	(0, 0, 0)
托盘流水线	(0, 0, 0)
物品盒流水线	(-2157. 275, -8755. 34, 0)
IRC5 控制柜	(291. 906, -2509. 02, 100)
机器人底座	(-422. 325, -4156. 6, 150)
移动托盘工具	(-178. 172, 1750. 87, 1657. 5)
单双吸盘	(-1997. 939, -1200, -336. 8)
周边围栏	(-2782. 394, -2434. 54, 0)

11）在 RobotStudio 软件中，工作站虚拟仿真布局如图 3-14 所示。

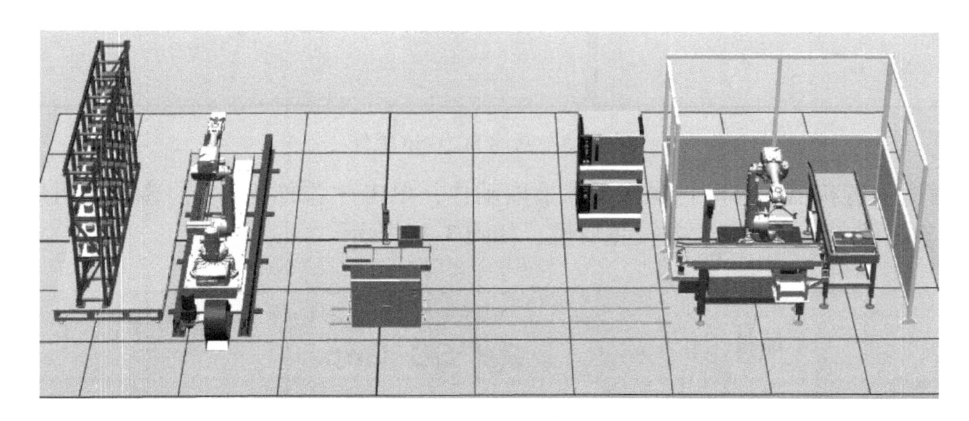

图 3-14　工作站虚拟仿真布局

任务二　系统 Smart 组件的创建

任务目标

学会系统 Smart 组件的创建，通过对 Smart 组件的学习与使用，掌握工业机器人仿真动画编程的关键要领。

任务引入

Smart 组件是在 RobotStudio 软件中实现动画效果的高效工具。下面以 ABB 机器人仿真软件 RobotStudio6. 01 为例，进行系统的仿真布局操作。

任务实施

一、创建 Smart 组件 SC_Grip

1. 设定子对象组件

1）打开 RobotStudio 软件，在“建模”选项卡中单击“Smart 组件”，新建一个 Smart 组件，用鼠标右键单击该组件，将其命名为“SC_Grip”，如图 3-15 所示。

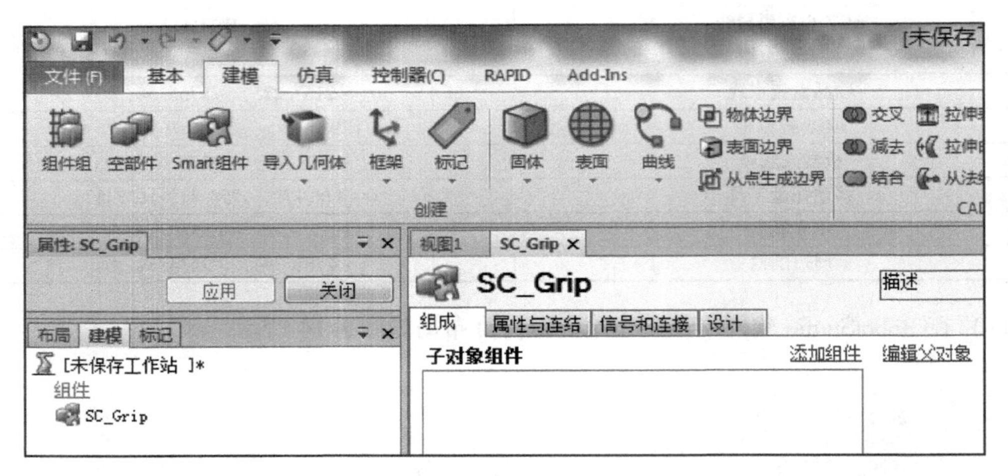

图 3-15　新建 SC_Grip 组件

2）首先设置机器人移动托盘工具的拾取动作，单击“添加组件”，选择“组成”列表中的子对象组件“Attacher”，并设置属性，如图 3-16 所示。

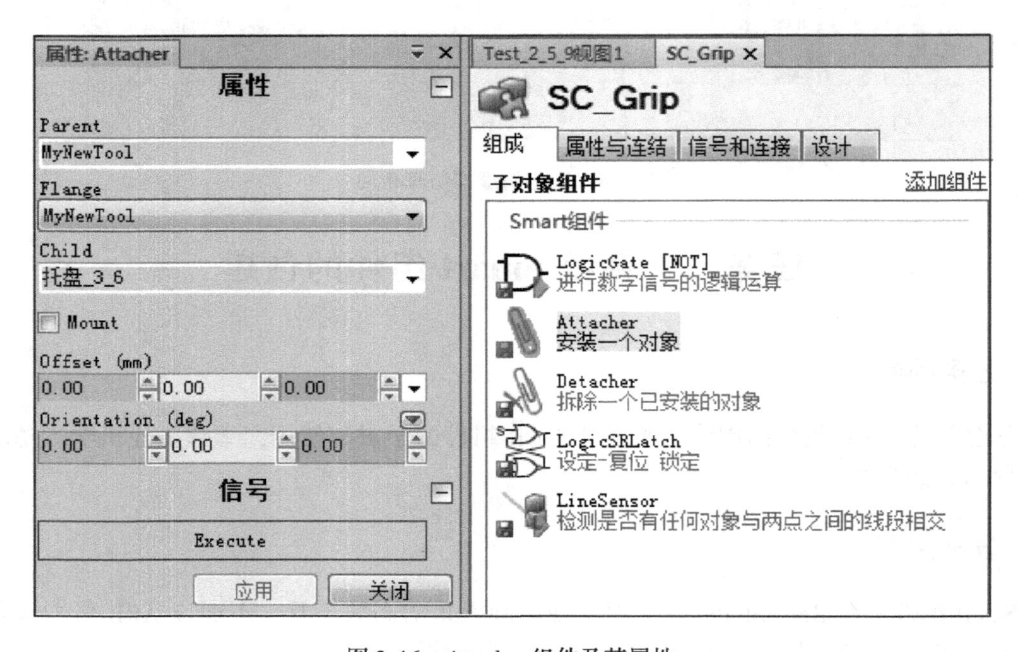

图 3-16　Attacher 组件及其属性

3）设置机器人移动托盘工具的放置动作，单击“添加组件”，选择“组成”列表中子对象组件“Detacher”，并设置属性，如图 3-17 所示。

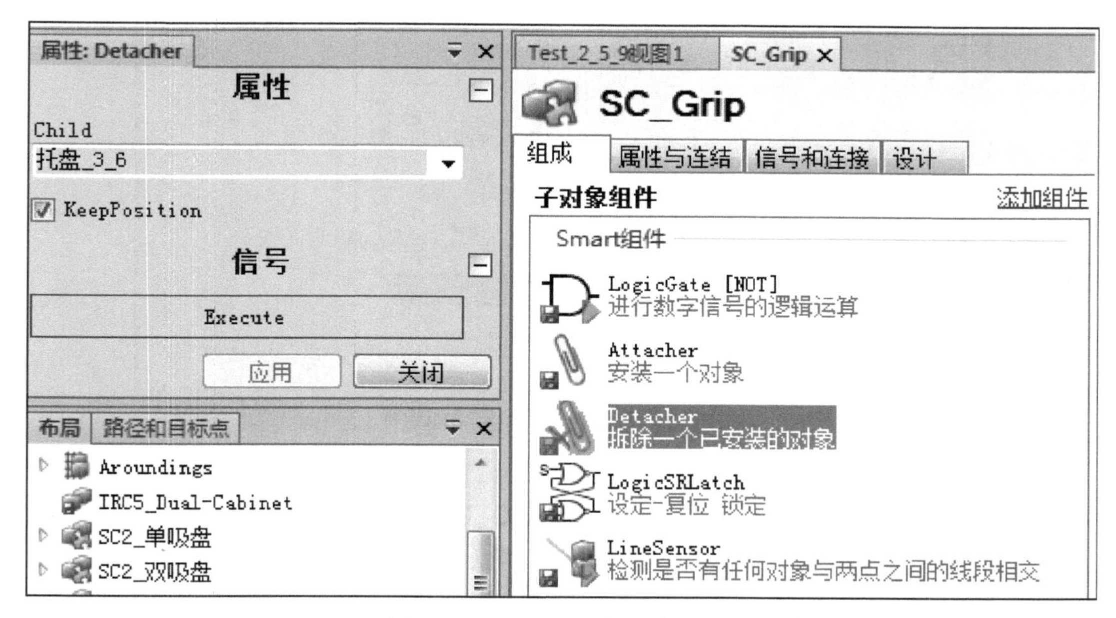

图 3-17　Detacher 组件及其属性

4）设定进行数字信号逻辑运算的子对象组件 LogicGate，单击“添加组件”，选择“信号和连接”列表中的“LogicGate”，并设定属性，如图 3-18 所示。

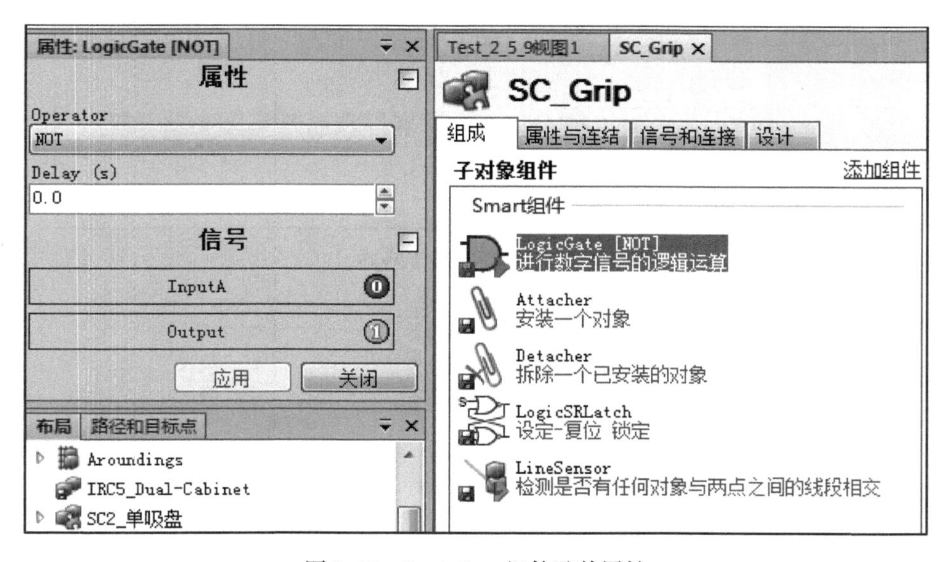

图 3-18　LogicGate 组件及其属性

5）设定抓取工具的复位、锁定功能组件，如图 3-19 所示。

6）设定线传感器，用于检测机器人移动托盘工具是否检测到立体仓库上的托盘，属性设置如图 3-20 所示，位置设定如图 3-21 所示。

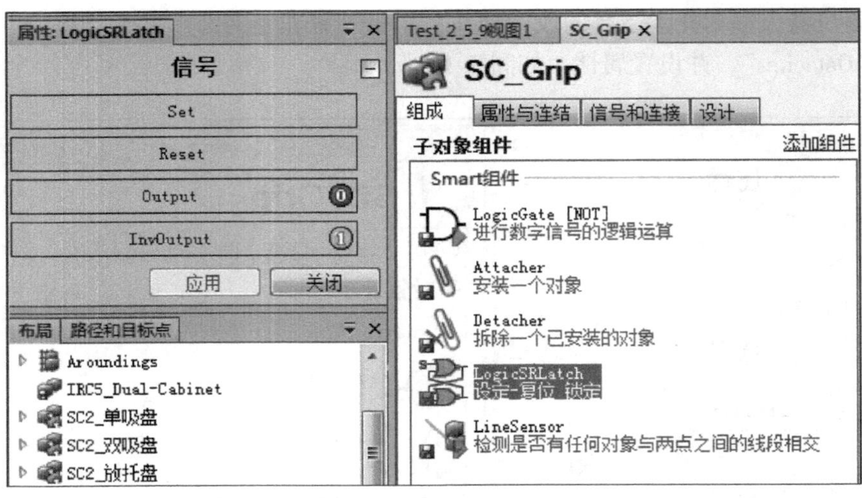

图 3-19　设定复位、锁定功能组件

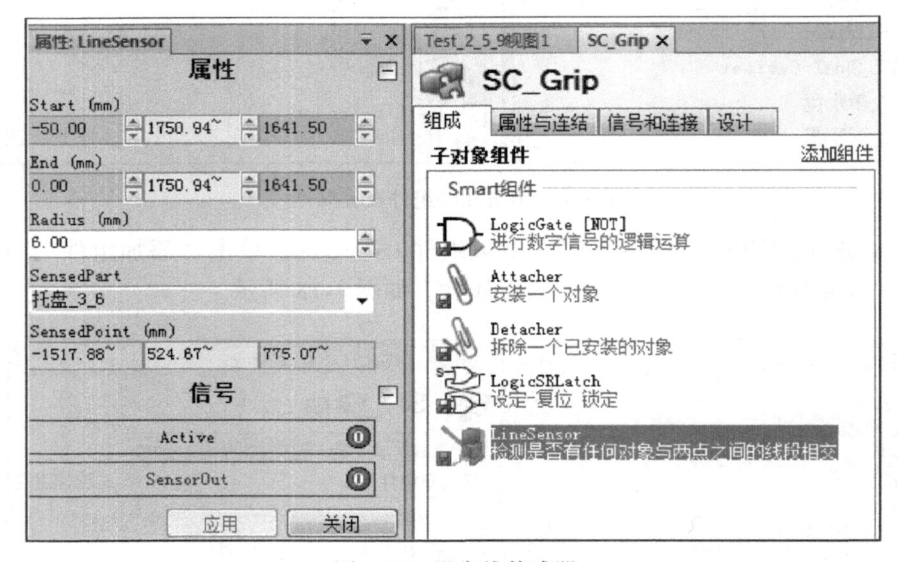

图 3-20　设定线传感器

图 3-21　设定线传感器位置

2. 设定 SC_Grip 组件的属性与连结

1）将机器人工具端部的线传感器检测到的托盘作为拾取的子对象，如图 3-22 所示。

2）此处连结的意义是将拾取到的托盘作为释放的托盘，如图 3-23 所示。

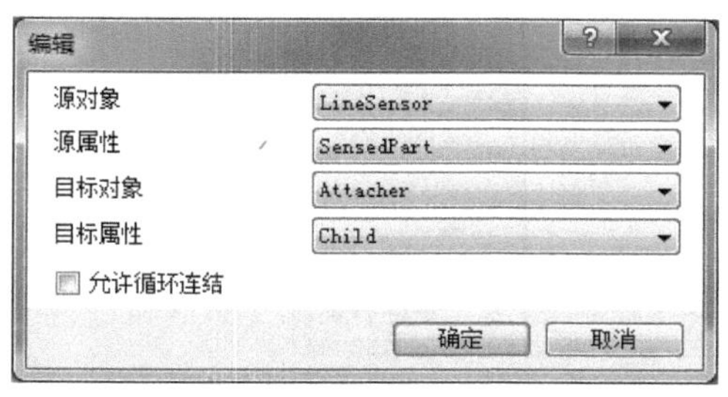

图 3-22　属性与连结（一）

图 3-23　属性与连结（二）

当机器人的工具运动到仓库托盘摆放的位置时，工具上的线传感器 LineSensor 检测到托盘，则托盘即作为拾取的子对象，将子对象托盘拾取之后，机器人工具运动到托盘放置位置执行释放动作，则托盘作为释放的子对象，属性与连结设定完成，如图 3-24 所示。

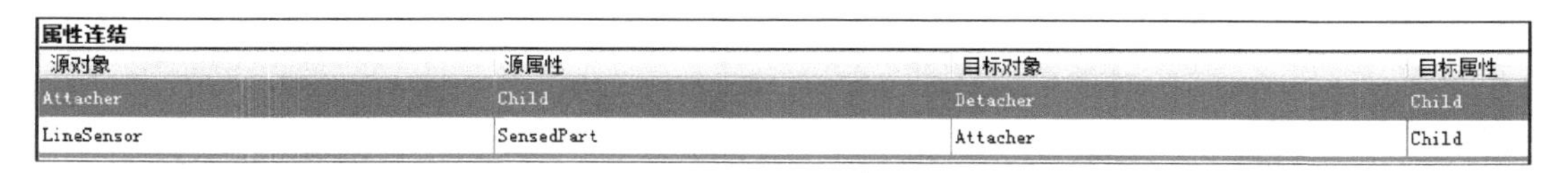

属性连结

源对象	源属性	目标对象	目标属性
Attacher	Child	Detacher	Child
LineSensor	SensedPart	Attacher	Child

图 3-24　属性与连结设定完成

3. 设定 SC_Grip 组件的信号和连接

1）创建一个数字输入信号 di_Grip，用于控制仓库端机器人工具托起、释放托盘。置“1”为托起动作，置“0”为释放动作，属性如图 3-25 所示。

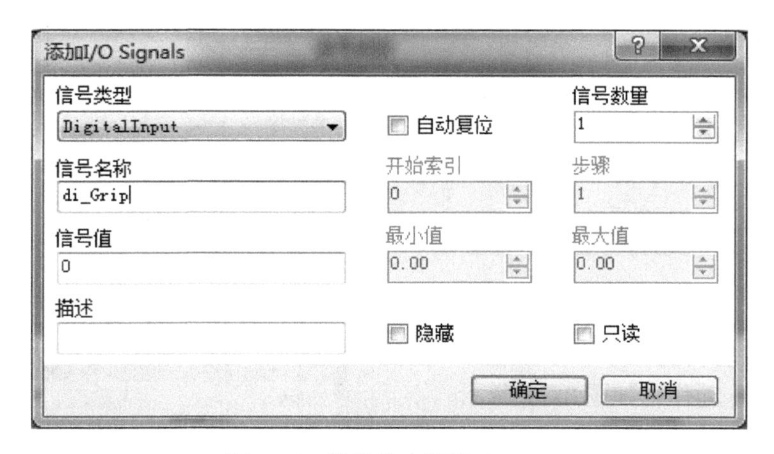

图 3-25　数字输入信号 di_Grip

2）创建一个数字输出信号 do_VacuumOK，用于机器人工具执行动作的反馈信号。置“1”为托起已建立，置“0”为释放已完成，属性如图 3-26 所示。

3）控制仓库端机器人工具托起动作信号 di_Grip 去触发工具前端的线传感器开始执行检测功能，设置如图 3-27 所示。

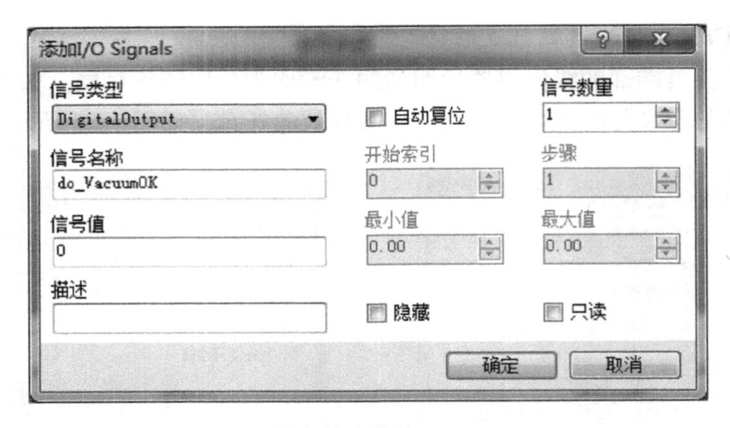

图 3-26　数字输出信号 do_VacuumOK

4）线传感器检测到立体仓库上的托盘之后触发托起动作执行，信号和连接如图 3-28 所示。

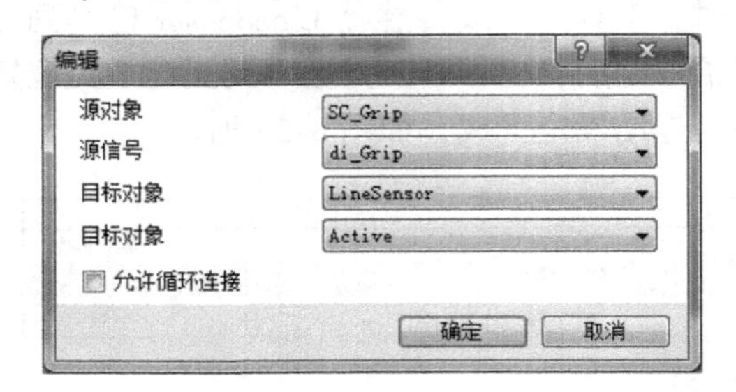

图 3-27　信号和连接（一）

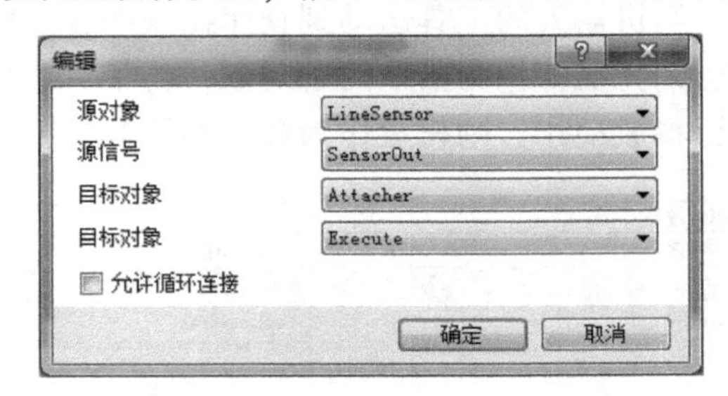

图 3-28　信号和连接（二）

5）图 3-29 和图 3-30 所示两个信号的连接为利用非门的中间连接实现信号 di_Grip 置为“0”后的触发释放托盘动作。

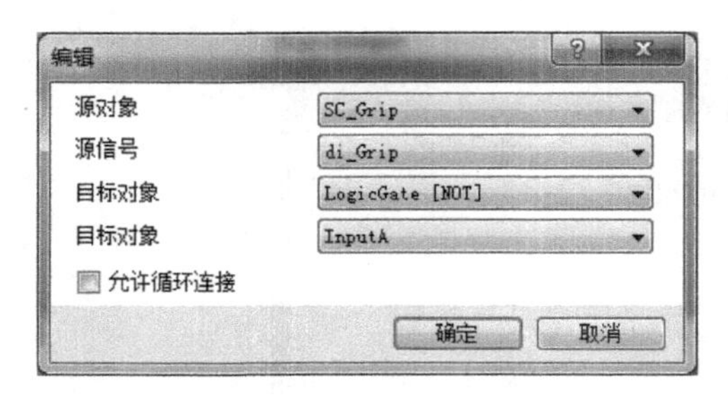

图 3-29　信号和连接（三）

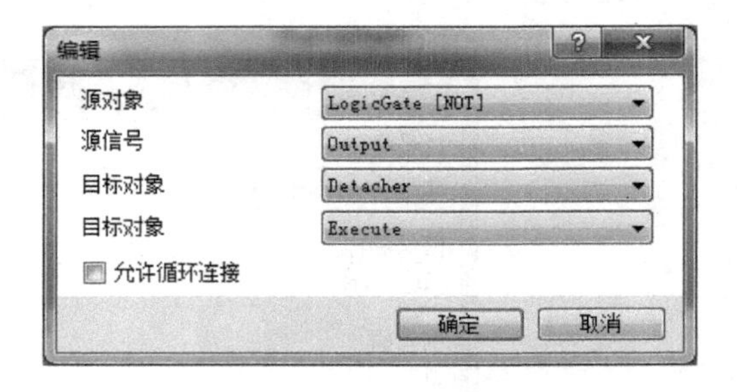

图 3-30　信号和连接（四）

6）托起托盘动作完成后，触发置位/复位组件执行“置位”动作，如图 3-31 所示。

7）释放托盘动作完成后，触发置位/复位组件执行“复位”动作，如图 3-32 所示。

8）置位/复位组件动作的最终实现效果是当托起动作完成后，将 do_VacuumOK 置为“1”；当释放动作完成后，将 do_VacuumOK 置为“0”，如图 3-33 所示。

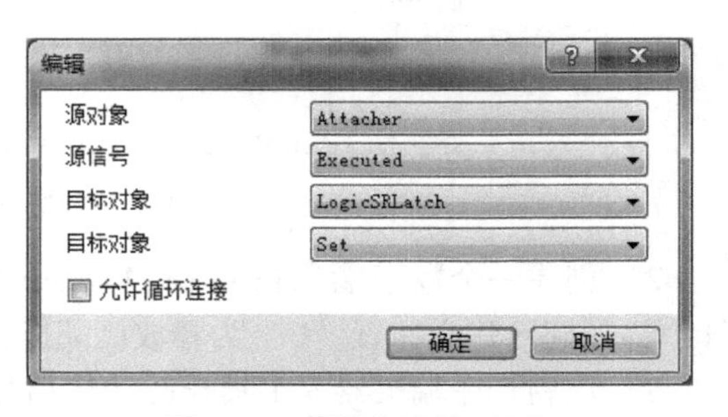

图 3-31　信号和连接（五）

图 3-32　信号和连接（六）

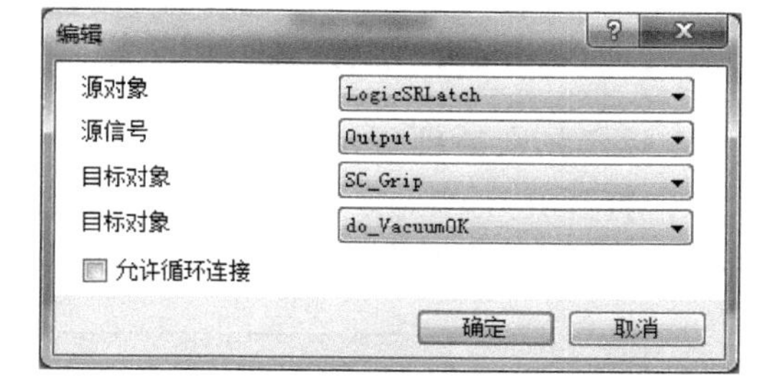

图 3-33　信号和连接（七）

9）组件 SC_Grip 设置完成后如图 3-34 所示。

SC_Grip　描述

组成　属性与连结　信号和连接　设计

I/O 信号

名称	信号类型	值
di_Grip	DigitalInput	0
do_VacuumOK	DigitalOutput	0

添加I/O Signals　展开子对象信号　编辑　删除

I/O连接

源对象	源信号	目标对象	目标对象
SC_Grip	di_Grip	LineSensor	Active
LineSensor	SensorOut	Attacher	Execute
LogicGate [NOT]	Output	Detacher	Execute
Attacher	Executed	LogicSRLatch	Set
Detacher	Executed	LogicSRLatch	Reset
LogicSRLatch	Output	SC_Grip	do_VacuumOK
SC_Grip	di_Grip	LogicGate [NOT]	InputA

图 3-34　组件 SC_Grip 设置完成图

10）组件 SC_Grip 设定完成后显示如图 3-35 所示。

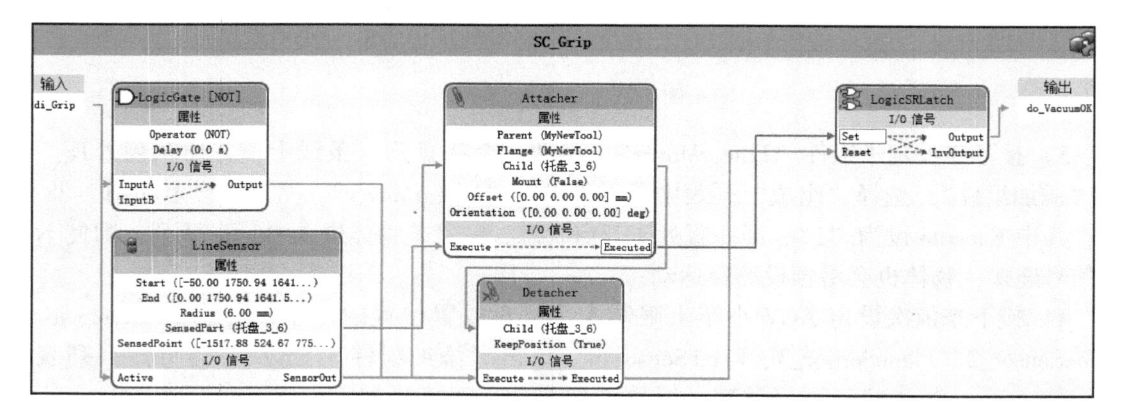

图 3-35　组件 SC_Grip 完成图

二、创建 Smart 组件 SC_AGV 排列

1. 设定托盘排列在 AGV 小车上

1）打开 RobotStudio 软件，在“建模”功能选项卡中单击“Smart 组件”，新建一个 Smart 组件，用鼠标右键单击该组件，将其命名为“SC_ AGV 排列”，如图 3-36 所示。

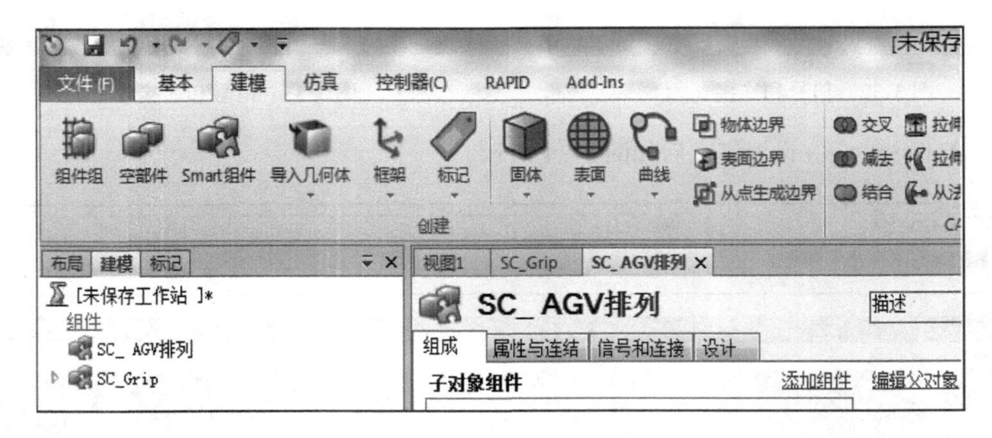

图 3-36　新建“SC_AGV 排列”组件

2）首先设置放置托盘的运动属性过程，单击“添加组件”，选择“组成”列表中子对象组件“Queue”，如图 3-37 所示。子组件 Queue 用来将同类型的物体模型（托盘）做列队处理，其属性暂不设定。

图 3-37　子组件 Queue

3）接下来设定子组件“LinearMover”，移动一个托盘到一条线上，方便队列处理。单击“添加组件”，选择“组成”列表中子对象组件“LinearMover”，其属性设定如图 3-38 所示，其中 Execute 设为“1”，即一直处于开启状态，一旦某物体进入 Queue 队列，即使不通过信号连接，物体也会沿预设路径运动。

4）接下来依次设定 AGV 小车上限制 3 个托盘放置位置的 4 个面传感器 PlaneSensor、PlaneSensor_2、PlaneSensor_3、PlaneSensor_4。单击“添加组件”，选择“传感器”列表中子组件“PlaneSensor”，重复四次，组件添加成功。面传感器 PlaneSensor、PlaneSensor_2、PlaneSensor_3、PlaneSensor_4 的属性设定与位置设定依次如图 3-39 ~ 图 3-42 所示。

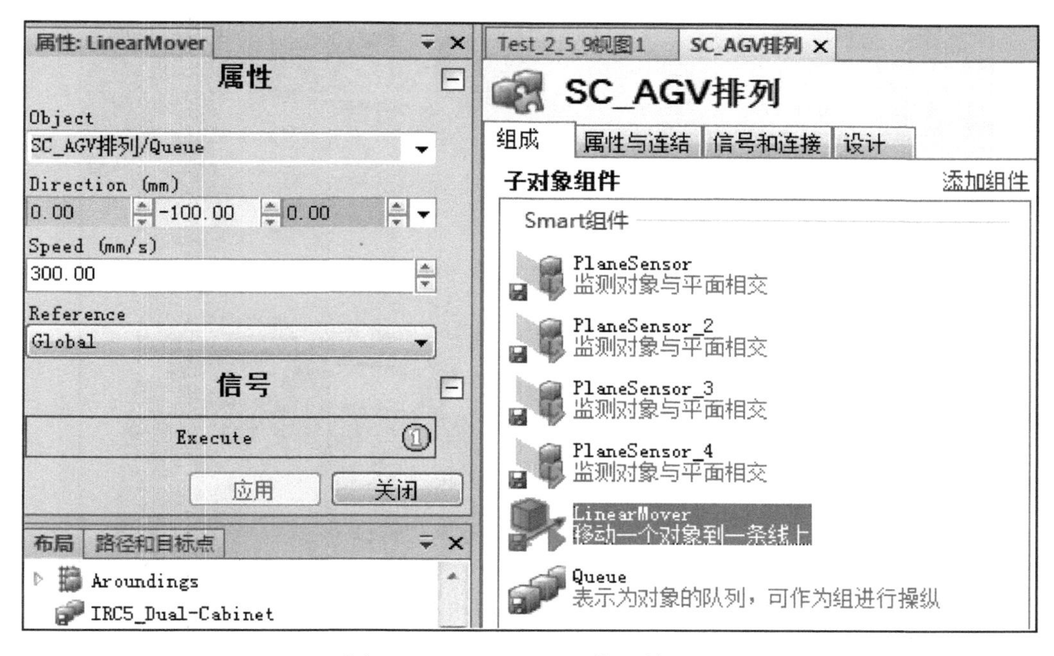

图 3-38　LinearMover 组件及其属性

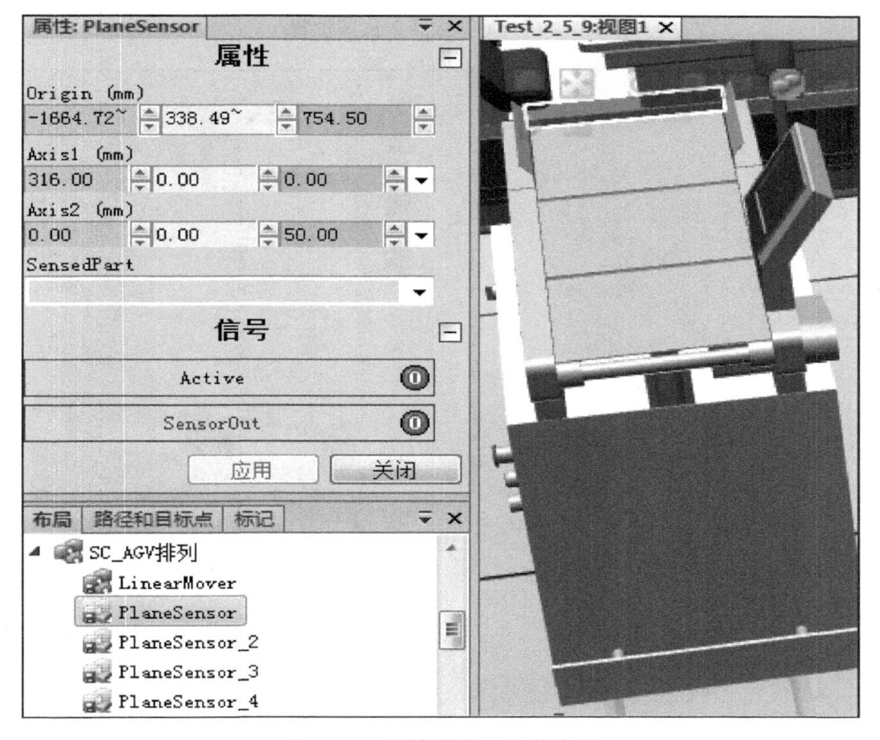

图 3-39　面传感器 1 及其位置

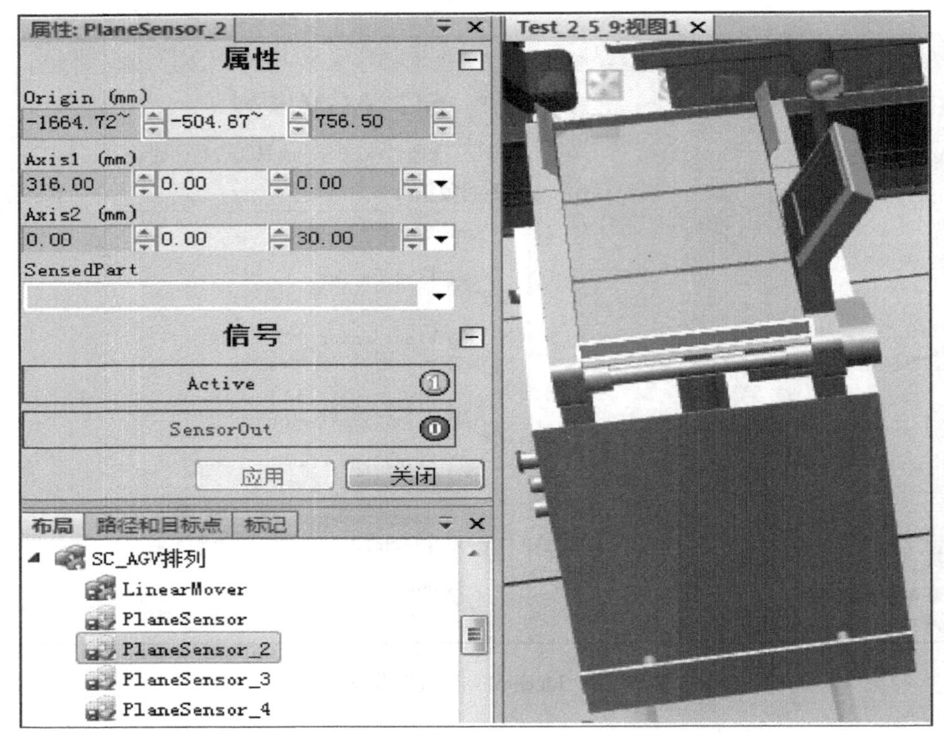

图 3-40　面传感器 2 及其位置

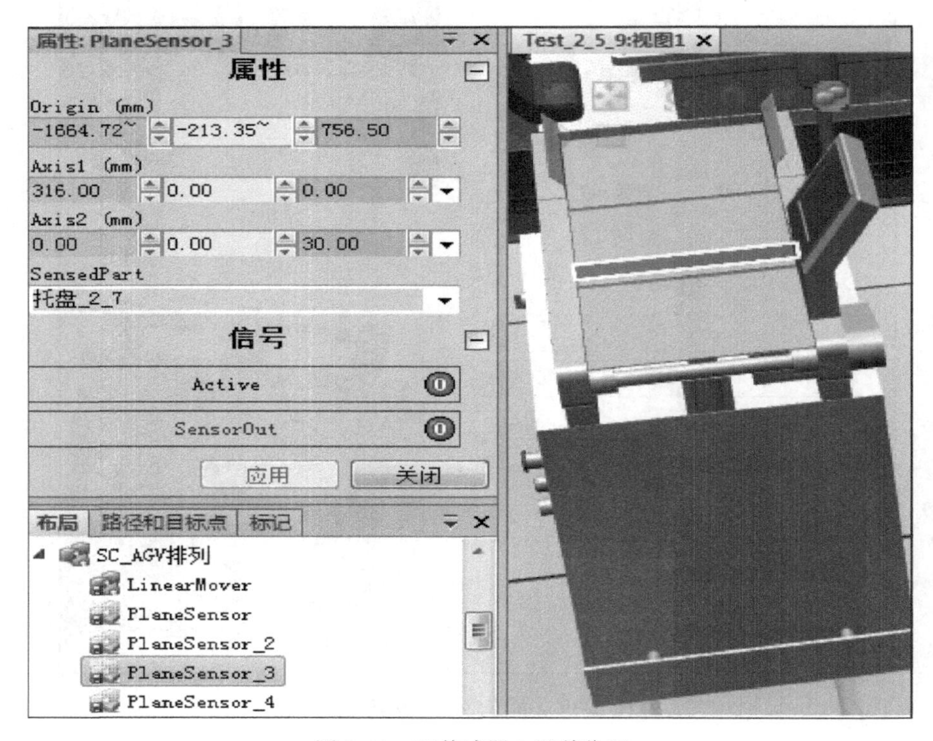

图 3-41　面传感器 3 及其位置

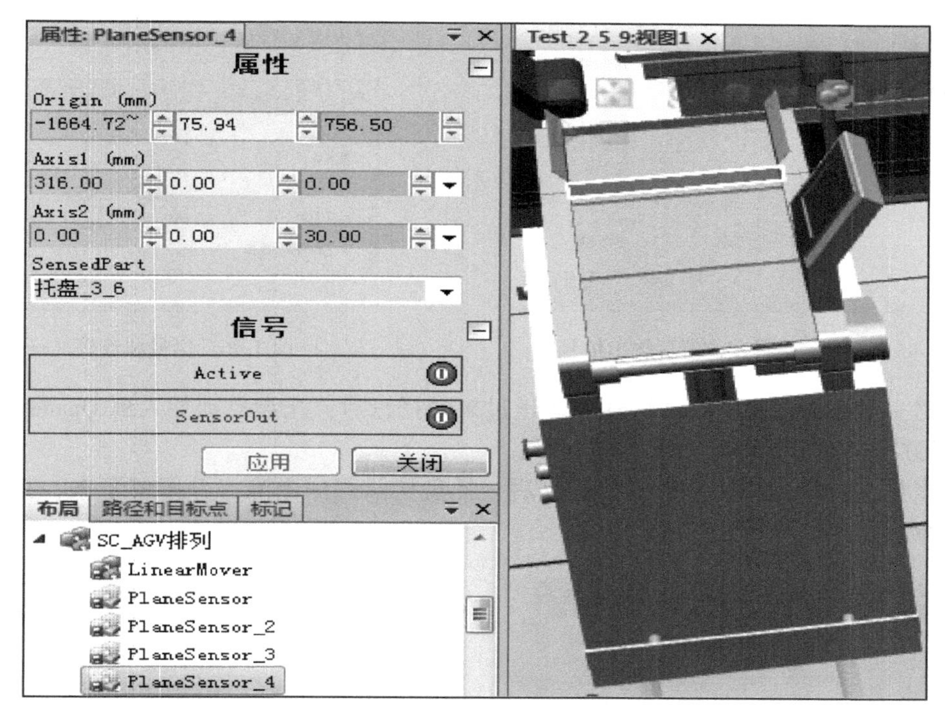

图 3-42　面传感器 4 及其位置

2. 创建 SC_AGV 排列组件的属性与连结

此处属性与连结的意义是当面传感器检测到机器人移动托盘工具运送过来的托盘并与其发生接触时，就把该物体加入 Queue 队列，Queue 是一直执行这个线性运动的，设定完成后如图 3-43 所示。

3. 创建 SC_AGV 排列组件的信号和连接

1）添加 I/O 信号，创建一个数字输入信号 di_goAGV，机器人收到输入信号，托盘可以在 AGV 上排列，其设定如图 3-44 所示。

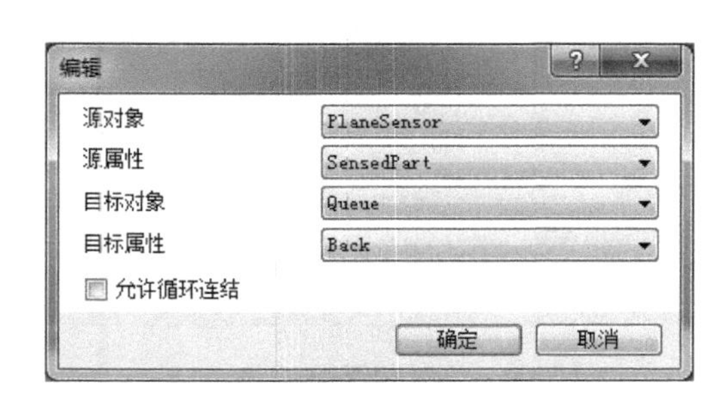

图 3-43　属性与连结

图 3-44　数字输入信号 di_goAGV

2）托盘到达设定位置后输出信号，其设定如图 3-45 所示。

3）添加 I/O 连接，需要依次添加几个 I/O 连接。当机器人控制器接收到输入信号 di_goAGV 后，面传感器开始执行检测功能，其设定如图 3-46 所示。

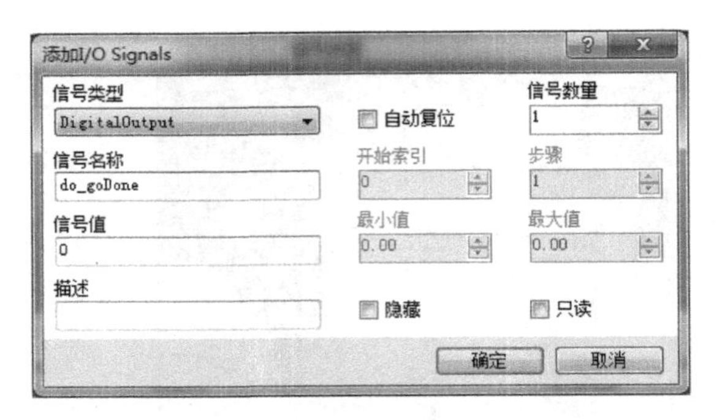

图 3-45　托盘到达设定位置后输出信号

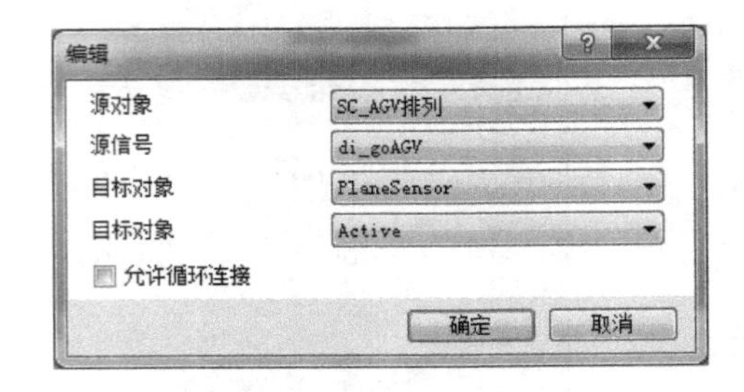

图 3-46　信号和连接（一）

4）第一个面传感器检测到机器人运送过来的托盘后，托盘自动加入到 Queue 队列中，并向围栏方向运动，其设定如图 3-47 所示。

5）当托盘被第二个面传感器检测到后，托盘从队列中删除，并停留下来，其设定如图 3-48 所示。

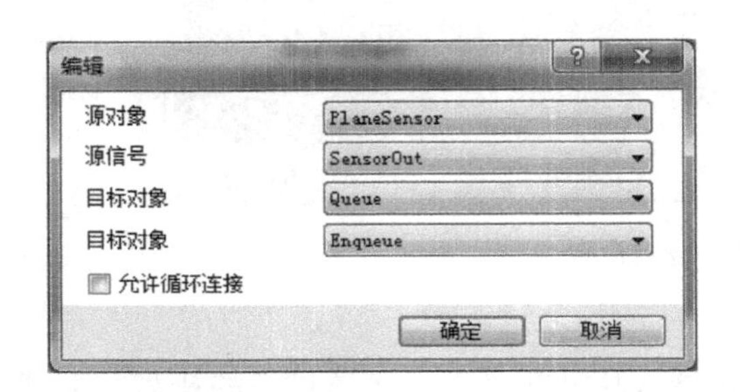

图 3-47　信号和连接（二）

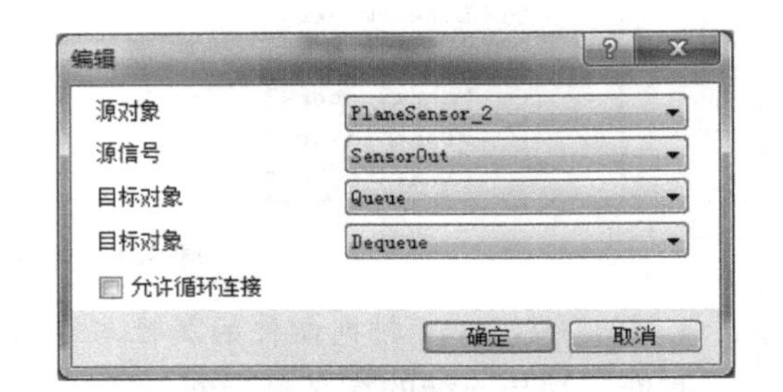

图 3-48　信号和连接（三）

6）当托盘被第二个面传感器检测到后，第三个面传感器将被触发去执行检测功能，其设定如图 3-49 所示。

7）当托盘被第三个面传感器检测到后，托盘从队列中删除，并停留下来，其设定如图 3-50 所示。

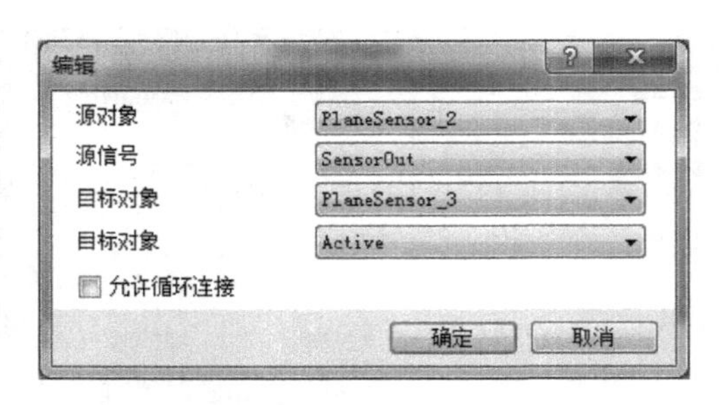

图 3-49　信号和连接（四）

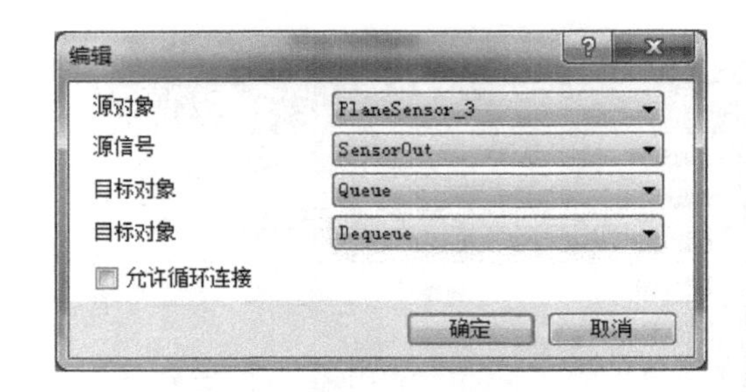

图 3-50　信号和连接（五）

8）当托盘被第三个面传感器检测到后，第四个面传感器将被触发去执行检测功能，其设定如图 3-51 所示。

9）当托盘被第四个面传感器检测到后，托盘从队列中删除，并停留下来，其设定如图 3-52 所示。

图 3-51　信号和连接（六）

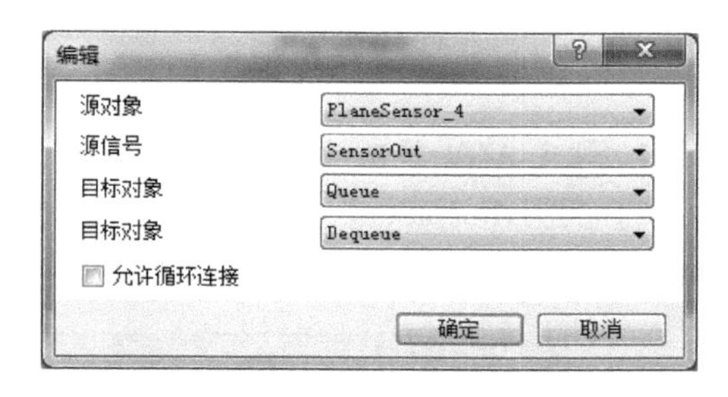

图 3-52　信号和连接（七）

10）信号和连接创建完成后，如图 3-53 所示。

SC_AGV排列　描述

组成　属性与连结　信号和连接　设计

I/O 信号

名称	信号类型	值
di_goAGV	DigitalInput	0
do_goDone	DigitalOutput	0

添加I/O Signals　展开子对象信号　编辑　删除

I/O连接

源对象	源信号	目标对象	目标对象
SC_AGV排列	di_goAGV	PlaneSensor	Active
PlaneSensor	SensorOut	Queue	Enqueue
PlaneSensor_2	SensorOut	Queue	Dequeue
PlaneSensor_2	SensorOut	PlaneSensor_3	Active
PlaneSensor_3	SensorOut	Queue	Dequeue
PlaneSensor_3	SensorOut	PlaneSensor_4	Active
PlaneSensor_4	SensorOut	Queue	Dequeue

图 3-53　信号和连接创建完成图

11）组件 SC_AGV 排列设计完成后如图 3-54 所示。

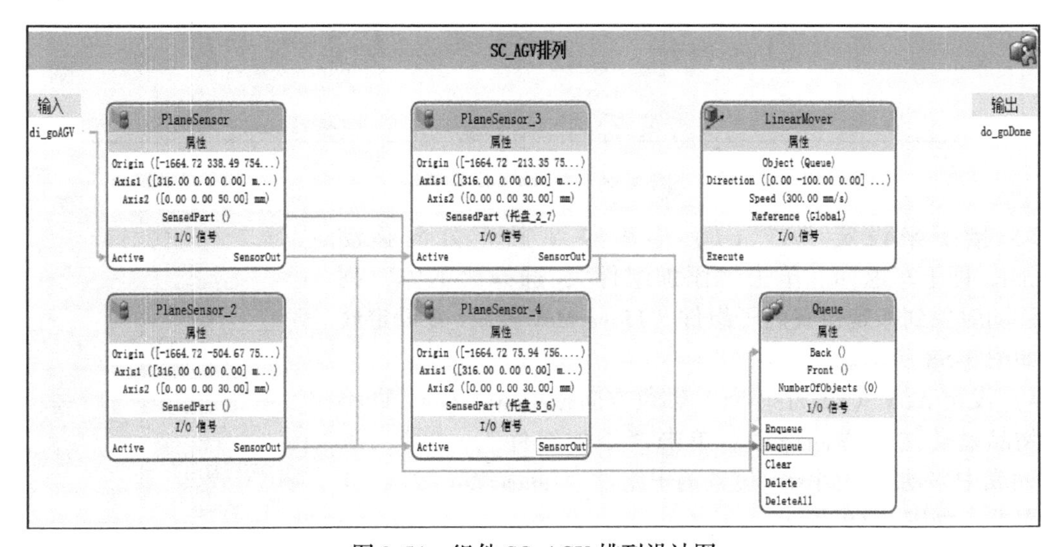

图 3-54　组件 SC_AGV 排列设计图

三、创建 Smart 组件 SC_AGV

1. 设定 AGV 移动动作

1）打开 RobotStudio 软件，在“建模”功能选项卡中单击“Smart 组件”，新建一个 Smart 组件，用鼠标右键单击该组件，将其命名为“SC_AGV”，如图 3-55 所示。

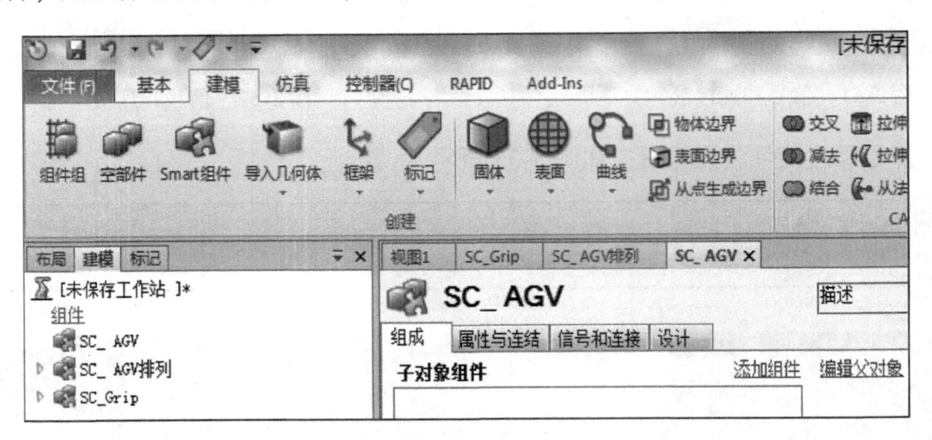

图 3-55　新建 SC_AGV 组件

2）首先设置 AGV 小车的运动属性过程。单击“添加组件”，选择“信号和属性”列表中数字信号的逻辑运算子组件“LogicGate”，如图 3-56 所示，其属性设置如图 3-57 所示。

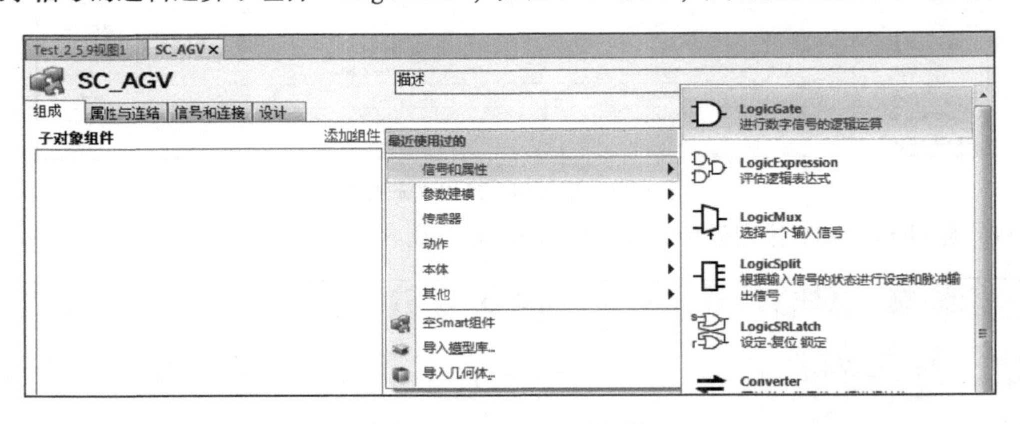

图 3-56　LogicGate 子组件

图 3-57　LogicGate 属性

3）接下来设定 AGV（1）小车向 Y 轴正方向移动 2600mm，即下车返回。单击“添加组件”，选择“本体”列表中移动对象到指定位置的子组件“LinearMover2”，并设定属性，如图 3-58 所示。

4）设定 AGV（1）小车向 Y 轴负方向移动 2600mm，即小车向物品盒传送带方向运动。单击“添加组件”，选择“本体”列表中移动对象到指定位置的子组件“LinearMover2”，并设定属性，如图 3-59 所示。

图 3-58　第一个子组件 LinearMover2 及其属性

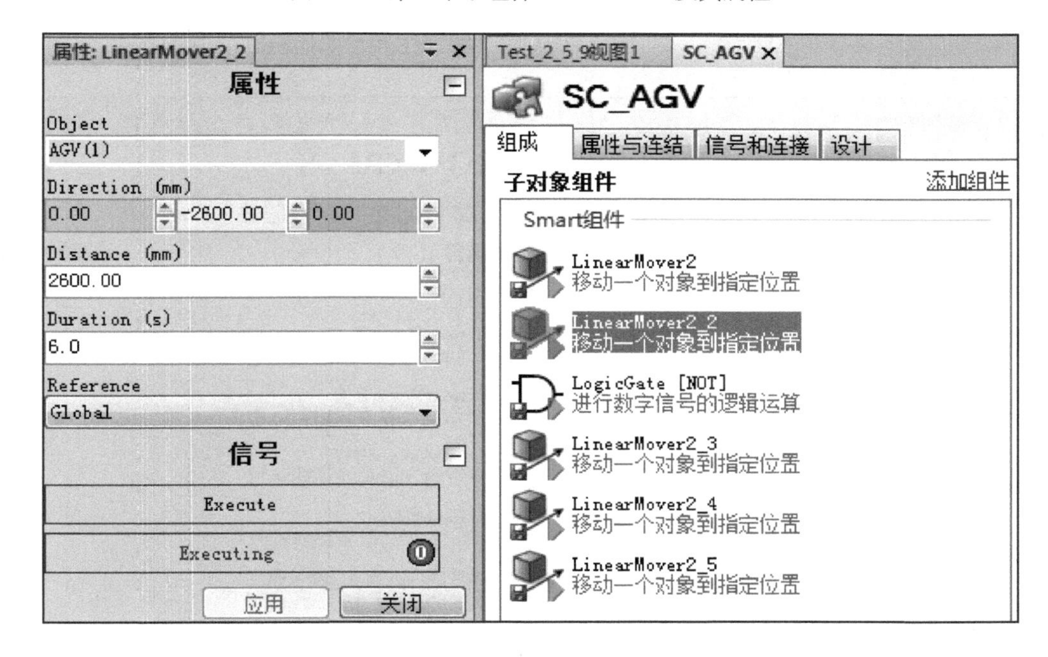

图 3-59　第二个子组件 LinearMover2 及其属性

5）设定托盘_1_6 移动到 AGV 小车上的指定位置，单击“添加组件”，选择“本体”列表中移动对象到指定位置的子组件“LinearMover2”，并设定属性，如图 3-60 所示。也可以把托盘安装在 AGV(1) 小车上，这样则不需要添加这三个组件。

6）设定托盘_2_7 移动到 AGV 小车上的指定位置，单击“添加组件”，选择“本体”列表中移动对象到指定位置的子组件“LinearMover2”，并设定属性，如图 3-61 所示。

图 3-60　第三个子组件 LinearMover2 及其属性

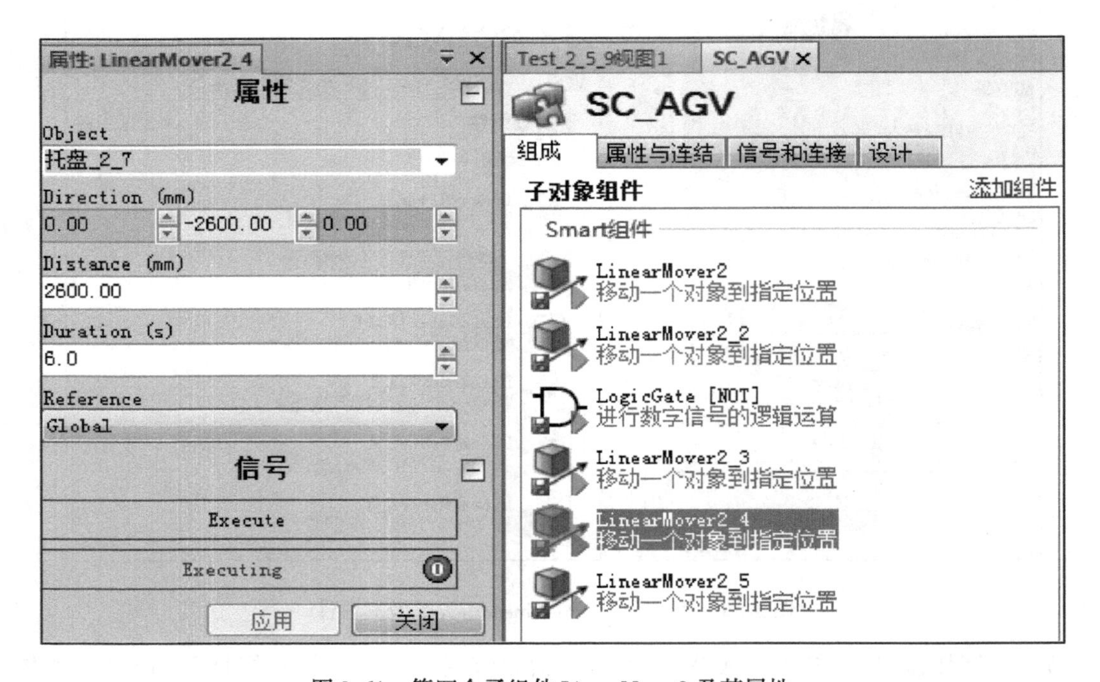

图 3-61　第四个子组件 LinearMover2 及其属性

7）设定托盘_3_6 移动到 AGV 小车上的指定位置，单击“添加组件”，选择“本体”列表中移动对象到指定位置的子组件“LinearMover2”，并设定属性，如图 3-62 所示。

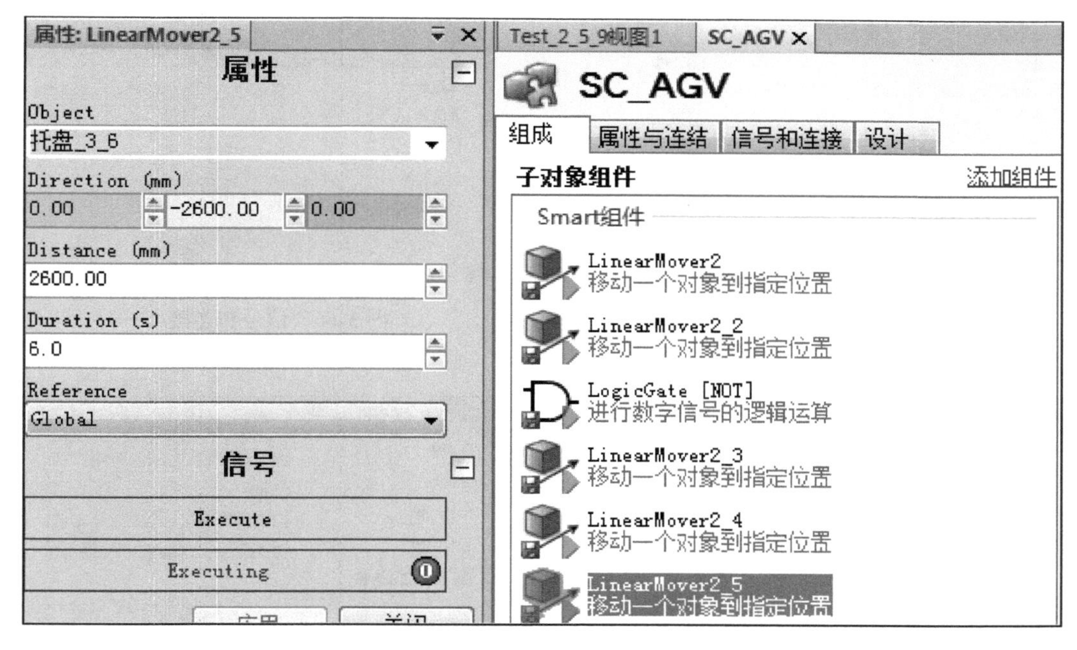

图 3-62　第五个子组件 LinearMover2 及其属性

2. 创建 SC_AGV 组件的信号和连接

1）创建一个数字输入信号 di_Run，用于启动 AGV 小车动作，如图 3-63 所示。

2）当输入信号 di_Run 为高位 1 时，AGV 小车和三个托盘运行 2600mm，到位后输出信号 do_A，如图 3-64 所示。

图 3-63　数字输入信号 di_Run

图 3-64　到位后输出信号 do_A

3）当输入信号 di_Run 为低位 0 时，AGV 小车和三个托盘返回运行 2600mm，到位后输出信号 do_B，如图 3-65 所示。

4）创建 I/O 连接，依次添加信号，如图 3-66 所示，当 AGV 小车接收到输入信号 di_Run 后，小车开始向围栏方向运行。

5）将 AGV 小车的输入信号 di_Run 与非门进行连接，则非门的信号输出变化和 AGV 的输入信号正好相反，如图 3-67 所示。

6）用非门的输出信号去触发 LinearMover2 的执行，即小车返回，如图 3-68 所示。

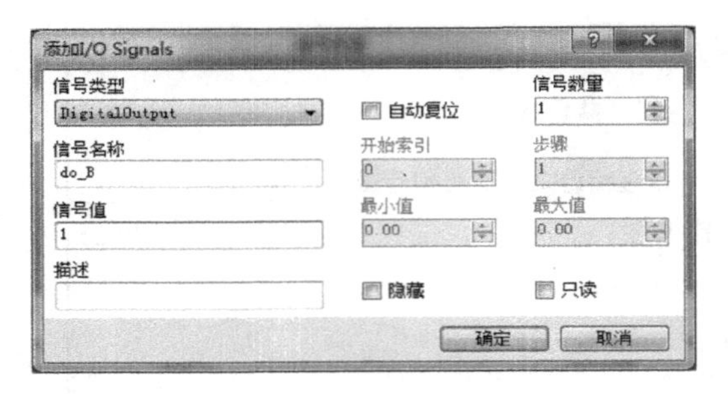

图 3-65　到位后输出信号 do_B

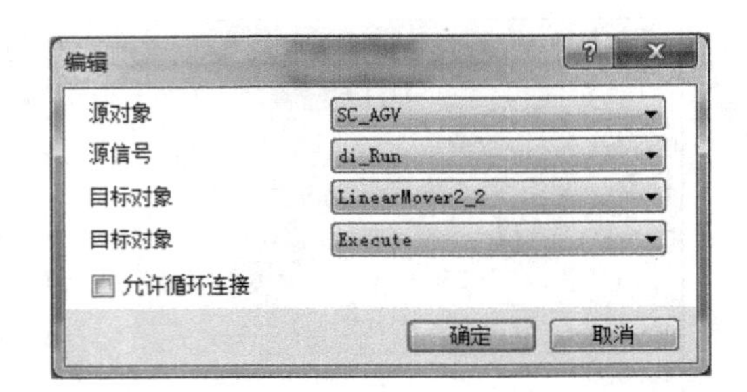

图 3-66　信号和连接（一）

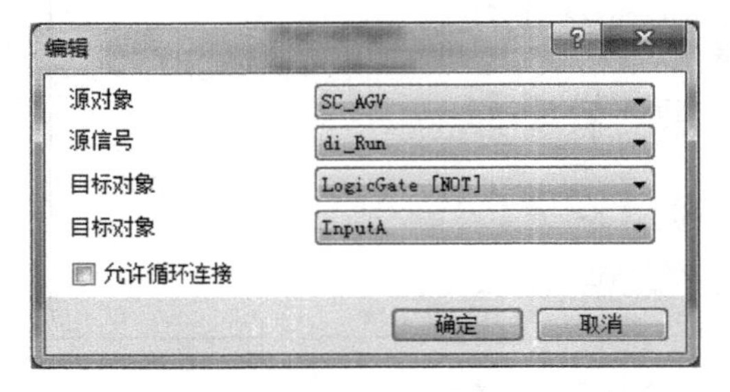

图 3-67　信号和连接（二）

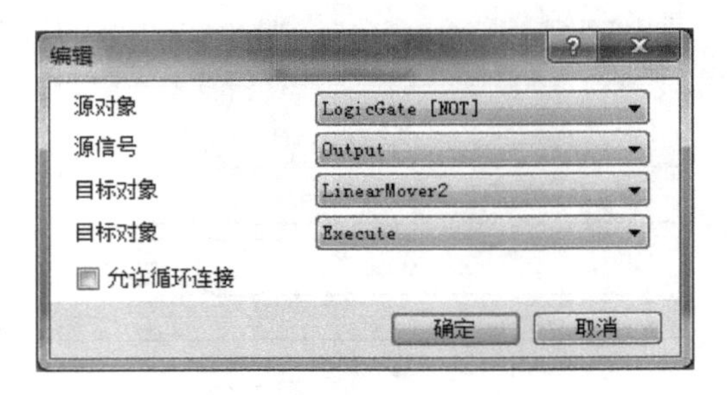

图 3-68　信号和连接（三）

7）当 AGV 小车接收到输入信号 di_Run 后，托盘_1_6、托盘_2_7、托盘_3_6 和 AGV 小车同步运行，相对静止，如图 3-69 ~ 图 3-71 所示。

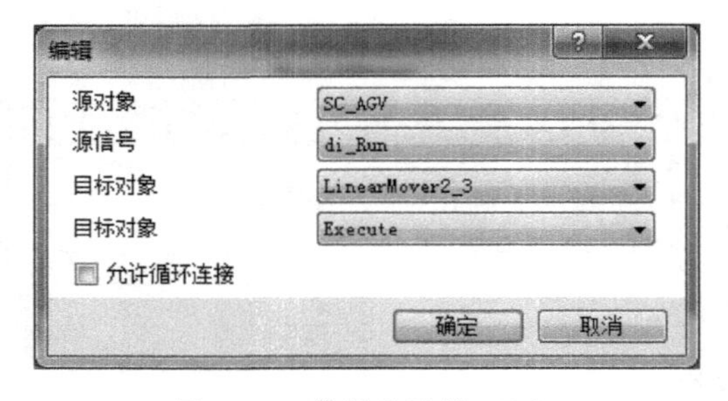

图 3-69　信号和连接（四）

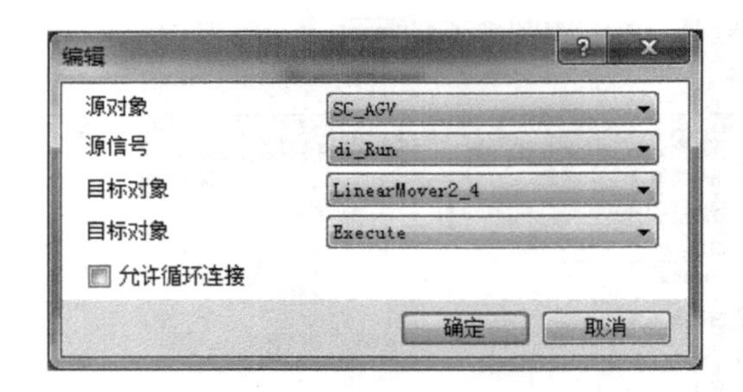

图 3-70　信号和连接（五）

8）AGV 小车和三个托盘向围栏方向运行 2600mm，运动结束后输出信号 do_A，如图 3-72 所示。

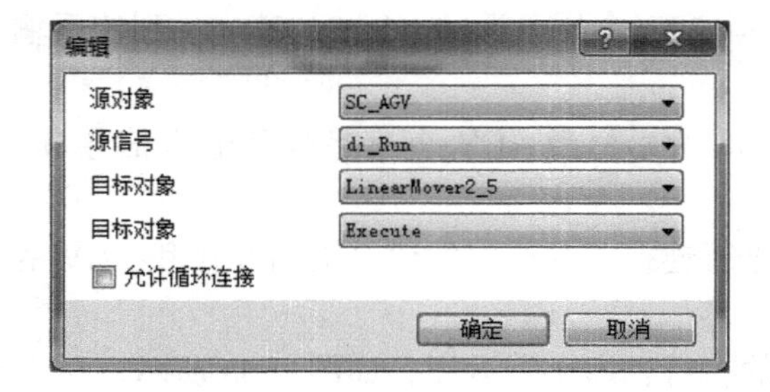

图 3-71　信号和连接（六）

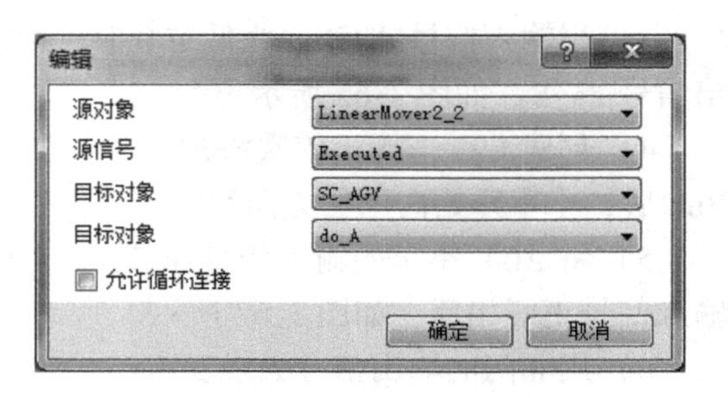

图 3-72　信号和连接（七）

9）AGV 小车和三个托盘向立体仓库方向运行 2600mm，运动结束后输出信号 do_B，如图 3-73 所示。

10）信号和连接创建完成后，如图 3-74 所示。

11）组件 SC_AGV 设定完成后显示如图 3-75 所示。

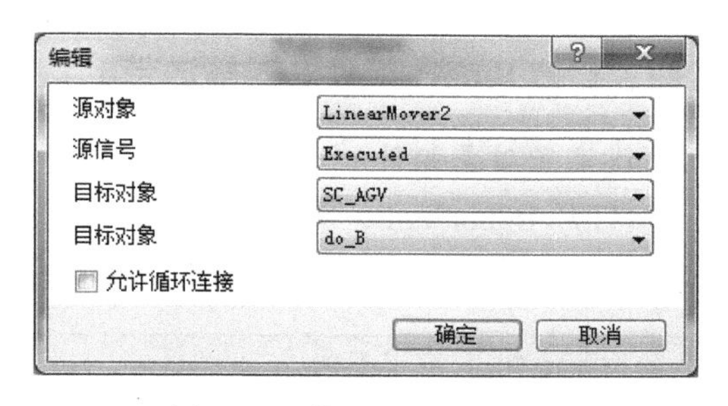

图 3-73　信号和连接（八）

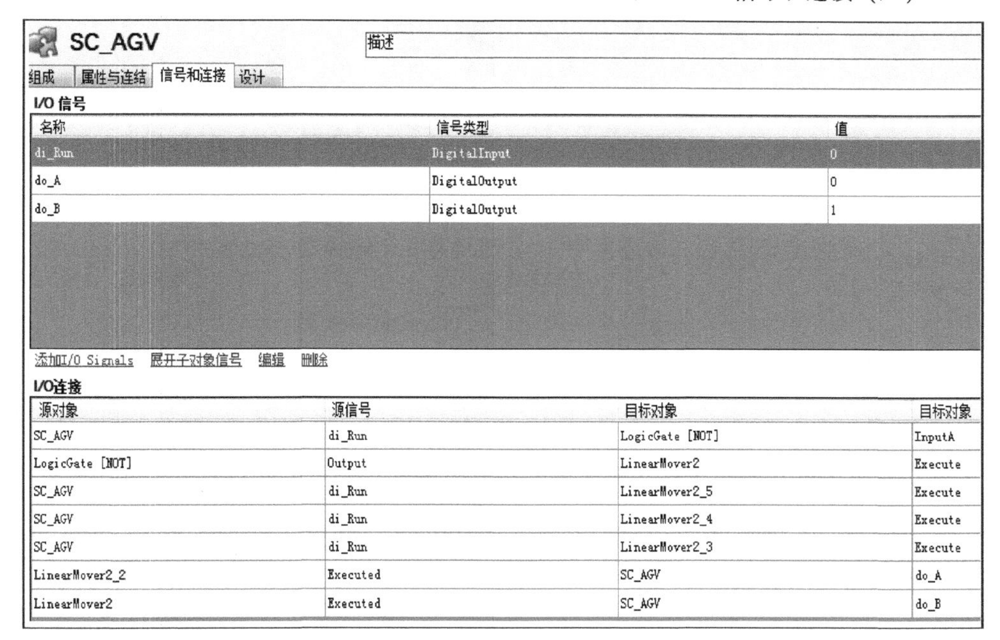

SC_AGV

组成 | 属性与连结 | 信号和连接 | 设计

I/O 信号

名称	信号类型	值
di_Run	DigitalInput	0
do_A	DigitalOutput	0
do_B	DigitalOutput	1

添加I/O Signals　展开子对象信号　编辑　删除

I/O连接

源对象	源信号	目标对象	目标对象
SC_AGV	di_Run	LogicGate [NOT]	InputA
LogicGate [NOT]	Output	LinearMover2	Execute
SC_AGV	di_Run	LinearMover2_5	Execute
SC_AGV	di_Run	LinearMover2_4	Execute
SC_AGV	di_Run	LinearMover2_3	Execute
LinearMover2_2	Executed	SC_AGV	do_A
LinearMover2	Executed	SC_AGV	do_B

图 3-74　信号和连接创建完成图

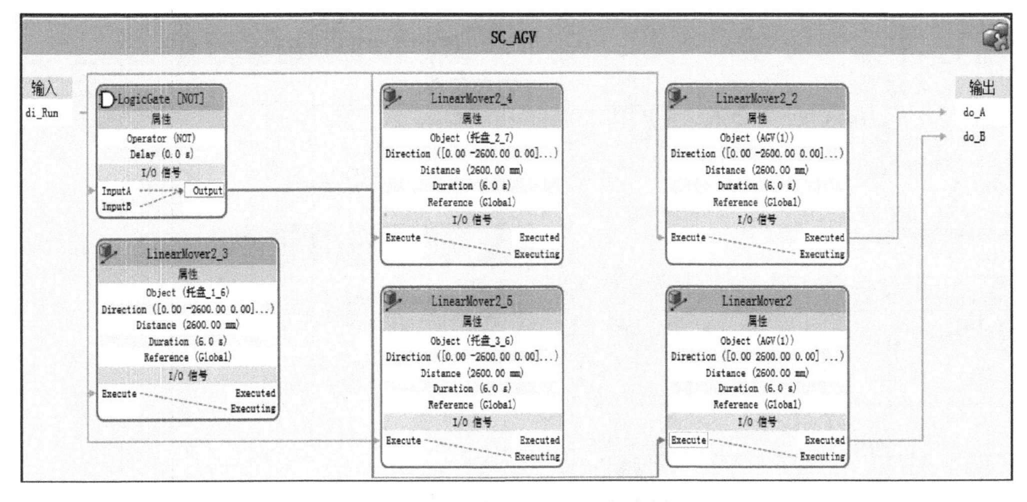

图 3-75　组件 SC_AGV 完成图

四、创建 Smart 组件 SC_输送带 1

1. 设定子对象组件

1）打开 RobotStudio 软件，在“建模”功能选项卡中单击“Smart 组件”，新建一个 Smart 组件，用鼠标右键单击该组件，将其命名为“SC_输送带 1”，如图 3-76 所示。

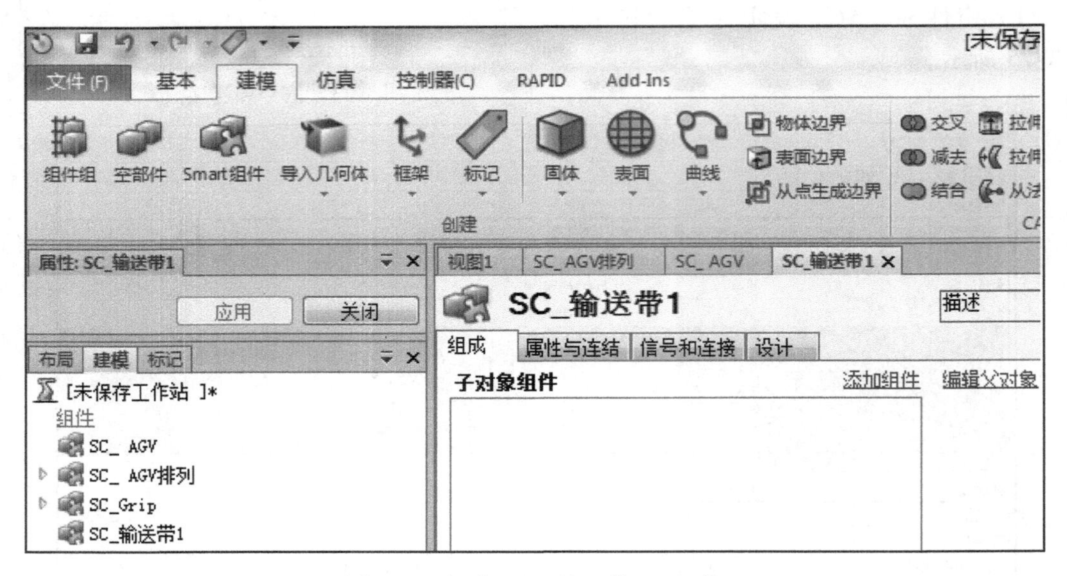

图 3-76　新建“SC_输送带 1”组件

2）设定托盘_1_6 向托盘流水线方向运行 1400mm。单击“添加组件”，选择“本体”列表中移动对象到指定位置的子组件“LinearMover2”，并设定属性，如图 3-77 所示。

图 3-77　第一个 LinearMover2 子组件及其属性

3）设定托盘_2_7 向托盘流水线方向运行 1400mm。单击“添加组件”，选择“本体”列表中移动对象到指定位置的子组件“LinearMover2”，并设定属性，如图 3-78 所示。

图 3-78　第二个 LinearMover2 子组件及其属性

4）设定托盘_3_6 向托盘流水线方向运行 1400mm。单击“添加组件”，选择“本体”列表中移动对象到指定位置的子组件“LinearMover2”，并设定属性，如图 3-79 所示。

图 3-79　第三个 LinearMover2 子组件及其属性

2. 创建 SC_输送带 1 组件的信号和连接

1）创建 I/O 信号，创建一个数字输入信号 di_In，用于控制 AGV 小车载着三个托盘向托盘流水线方向运动，去触发托盘流水线右端的面传感器，其属性如图 3-80 所示。

2）创建一个数字输出信号 do_End，三个托盘到达托盘流水线上的指定位置后输出此信号，其属性如图 3-81 所示。

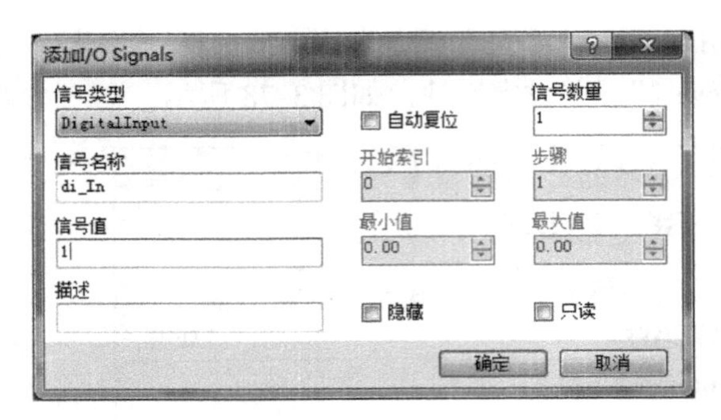

图 3-80　数字输入信号 di_In

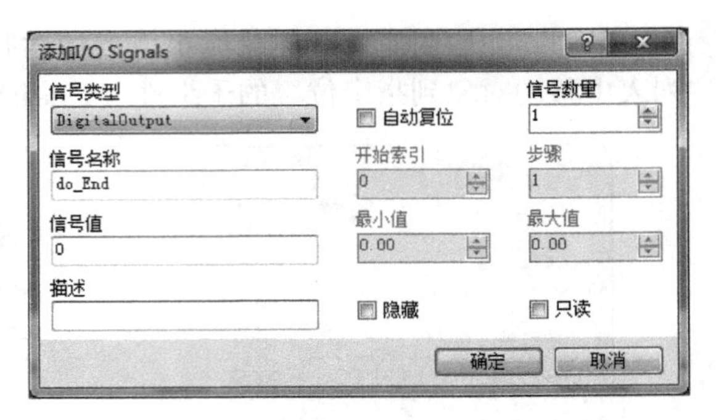

图 3-81　数字输出信号 do_End

3）创建 I/O 连接，需要添加图 3-68 ~ 图 3-72 所示的几个 I/O 连接。输入数字信号 di_In 后，触发面传感器，如图 3-82 所示。

4）面传感器检测到托盘_1_6 后，托盘_1_6 将执行命令运行到指定位置并停下来，如图 3-83 所示。

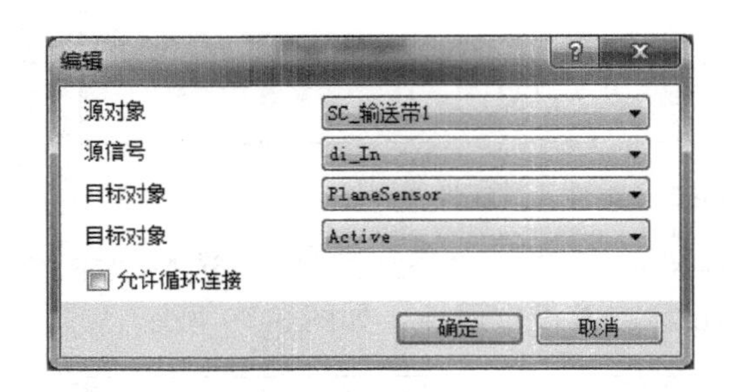

图 3-82　信号和连接（一）

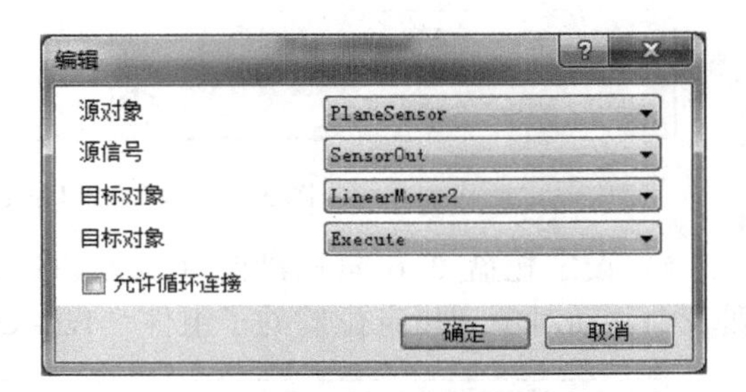

图 3-83　信号和连接（二）

5）面传感器检测到托盘_2_7 后，托盘_2_7 将执行命令运行到指定位置并停下来，如图 3-84 所示。

6）面传感器检测到托盘_3_6 后，托盘_3_6 将执行命令运行到指定位置并停下来，如图 3-85 所示。

7）三个托盘运行到指定位置后，输出 do_End 信号，如图 3-86 所示。

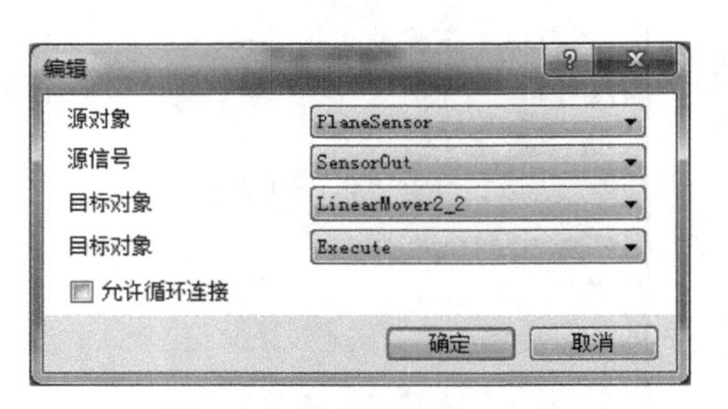

图 3-84　信号和连接（三）

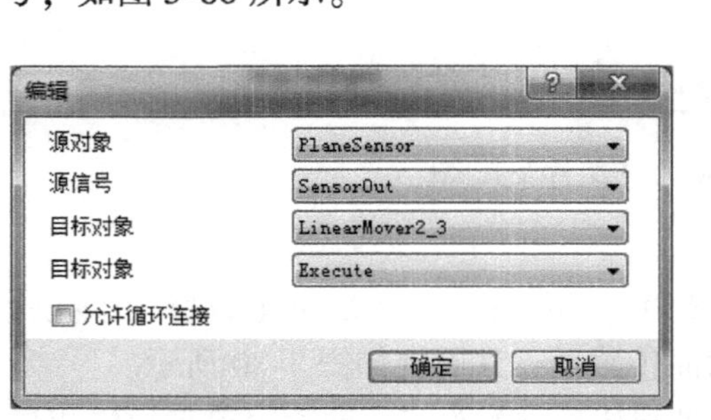

图 3-85　信号和连接（四）

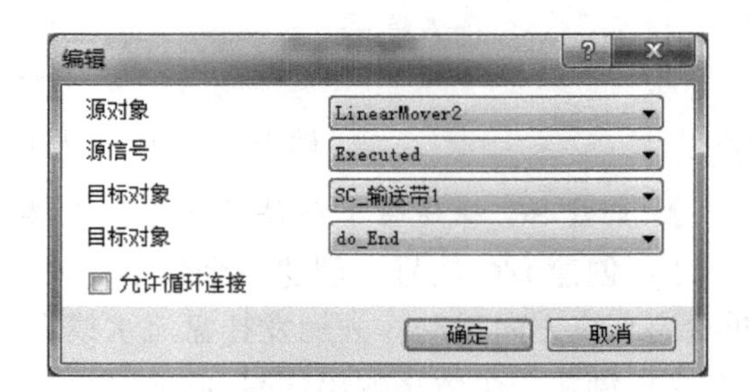

图 3-86　信号和连接（五）

8）组件 SC_输送带 1 设置完成后如图 3-87 所示。

SC_输送带1　描述

组成　属性与连结　信号和连接　设计

I/O 信号

名称	信号类型	值
di_In	DigitalInput	0
do_End	DigitalOutput	0

添加I/O Signals　展开子对象信号　编辑　删除

I/O连接

源对象	源信号	目标对象	目标对象
PlaneSensor	SensorOut	LinearMover2	Execute
PlaneSensor	SensorOut	LinearMover2_2	Execute
PlaneSensor	SensorOut	LinearMover2_3	Execute
SC_输送带1	di_In	PlaneSensor	Active
LinearMover2	Executed	SC_输送带1	do_End

图 3-87　信号和连接设置完成图

9）组件 SC_输送带 1 设计完成后如图 3-88 所示。

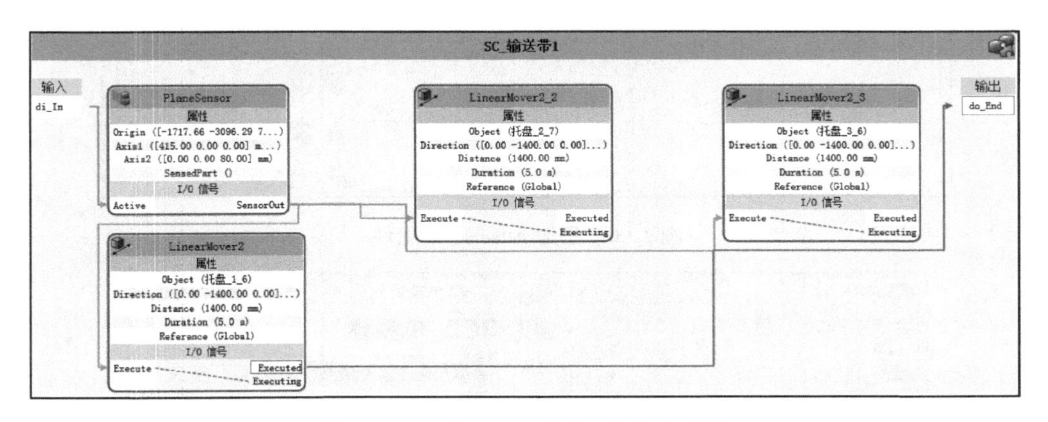

图 3-88　组件 SC_输送带 1 设计完成图

五、创建 Smart 组件 SC2_单吸盘

1. 设定拾取放置动作

1）打开 RobotStudio 软件，在“建模”功能选项卡中单击“Smart 组件”，新建一个 Smart 组件，用鼠标右键单击该组件，将其命名为“SC2_单吸盘”，如图 3-89 所示。

2）首先设置围栏内机器人单吸盘的拾取动作，单击“添加组件”，选择“动作”列表中的子组件“Attacher”，如图 3-90 所示。

3）设定父对象为 Smart 工具的吸盘。由于子对象不是指定的一个物体，暂不设置，其属性如图 3-91 所示。

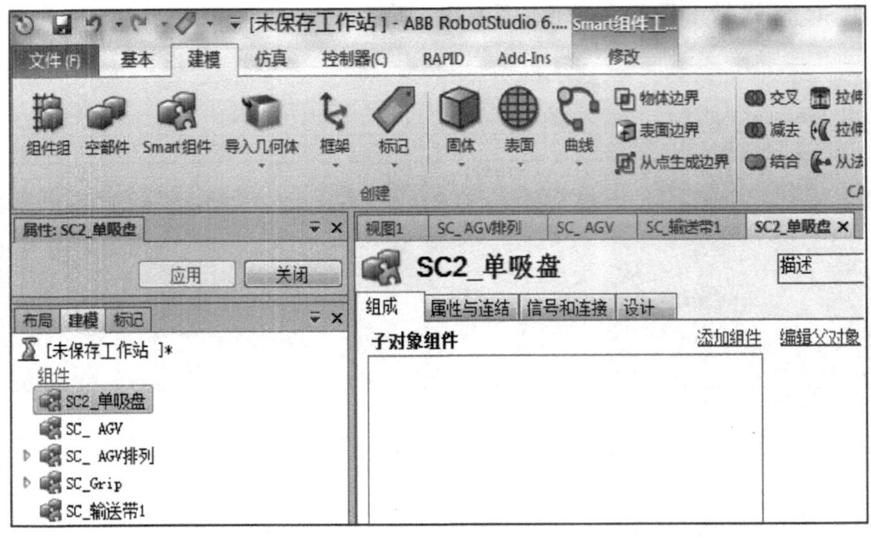

图 3-89　新建“SC2_单吸盘”组件

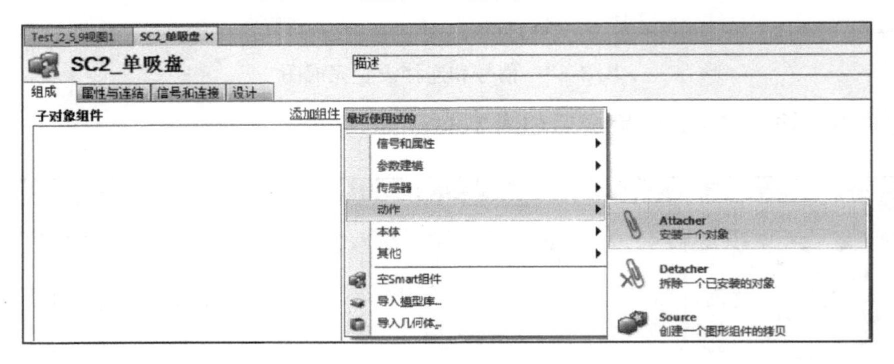

图 3-90　添加 Attacher 子组件

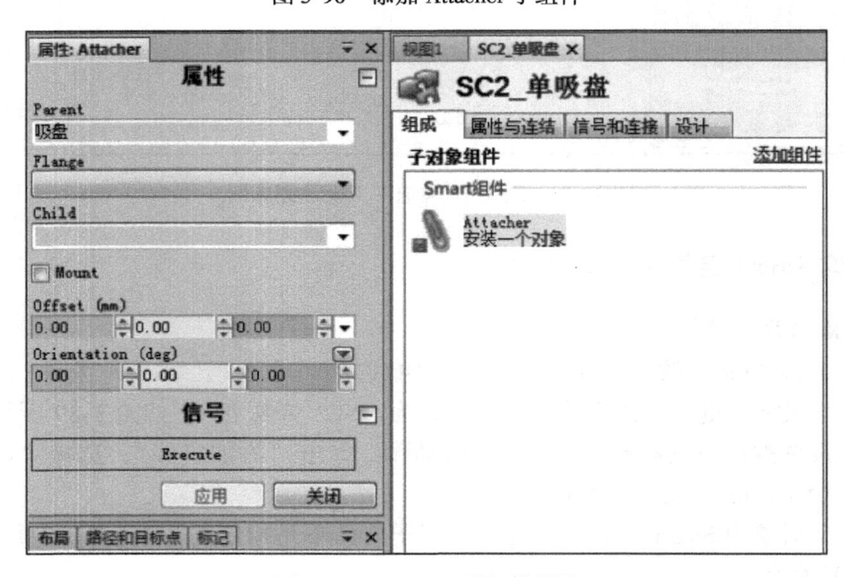

图 3-91　Attacher 子组件属性

4）接下来设定释放动作效果，使用的是子组件 Detacher。单击“添加组件”，选择“动作”列表中的子组件“Detacher”，如图 3-92 所示。

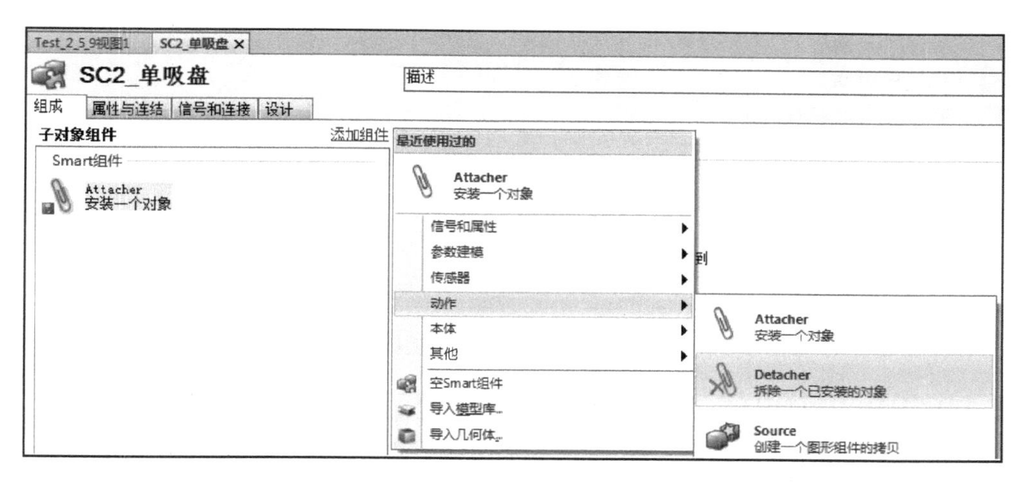

图 3-92　添加 Detacher 子组件

5）设定拆除的子对象。由于子对象不是特定的一个物体，暂不设定。确定“KeepPosition”项被勾选，即释放后，子对象保持当前的空间位置，如图 3-93 所示。

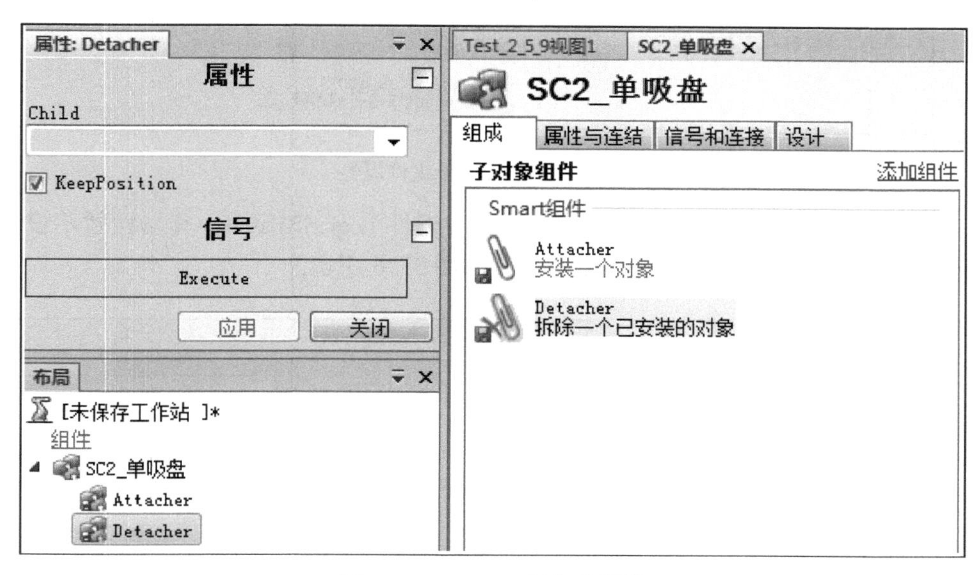

图 3-93　Detacher 子组件属性

在上述设定过程中，拾取动作 Attacher 子组件和释放动作 Detacher 子组件中关于子对象 Child 暂时都不设定，这是因为在工作站中处理的工件并不是同一个产品，无法直接指定子对象，应该在后面的属性与连结中来设定此项相关的属性。下一步添加信号与属性相关的子组件，创建一个非门，因为在 Smart 组件应用中只有信号发生 1 的变化时，才可以触发事件。引入一个非门与信号 A 相连接就可以做到当信号 A 有 1 时触发事件 B，当信号 A 有 10 时，经过非门运算之后则转换成 1，从而触发事件 C。

6）设定进行数字信号逻辑运算的子组件 LogicGate。单击“添加组件”，选择“信号和属性”列表中的“LogicGate”，并设定属性，如图 3-94 和图 3-95 所示。

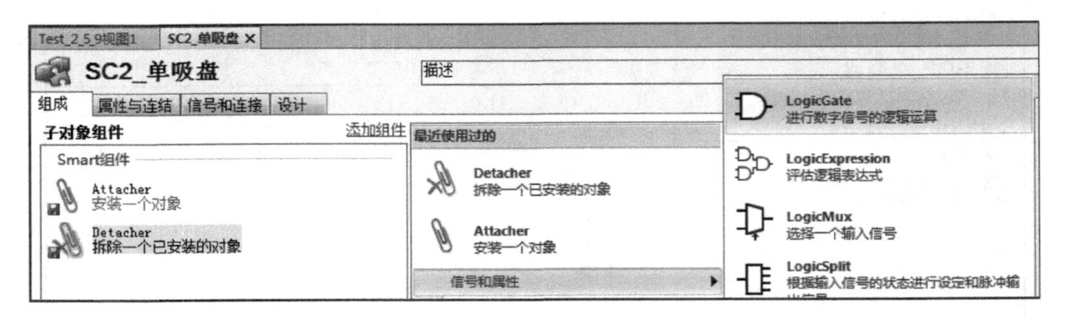

图 3-94　LogicGate 子组件

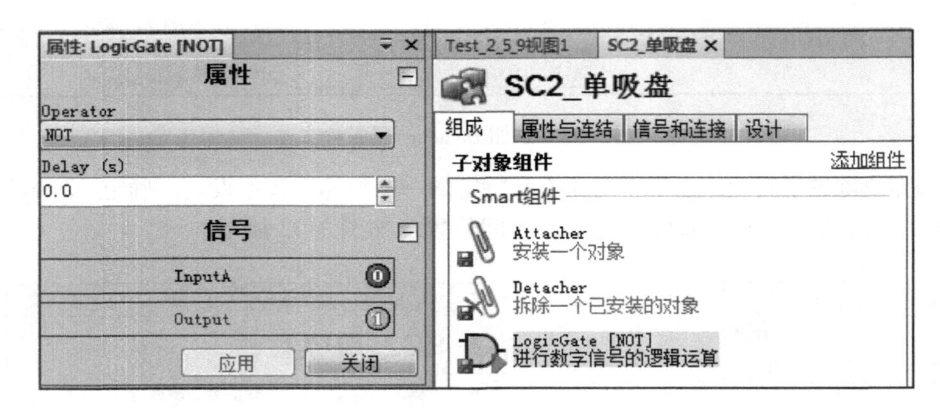

图 3-95　LogicGate 子组件属性

7）接下来添加一个用于信号置位、复位的子组件 LogicSRLatch，其属性暂不设置，选择“信号和属性”列表中的“LogicSRLatch”，如图 3-96 所示。

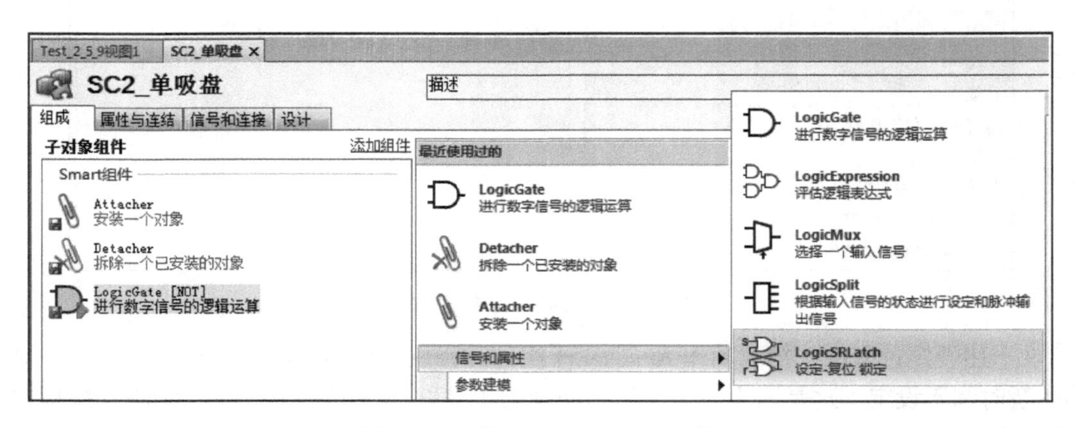

图 3-96　添加 LogicSRLatch 子组件

8）接下来设定子组件 LineSensor，选择“传感器”列表中的“LineSensor”，如图 3-97 所示，它安装在单吸盘上面，用于检测是否有任何对象与两点之间的线段相交，如图 3-98 所示。其属性设置如图 3-99 所示。

图 3-97　添加 LineSensor 子组件

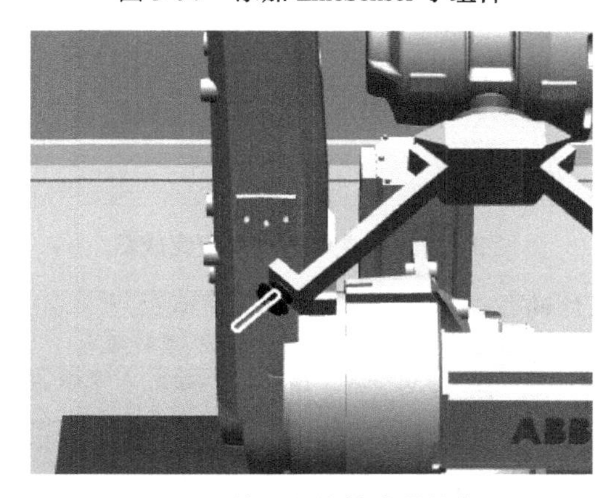

图 3-98　单吸盘线传感器的位置

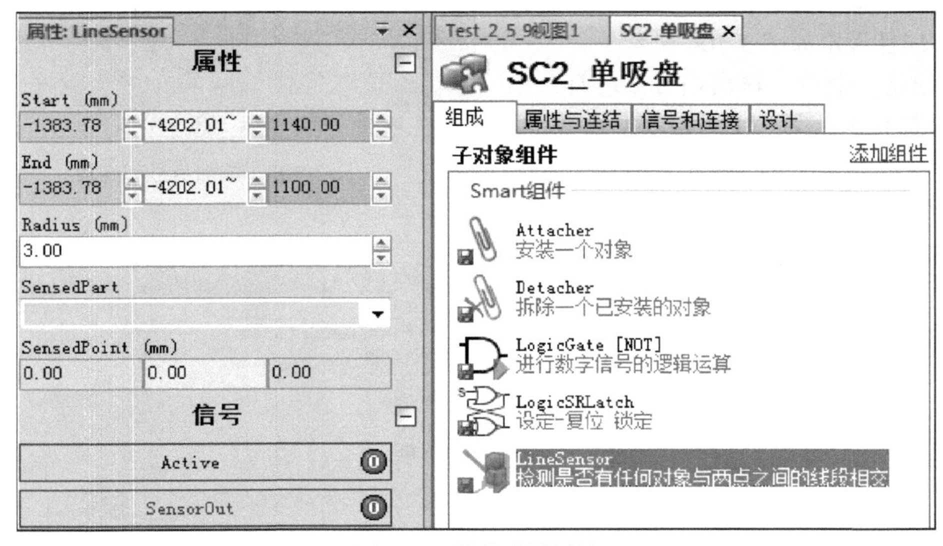

图 3-99　线传感器属性

2. 创建SC2_单吸盘组件的属性与连结

1）创建属性与连结。在“属性与连结”选项卡中单击“添加连结”，如图3-100所示。此处连结的意义是将线性传感器所检测到的物体作为拾取的子对象。

2）图3-101中连结的意义是将拾取的子对象作为释放的子对象。

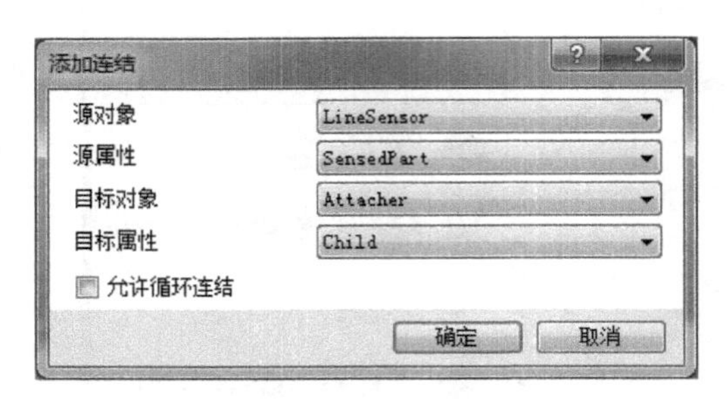

图3-100 属性与连结（一）

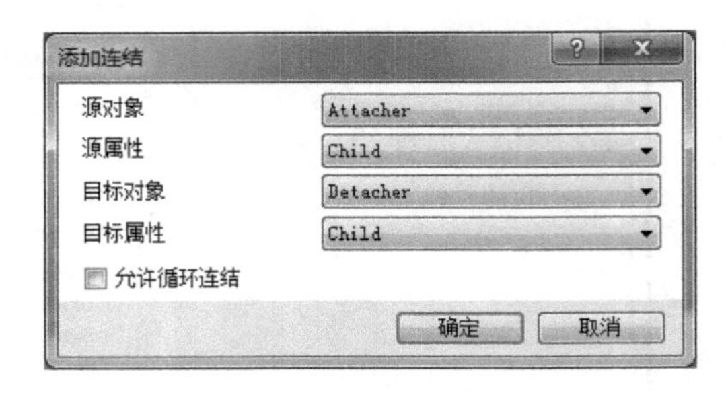

图3-101 属性与连结（二）

3）设定完成后，如图3-102所示。

属性连结

源对象	源属性	目标对象	目标属性
LineSensor	SensedPart	Attacher	Child
Attacher	Child	Detacher	Child

图3-102 属性与连结设定完成图

3. 创建SC2_单吸盘组件的信号和连接

1）在“信号和连接”选项卡中单击“添加I/O Signals”，如图3-103所示。

2）创建一个数字输入信号di_G1，用于控制吸盘拾取、释放动作，置“1”为打开真空进行拾取，置“0”为关闭真空进行释放，其属性设定如图3-104所示。

3）创建一个数字输出信号do_V1，用于真空反馈信号，置“1”为真空已建立，置“0”为真空已消失，如图3-105所示。

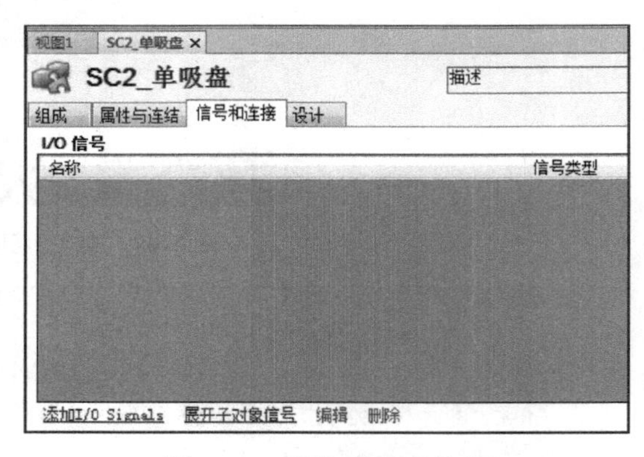

图3-103 添加信号和连接

4）接下来建立信号，完成后如图3-106所示。

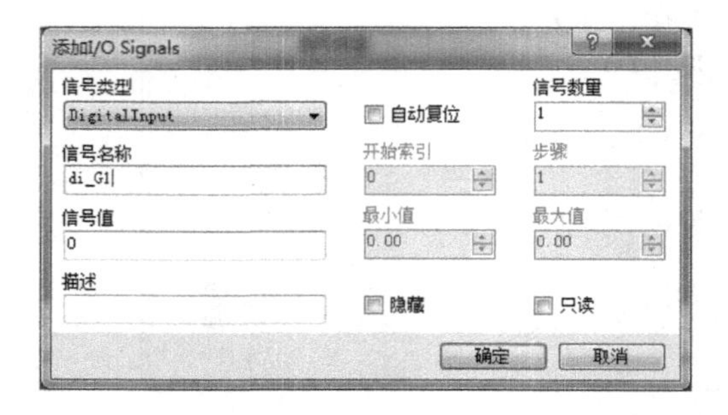

图3-104 数字输入信号di_G1

图3-105 数字输出信号do_V1

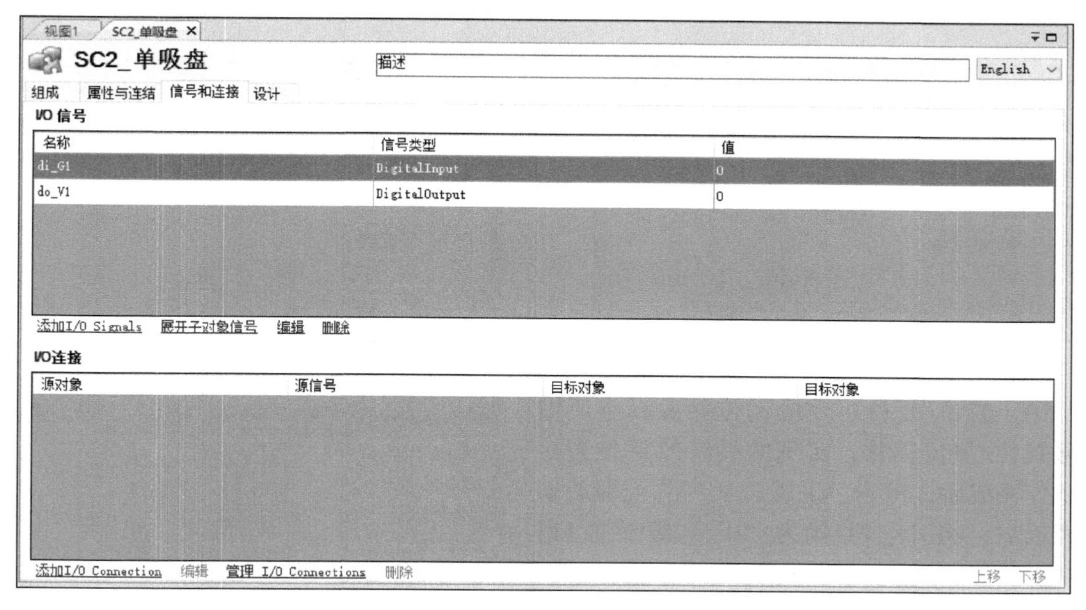

图 3-106　信号和连接完成图

5）依次添加几个 I/O 信号连接。源信号 di_G1 开启真空的动作是去触发目标对象传感器执行检测，如图 3-107 所示。

6）传感器检测到物体之后触发拾取动作开始执行，如图 3-108 所示。

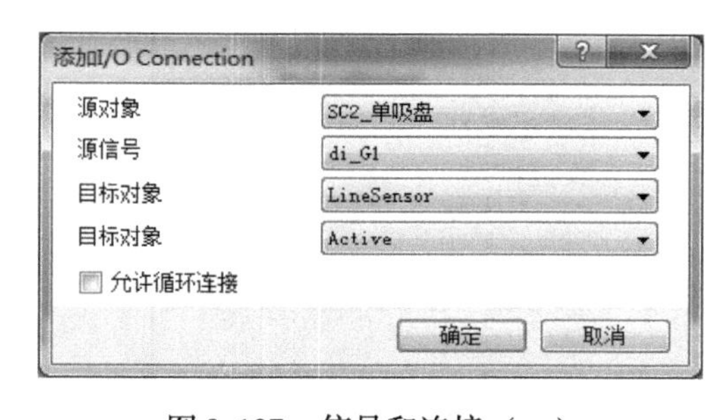

图 3-107　信号和连接（一）

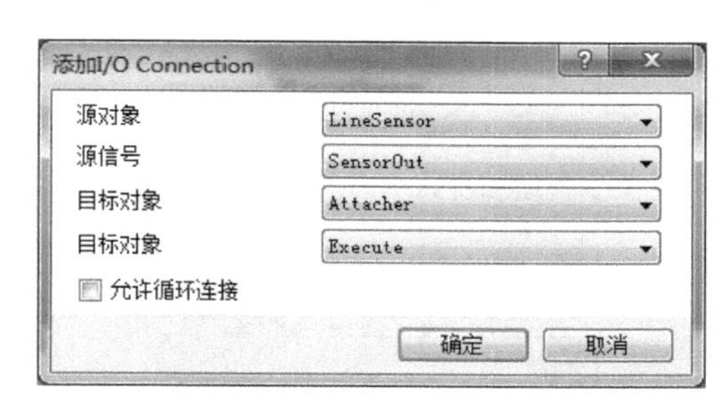

图 3-108　信号和连接（二）

7）拾取动作完成后触发置位/复位组件执行“置位”动作，如图 3-109 所示。

8）图 3-110 和图 3-111 所示的两个信号连接是利用非门的运算转换实现当关闭真空后执行释放的动作。

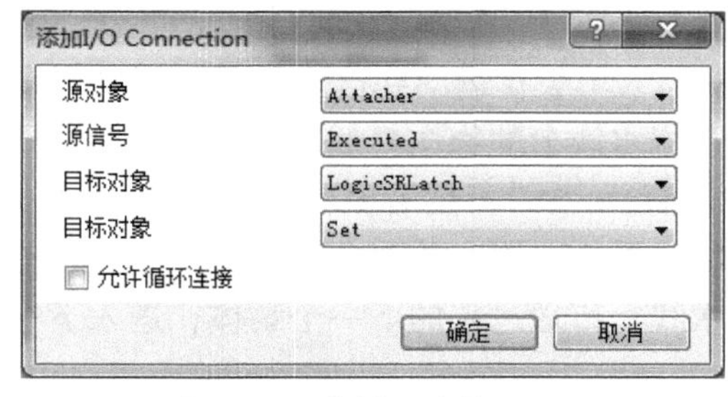

图 3-109　信号和连接（三）

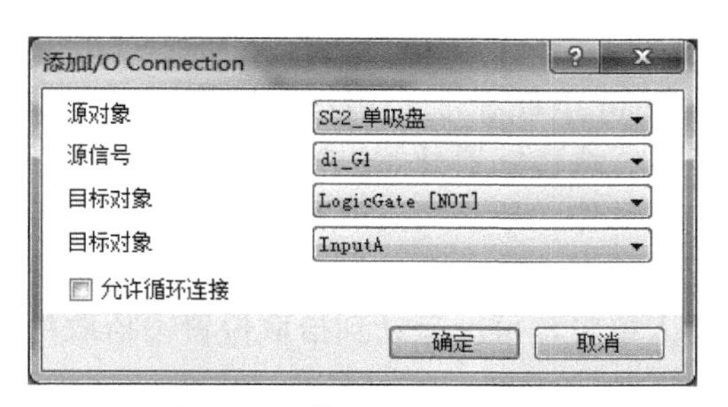

图 3-110　信号和连接（四）

9）释放动作完成后触发置位/复位组件执行“复位”动作，如图 3-112 所示。

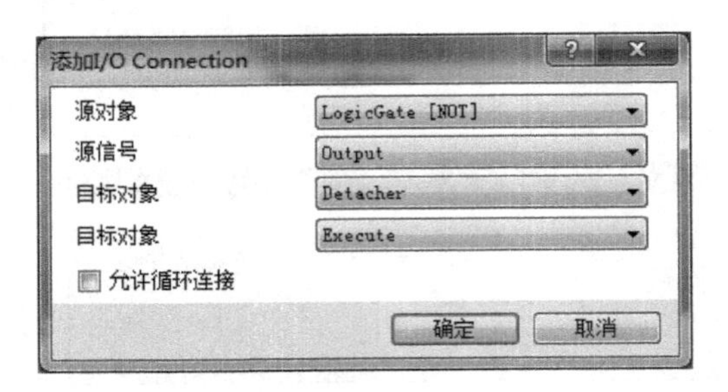

图 3-111　信号和连接（五）

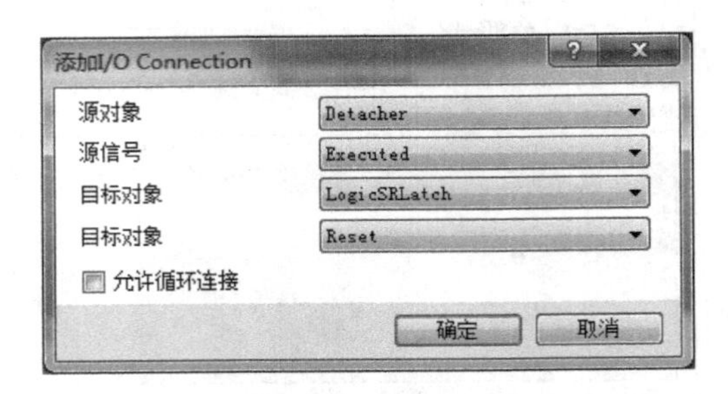

图 3-112　信号和连接（六）

10）置位/复位组件的动作触发真空反馈信号置位/复位动作，实现的最终效果是当拾取动作完成后，将 do_V1 置为“1”；当释放动作完成后，将 do_V1 置为“0”，如图 3-113 所示。

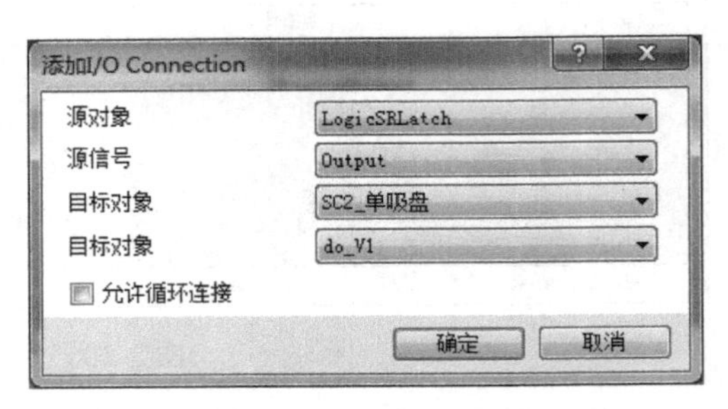

图 3-113　信号和连接（七）

11）设定完成后，如图 3-114 所示。

12）Smart 组件 SC2_单吸盘的设计完成图如图 3-115 所示。

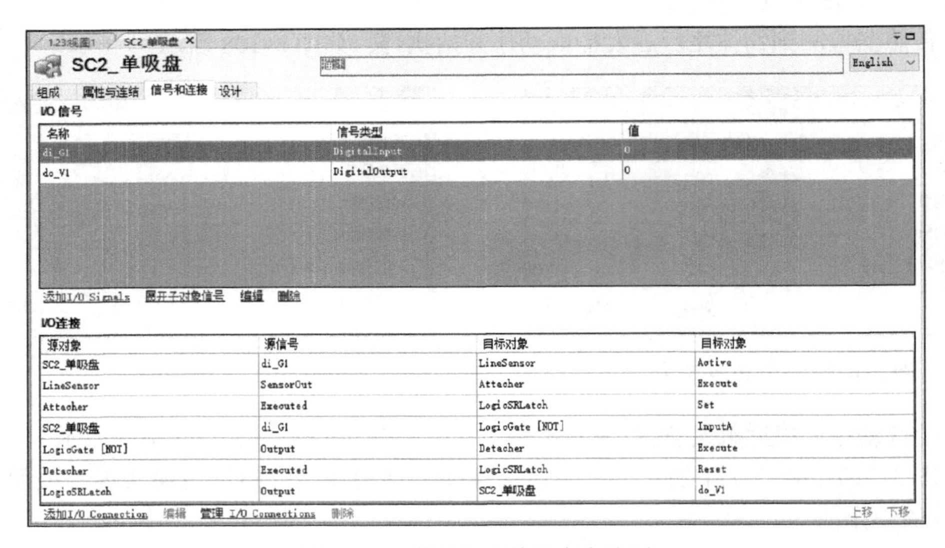

图 3-114　信号和连接设定完成图

Smart 组件 SC2_单吸盘的动作过程是围栏内机器人单吸盘运动到拾取位置，真空吸盘打开以后，线传感器开始进行检测，如果检测到托盘流水线上的物体模型与其发生接触，则执行拾取动作，单吸盘拾取物体，并将真空反馈信号置为“1”；然后机器人吸盘运动到放置位置，关闭真空以后，机器人执行释放的动作将物体放下，同时将真空反馈信号置为“0”；机器人单吸盘再次运动到拾取位置去拾取托盘流水线上传送过来的下一个物体，进入下一个循环。

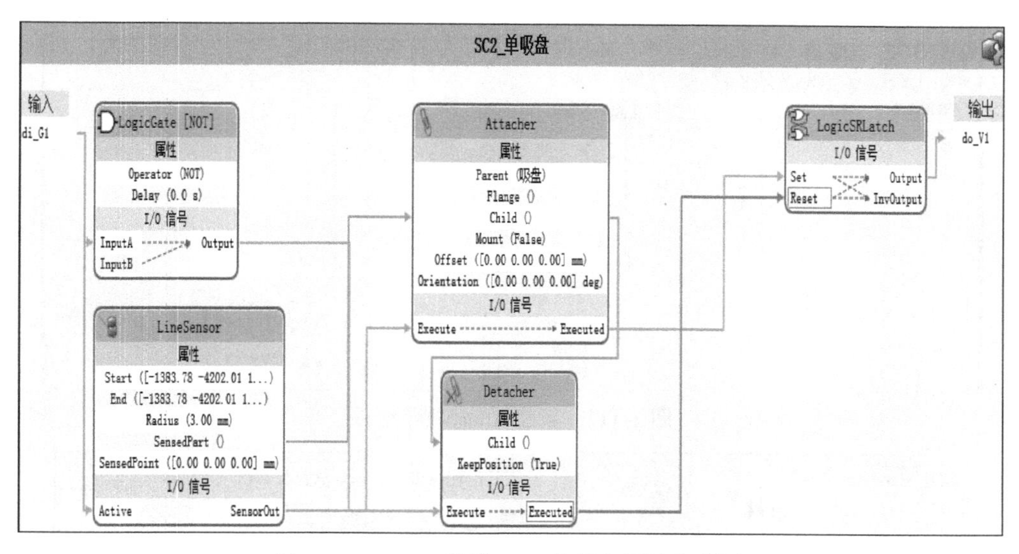

图 3-115　Smart 组件 SC2_单吸盘设计完成图

六、创建 Smart 组件 SC2_双吸盘

1. 设定拾取放置动作

1）打开 RobotStudio 软件，在“建模”功能选项卡中单击“Smart 组件”，新建一个 Smart 组件，用鼠标右键单击该组件，将其命名为“SC2_双吸盘”，如图 3-116 所示。

图 3-116　新建“SC2_双吸盘”组件

2）首先设置围栏内机器人双吸盘的拾放动作，单击“添加组件”，选择“动作”列表中的子组件“Attacher”，如图 3-117 所示。

3）设定父对象为 Smart 工具的吸盘。由于子对象不是指定的一个物体，暂不设置，其设置属性如图 3-118 所示。

4）接下来设定释放动作效果，使用的是子组件 Detacher。单击“添加组件”，选择“动作”列表中的子组件“Detacher”，如图 3-119 所示。

5）设定拆除的子对象。由于子对象不是特定的一个物体，暂不设定。确定“KeepPosition”项被勾选，即释放后，子对象保持当前的空间位置，如图 3-120 所示。

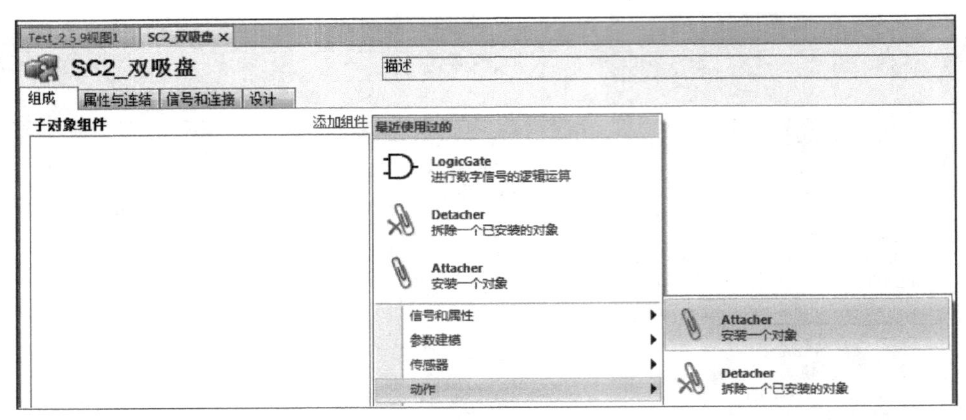

图 3-117　新建 Attacher 子组件

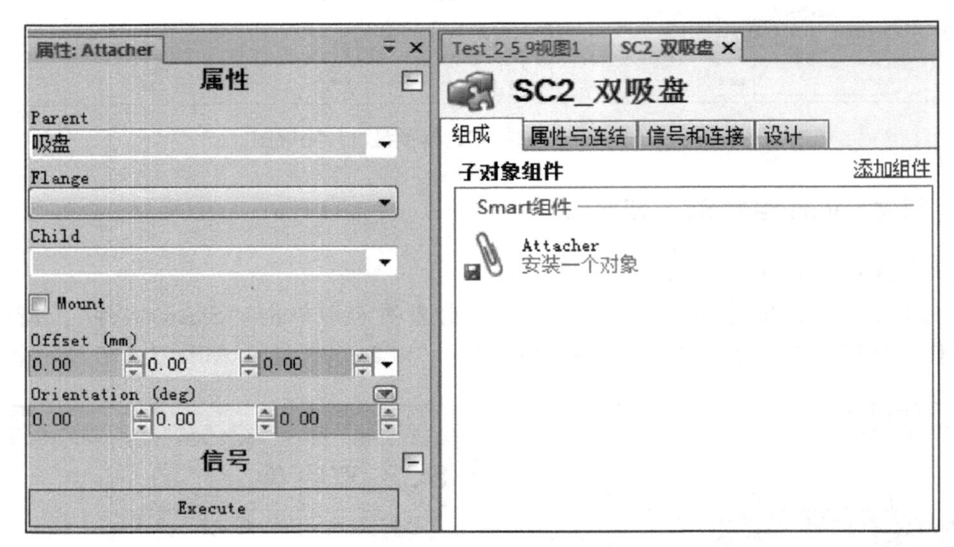

图 3-118　Attacher 子组件属性

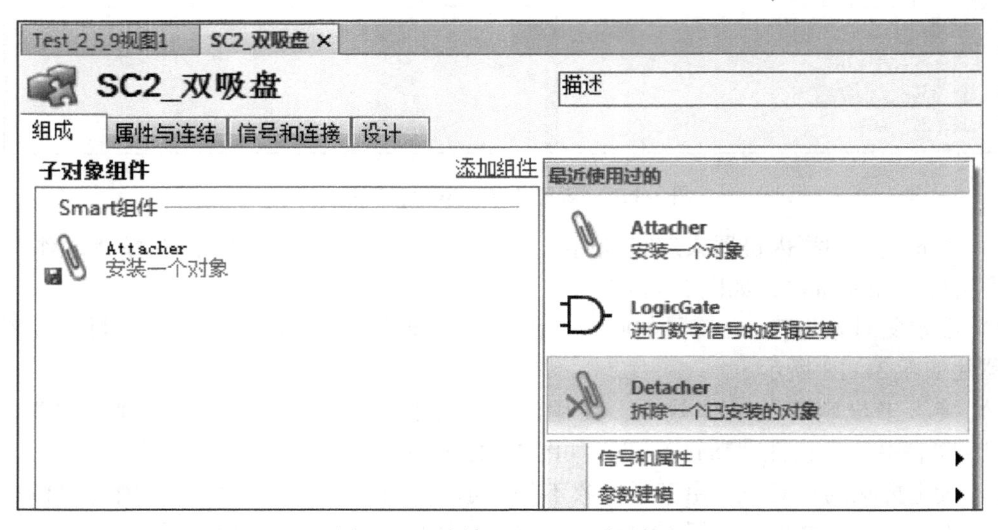

图 3-119　添加 Detacher 子组件

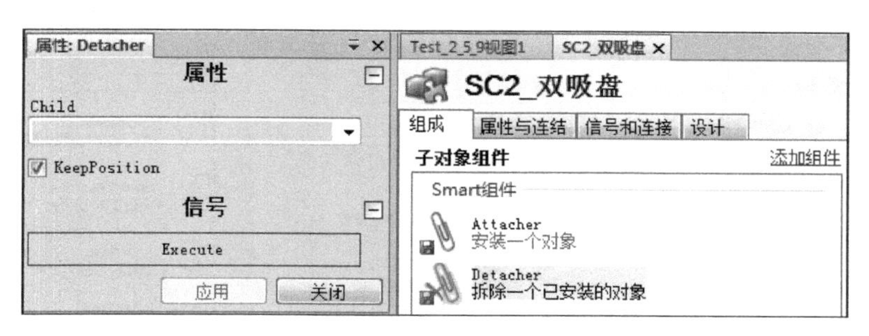

图 3-120 Detacher 子组件属性

6）设定进行数字信号逻辑运算的子组件 LogicGate。单击“添加组件”，选择“信号和属性”列表中的“LogicGate”，如图 3-121 所示，并设定属性，如图 3-122 所示。

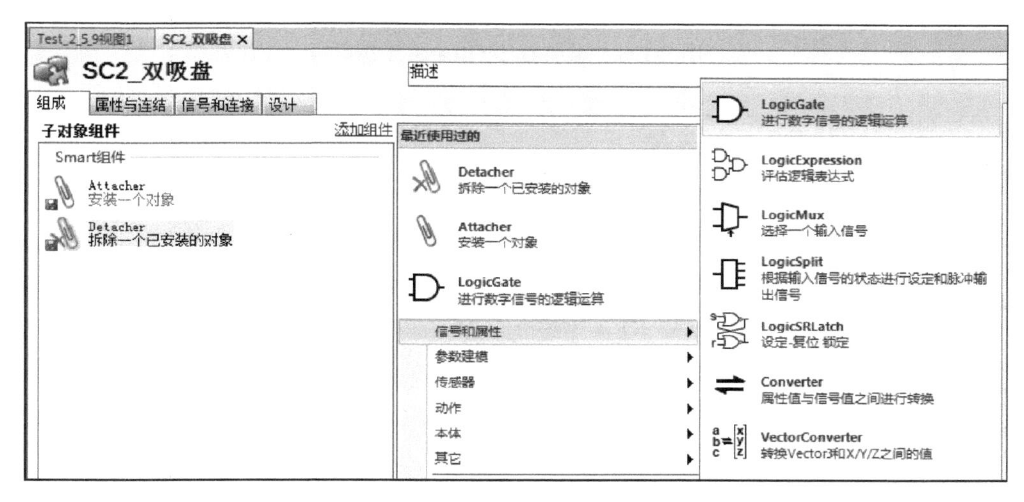

图 3-121 添加 LogicGate 子组件

图 3-122 LogicGate 子组件属性

7）接下来添加一个用于信号置位、复位的子组件 LogicSRLatch，其属性暂不设置，选择“信号和属性”列表中的“LogicSRLatch”，如图 3-123 所示。

8）接下来设定 Smart 子组件 LineSensor。选择“传感器”列表中的“LineSensor”，如图 3-124 所示，它安装在双吸盘上面，用来检测是否有任何对象与两点之间的线段相交，如图 3-125 所示。其属性设置如图 3-126 所示。

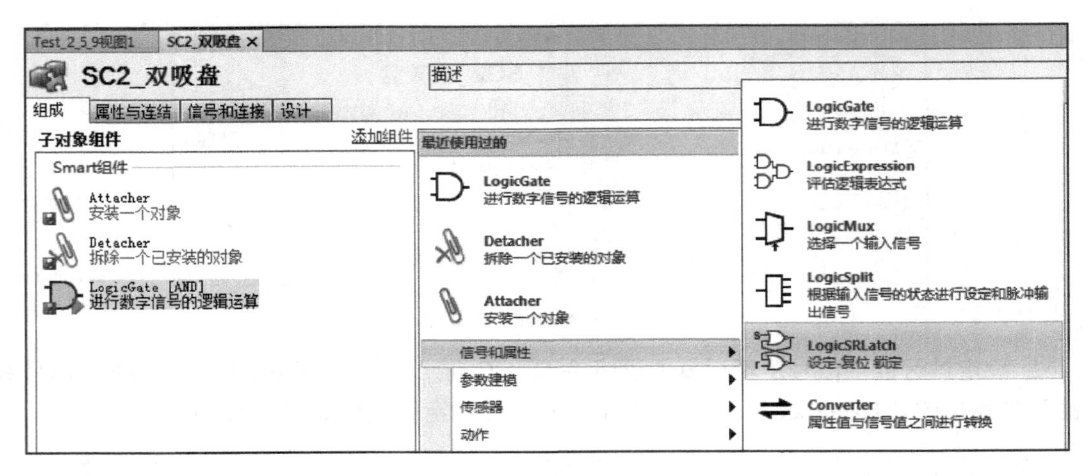

图 3-123　添加 LogicSRLatch 子组件

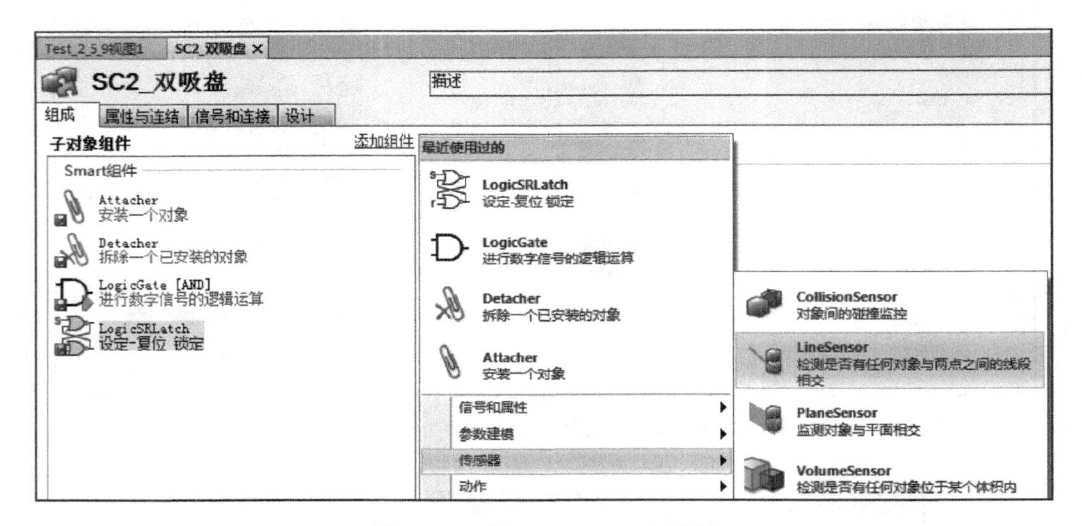

图 3-124　添加 LineSensor 子组件

图 3-125　双吸盘线传感器位置

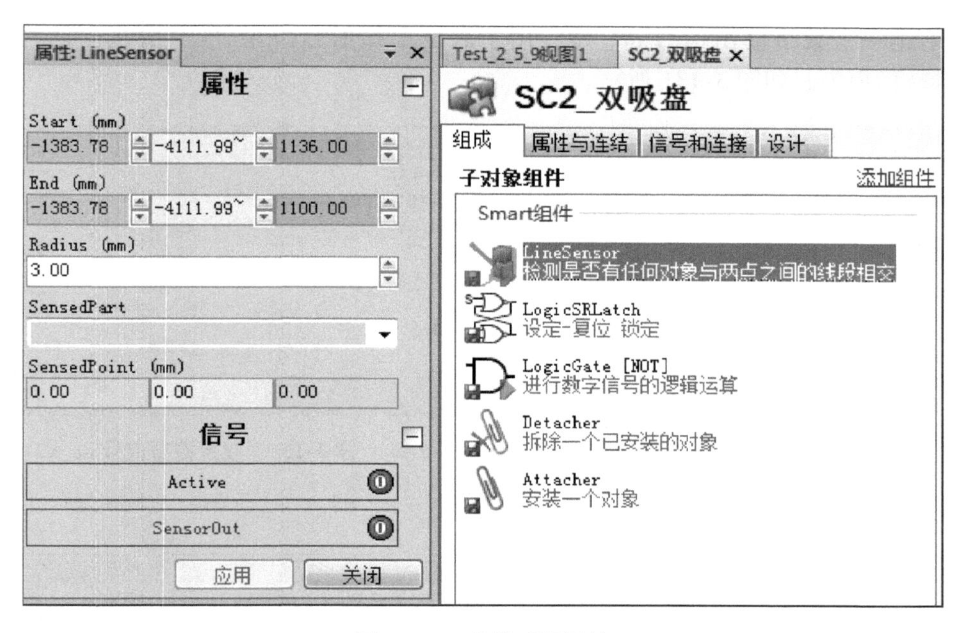

图 3-126　线传感器属性

2. 创建 SC2_双吸盘组件的属性与连结

1）创建属性与连结。在"属性与连结"选项卡中单击"添加连结"，如图 3-127 所示。此处连结的意义是将线性传感器所检测到的物体作为拾取的子对象。

2）如图 3-128 所示，此处连结的意义是将拾取的子对象作为释放的子对象。

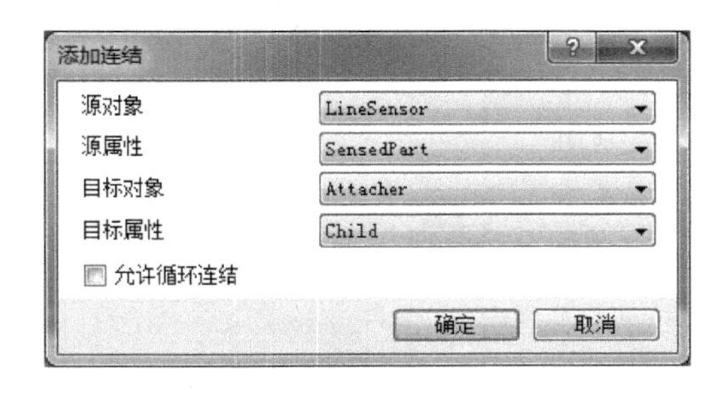

图 3-127　属性与连结（一）

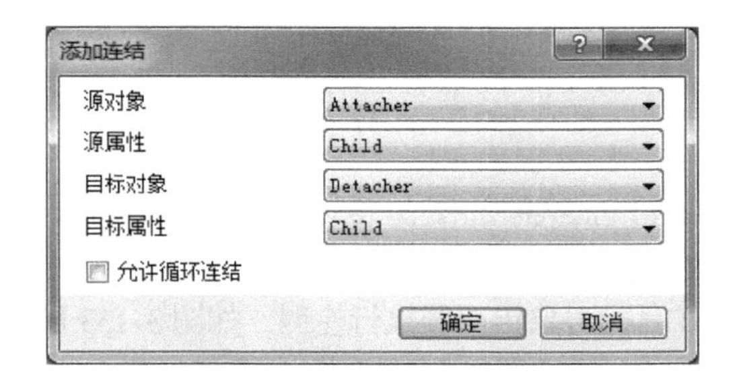

图 3-128　属性与连结（二）

3）设定完成后，如图 3-129 所示。

LineSensor	SensedPart	Attacher	Child
Attacher	Child	Detacher	Child

图 3-129　属性与连结设定完成图

3. 创建 SC2_双吸盘组件的信号和连接

1）在"信号和连接"选项卡中单击"添加 I/O Signals"，创建一个数字输入信号 di_G2，用于控制双吸盘拾取、释放动作，置"1"为打开真空进行拾取，置"0"为关闭真空进行释放，其属性设定如图 3-130 所示。

2）创建一个数字输出信号 do_V2，用于真空反馈信号，置“1”为真空已建立，置“0”为真空已消失，如图 3-131 所示。

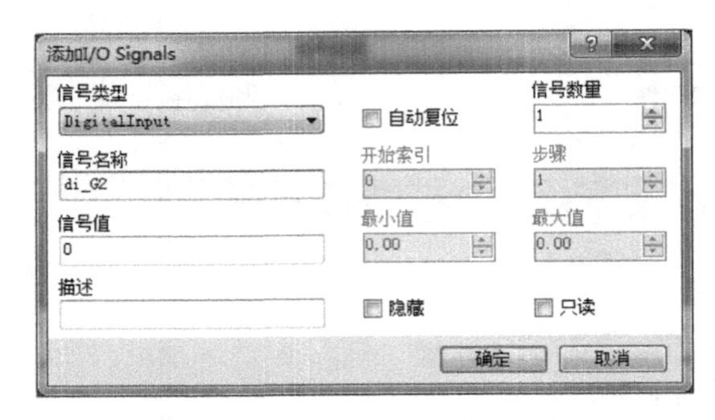

图 3-130　数字输入信号 di_G2

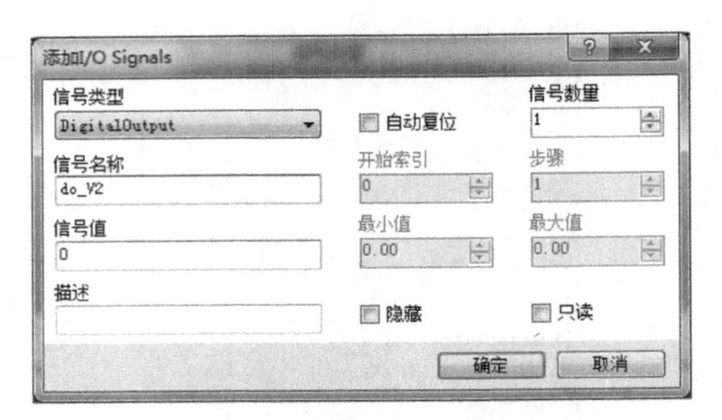

图 3-131　数字输出信号 do_V2

3）I/O 信号建立完成，如图 3-132 所示。

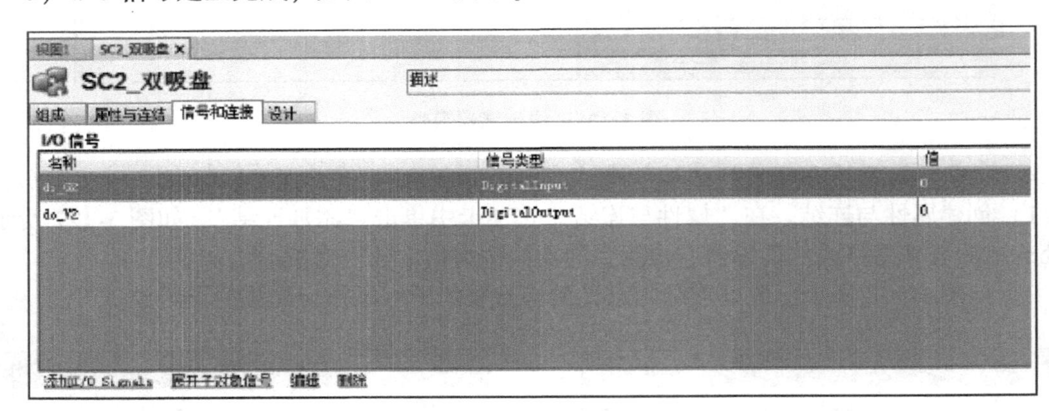

图 3-132　信号和连接完成图

4）依次添加图 3-133 ~ 图 3-139 所示的几个 I/O 信号连接，源信号 di_G2 开启真空的动作是去触发目标对象传感器执行检测，如图 3-133 所示。

5）传感器检测到物体之后触发拾取动作开始执行，如图 3-134 所示。

6）拾取动作完成后触发置位/复位组件执行“置位”动作，如图 3-135 所示。

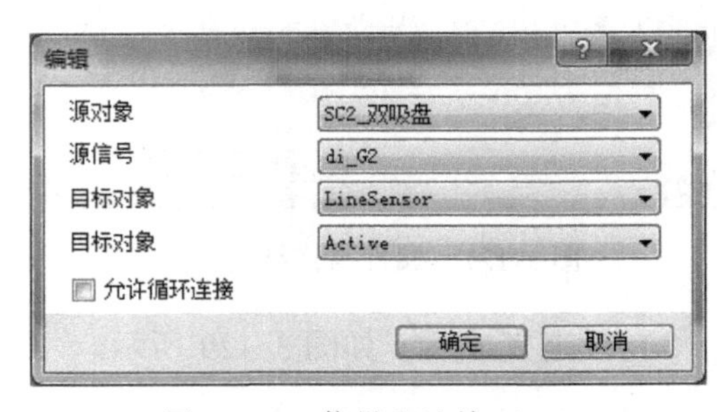

图 3-133　信号和连接（一）

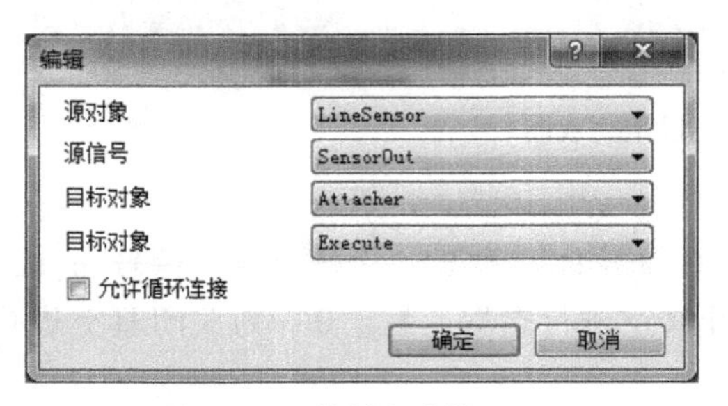

图 3-134　信号和连接（二）

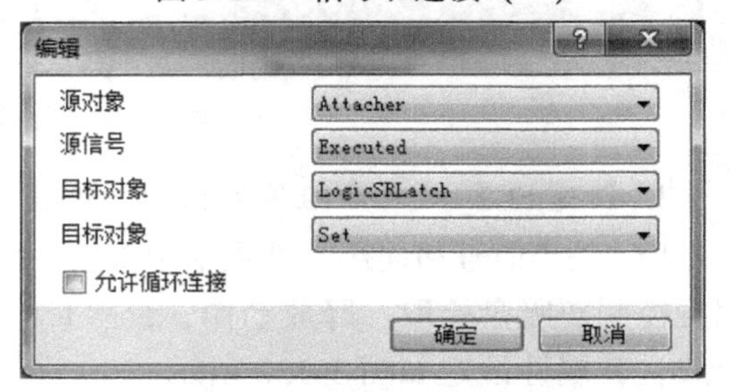

图 3-135　信号和连接（三）

7）图 3-136 和图 3-137 所示的两个信号连接是利用非门的运算转换实现当关闭真空后执行释放的动作。

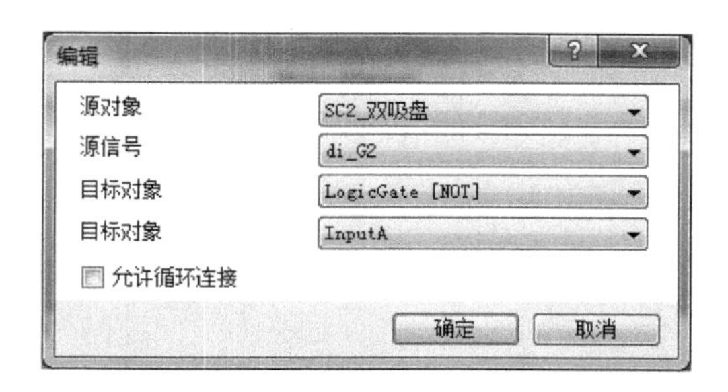

图 3-136 信号和连接（四）

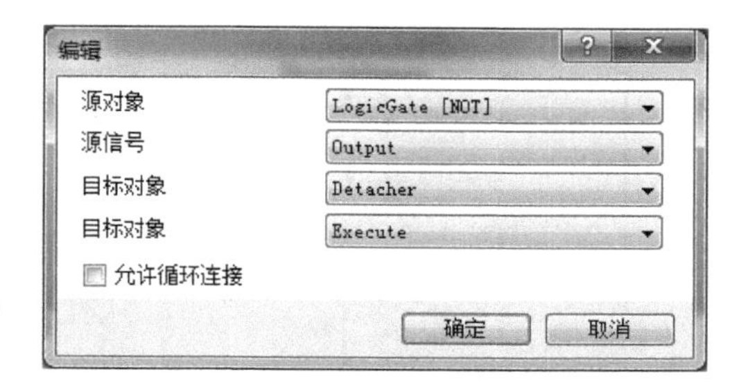

图 3-137 信号和连接（五）

8）释放动作完成后触发置位/复位组件执行“复位”动作，如图 3-138 所示。

9）置位/复位组件的动作触发真空反馈信号置位/复位动作，实现的最终效果是当拾取动作完成后，将 do_V2 置为“1”；当释放动作完成后，将 do_V2 置为“0”，如图 3-139 所示。

图 3-138 信号和连接（六）

图 3-139 信号和连接（七）

10）设定完成后如图 3-140 所示。

名称	信号类型	值
di_G2	DigitalInput	0
do_V2	DigitalOutput	0

源对象	源信号	目标对象	目标对象
SC2_双吸盘	di_G2	LineSensor	Active
LineSensor	SensorOut	Attacher	Execute
Attacher	Executed	LogicSRLatch	Set
SC2_双吸盘	di_G2	LogicGate [NOT]	InputA
LogicGate [NOT]	Output	Detacher	Execute
Detacher	Executed	LogicSRLatch	Reset
LogicSRLatch	Output	SC2_双吸盘	do_V2

图 3-140 信号和连接设定完成图

11）Smart 组件 SC2_双吸盘的设计完成图如图 3-141 所示。

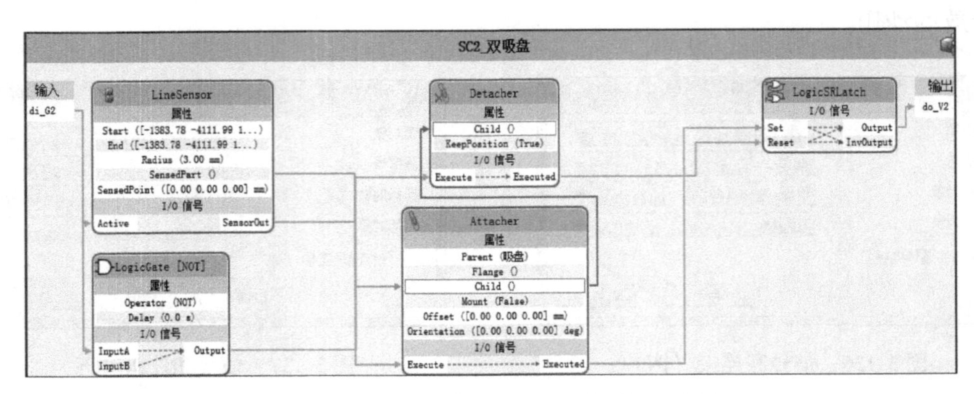

图 3-141　Smart 组件 SC2_双吸盘设计完成图

Smart 组件 SC2_双吸盘的动作过程是围栏内机器人双吸盘运动到拾取位置，真空吸盘打开以后，线传感器开始进行检测，如果检测到托盘流水线上的托盘模型与其发生接触，则执行拾取动作，双吸盘将拾取托盘，并将真空反馈信号置为“1”；然后机器人吸盘运动到放置位置，关闭真空以后，机器人执行释放的动作将托盘放下，同时将真空反馈信号置为“0”；机器人双吸盘再次运动到拾取位置去拾取托盘流水线上传送过来的下一个托盘，进入下一个循环。

七、创建 Smart 组件 SC2_放托盘

1. 设定托盘放置动作

1）打开 RobotStudio 软件，在“建模”功能选项卡中单击“Smart 组件”，新建一个 Smart 组件，用鼠标右键单击该组件，将其命名为“SC2_放托盘”，如图 3-142 所示。

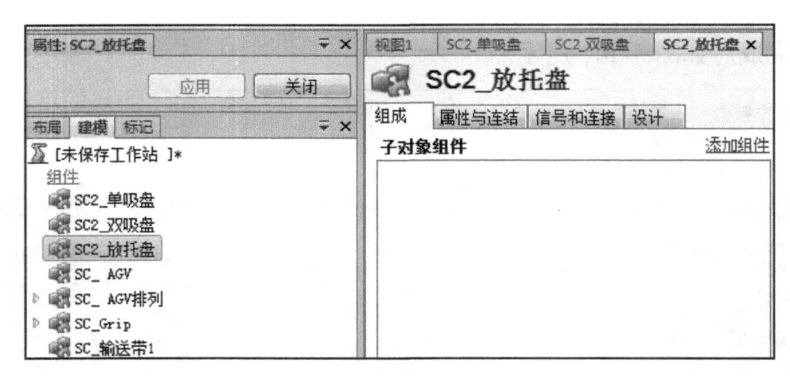

图 3-142　新建 SC2_放托盘组件

2）首先设置放置托盘的运动属性过程，单击“添加组件”，选择“其他”列表中的子组件“Queue”。子组件 Queue 用来将同类型的物体模型（托盘）做列队处理，其属性暂不设定，如图 3-143 所示。

3）接下来设定子组件 LinearMover。移动一个托盘到一条线上，方便队列处理，单击“添加组件”，选择“本体”列表中的子组件“LinearMover”，如图 3-144 所示，其属性设定

如图 3-145 所示，其中 Execute 设为 1，即一直处于开启状态，一旦某物体进入 Queue 队列就运动它。

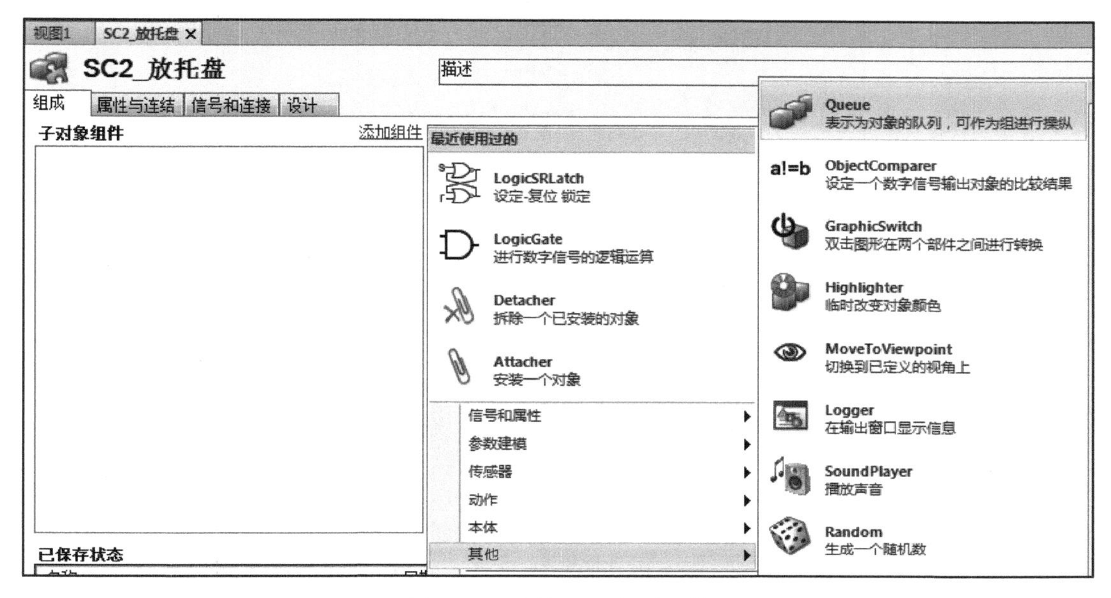

图 3-143　添加 Queue 子组件

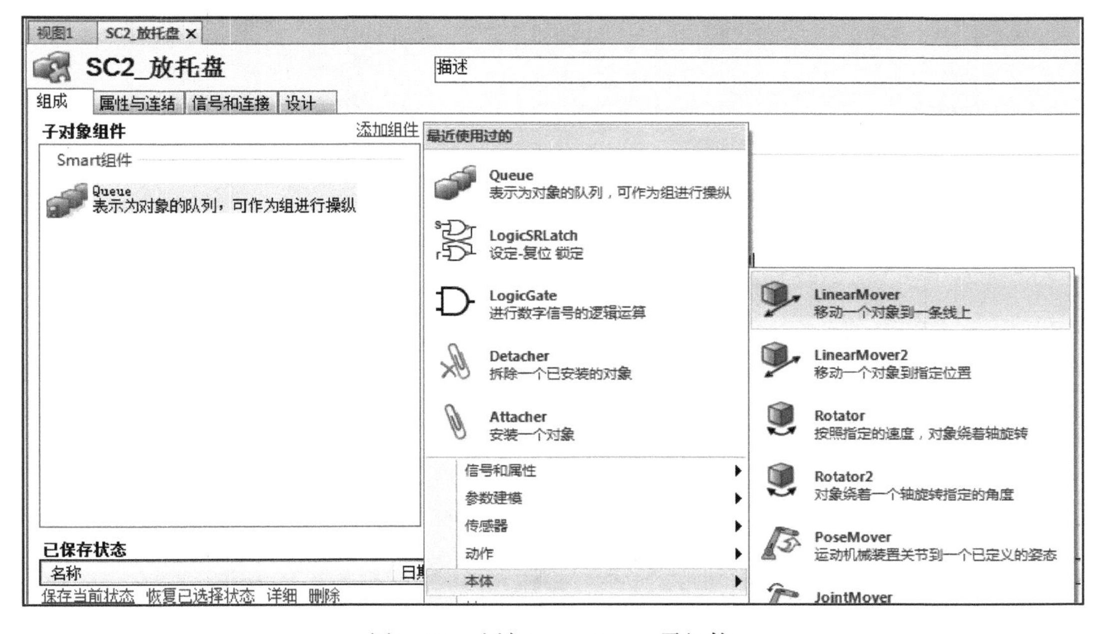

图 3-144　添加 LinearMover 子组件

4）设定托盘架顶端处的线传感器位置，单击“添加组件”，选择“传感器”列表中的子组件“LineSensor”，如图 3-146 所示，其属性的设定和位置分别如图 3-147 和图 3-148 所示。

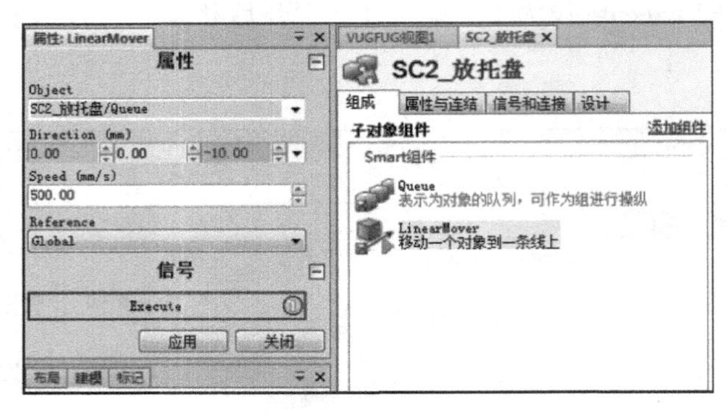

图 3-145 LinearMover 子组件属性

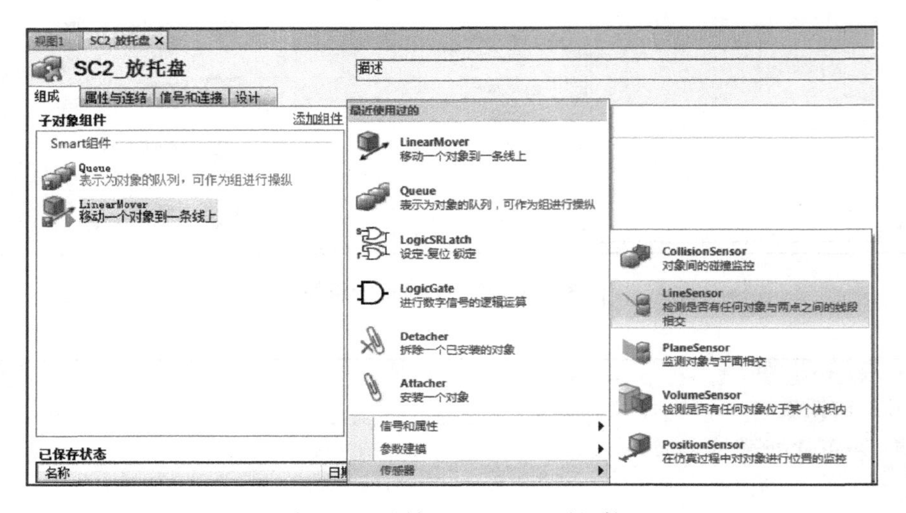

图 3-146 添加 LineSensor 子组件

图 3-147 LineSensor 子组件属性

5）依次设定托盘流水线上传送过来的三个托盘放置位置的面传感器 PlaneSensor、PlaneSensor_2、PlaneSensor_3。单击“添加组件”，选择“传感器”列表中的子组件“PlaneSensor”，重复三次，组件添加成功，如图 3-149 所示。面传感器 PlaneSensor、PlaneSensor_2、PlaneSensor_3 的属性设定与位置依次如图 3-150 ~ 图 3-155 所示。

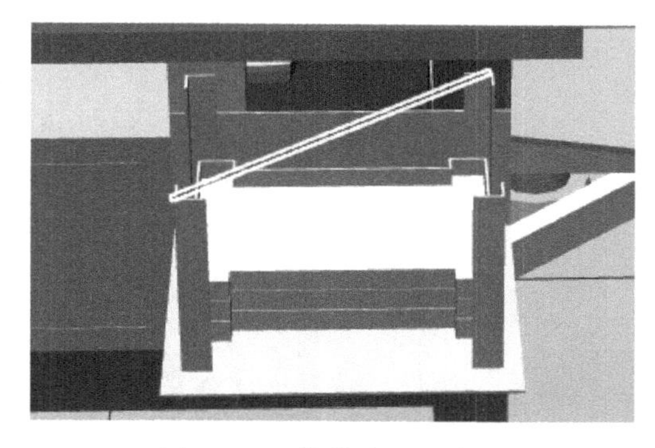

图 3-148　线传感器的位置

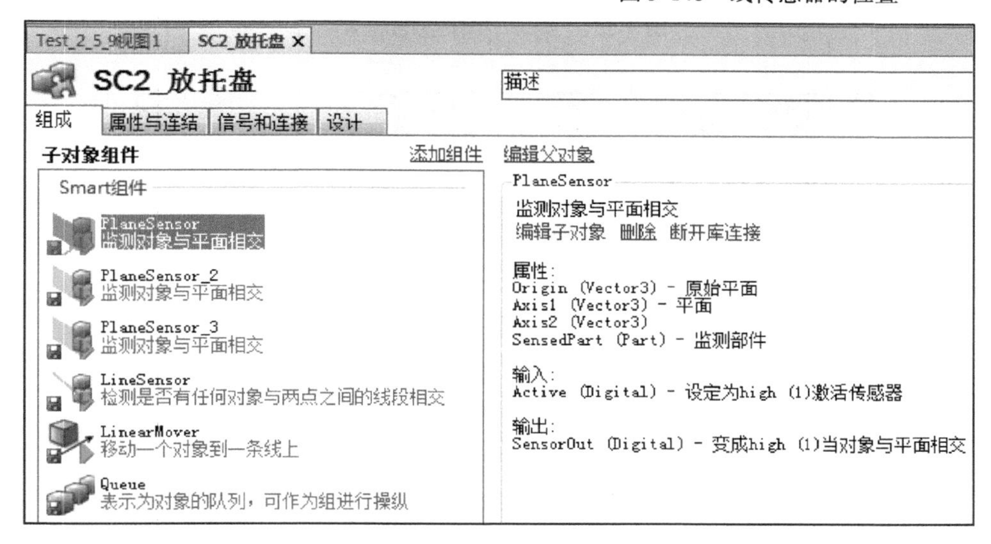

图 3-149　添加第一个面传感器

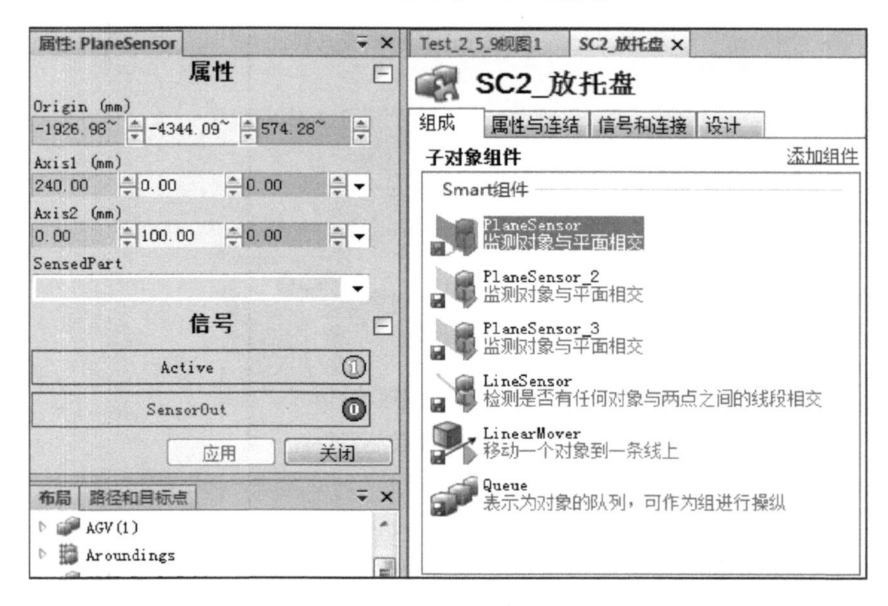

图 3-150　第一个面传感器属性

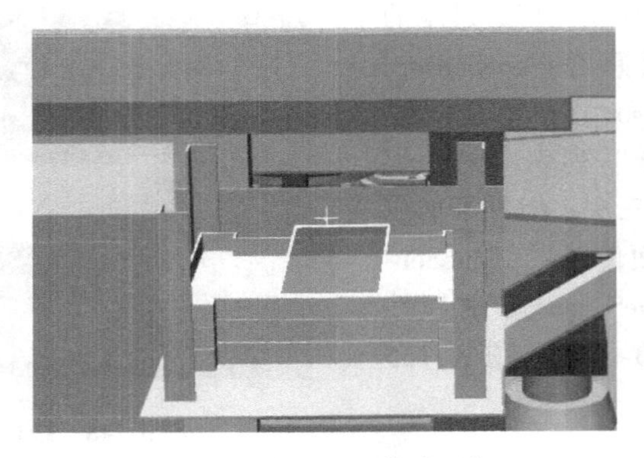

图 3-151　第一个面传感器位置

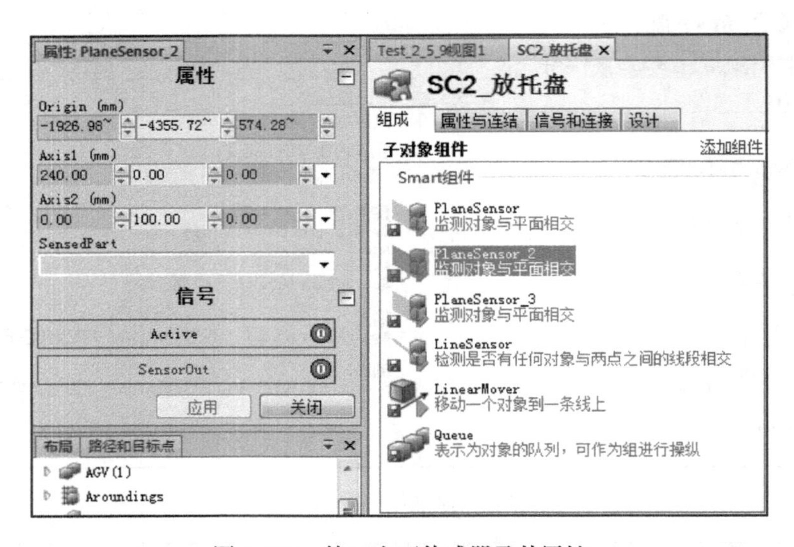

图 3-152　第二个面传感器及其属性

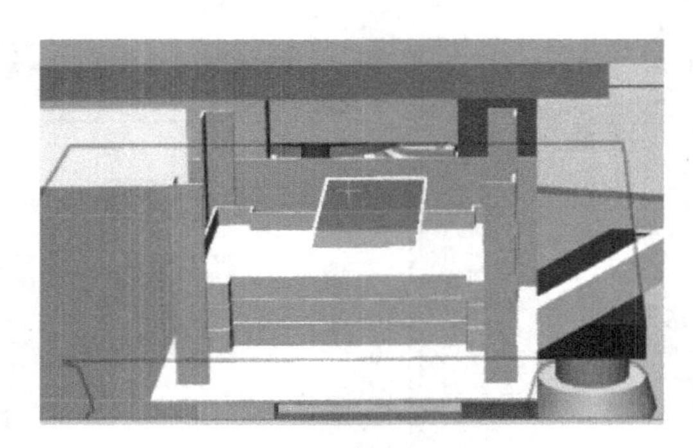

图 3-153　第二个面传感器位置

2. 创建 SC2_放置托盘组件的属性与连结

1）在“属性与连结”选项卡中单击“添加连结”，此处属性与连结的意义是当线传感器检测到双吸盘运送过来的托盘并与其发生接触时，就把该物体加入 Queue 队列，Queue 是一直执行这个线性运动的，如图 3-156 所示。

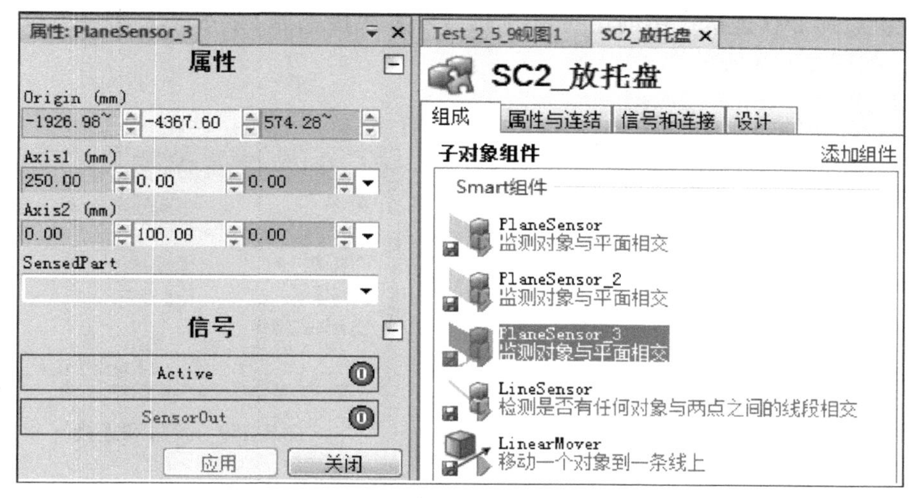

图 3-154　第三个面传感器及其属性

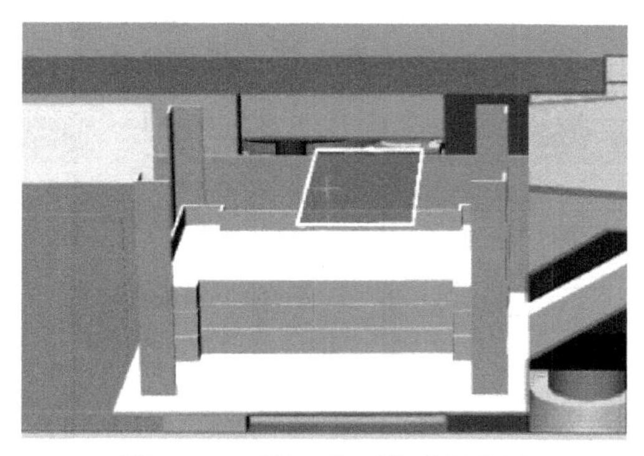

图 3-155　第三个面传感器位置

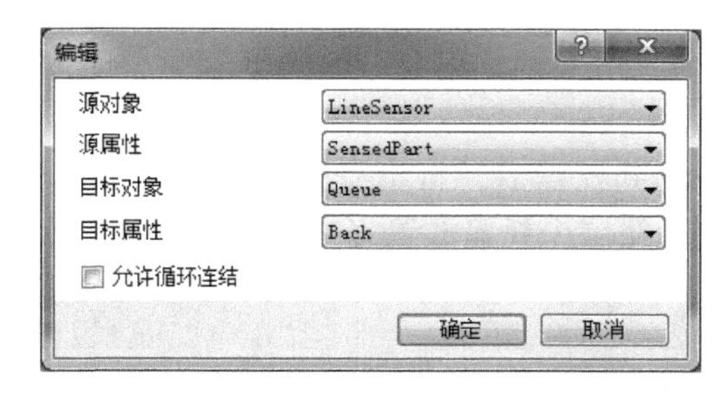

图 3-156　属性与连结

2）设定完成如图 3-157 所示。

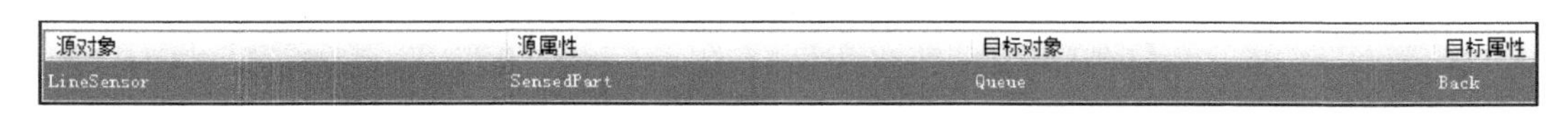

源对象	源属性	目标对象	目标属性
LineSensor	SensedPart	Queue	Back

图 3-157　属性与连结设定完成图

3. 创建 SC2_放置托盘组件的信号和连接

1）添加 I/O 信号，在“信号和连接”选项卡中单击“添加 I/O Signals”，创建一个数字输入信号 di_T，用于控制放置托盘，如图 3-158 所示。

2）依次添加 I/O 连接。用创建的 di_T 信号触发线传感器 LineSensor 组件去执行检测托盘的动作，如图 3-159 所示。

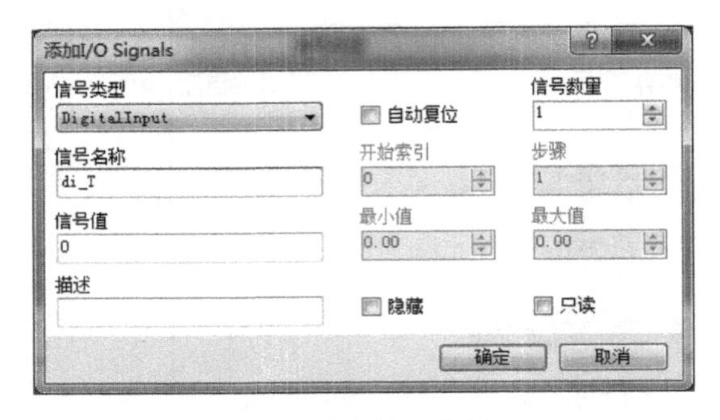

图 3-158　数字输入信号 di_T

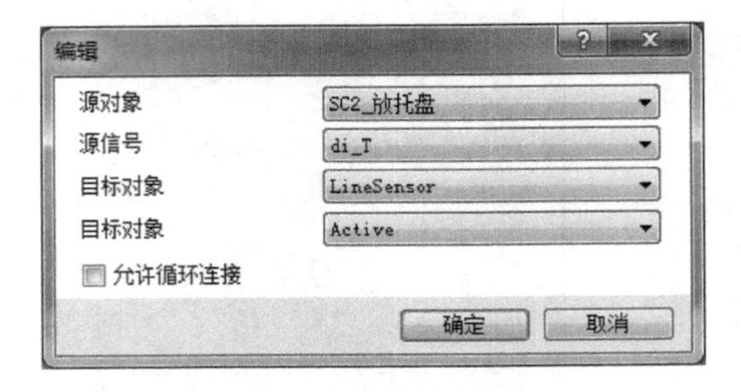

图 3-159　信号和连接（一）

3）线传感器接触到托盘后，托盘就加入到 Queue 队列中，并向下运动，如图 3-160 所示。

4）第一个面传感器检测到托盘后，将自身的输出信号 SensorOut 置为 1，进而去触发 Queue 退出向下运动的队列，第一个托盘放置完毕，如图 3-161 所示。

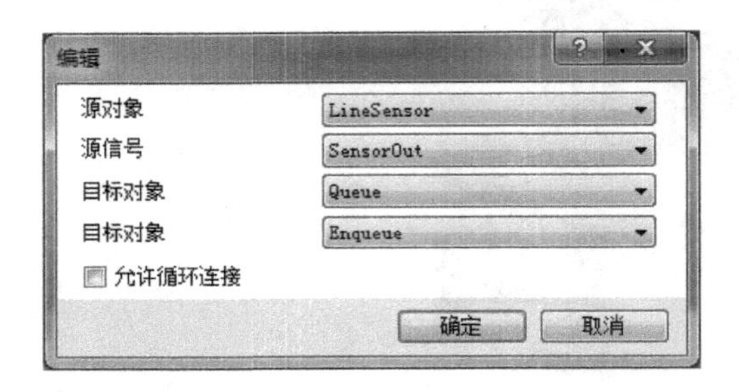

图 3-160　信号和连接（二）

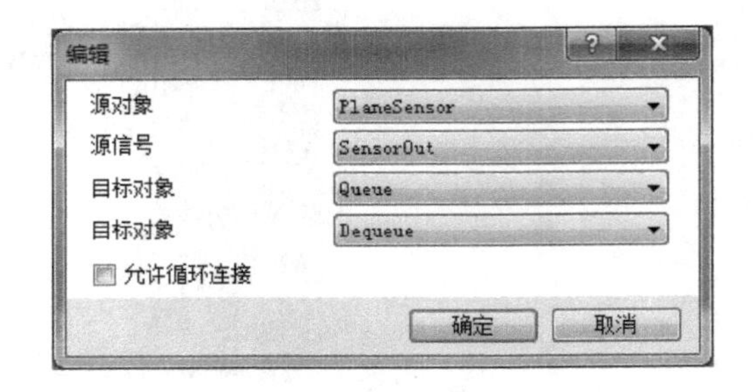

图 3-161　信号和连接（三）

5）第一个面传感器检测到托盘后，将自身的输出信号 SensorOut 置为 1，同时触发第二个面传感器，如图 3-162 所示。

6）第二个面传感器检测到托盘后，将自身的输出信号 SensorOut 置为 1，进而去触发 Queue 退出向下运动的队列，第二个托盘放置完毕，如图 3-163 所示。

图 3-162　信号和连接（四）

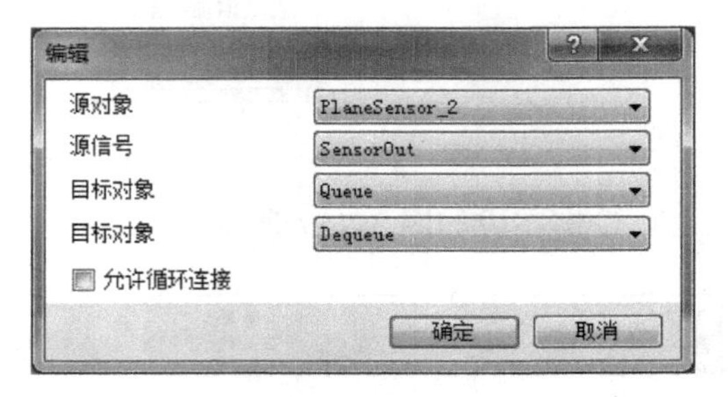

图 3-163　信号和连接（五）

7）第二个面传感器检测到托盘后，同时触发第三个面传感器，如图 3-164 所示。

8）第三个面传感器检测到托盘后，将自身的输出信号 SensorOut 置为 1，进而去触发 Queue 退出向下运动的队列，第三个托盘放置完毕，如图 3-165 所示。

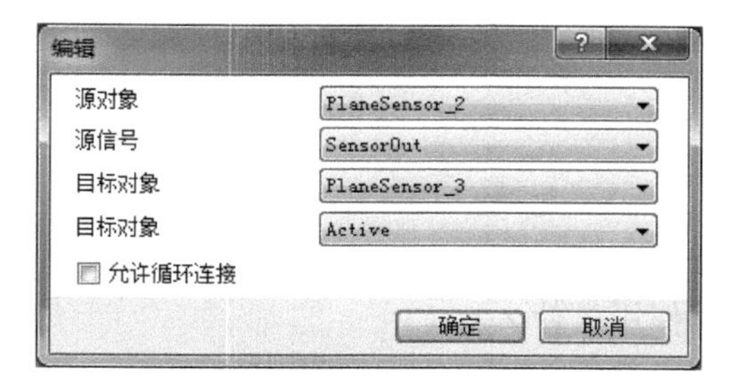

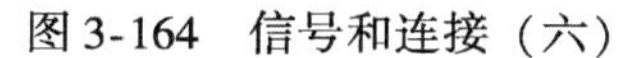
图 3-164　信号和连接（六）

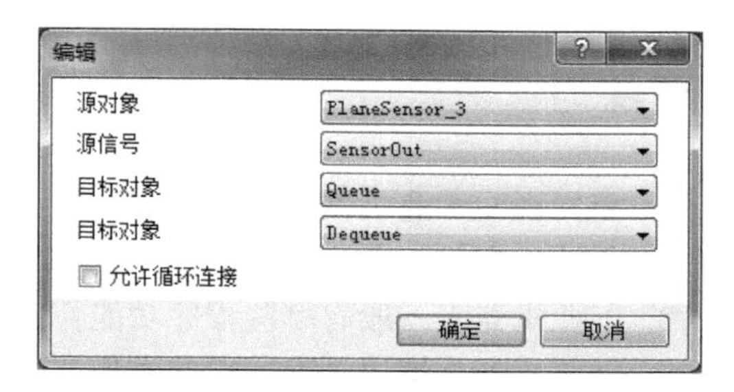

图 3-165　信号和连接（七）

9）信号和连接创建完成后如图 3-166 所示。

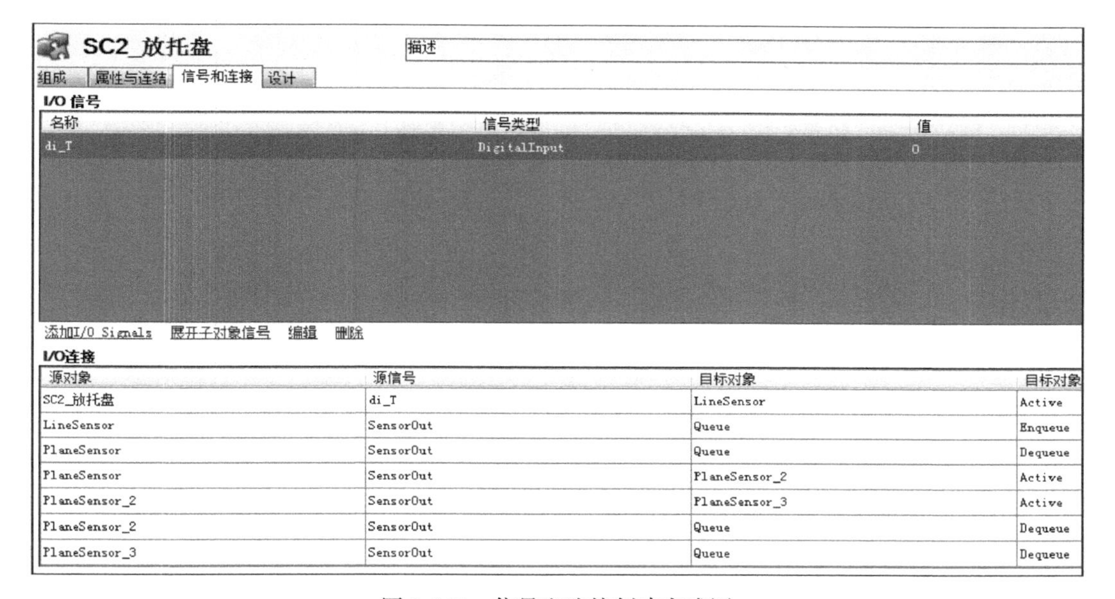

源对象	源信号	目标对象	目标对象
SC2_放托盘	di_T	LineSensor	Active
LineSensor	SensorOut	Queue	Enqueue
PlaneSensor	SensorOut	Queue	Dequeue
PlaneSensor	SensorOut	PlaneSensor_2	Active
PlaneSensor_2	SensorOut	PlaneSensor_3	Active
PlaneSensor_2	SensorOut	Queue	Dequeue
PlaneSensor_3	SensorOut	Queue	Dequeue

图 3-166　信号和连接创建完成图

10）组件 SC2_放置托盘设计完成，如图 3-167 所示。

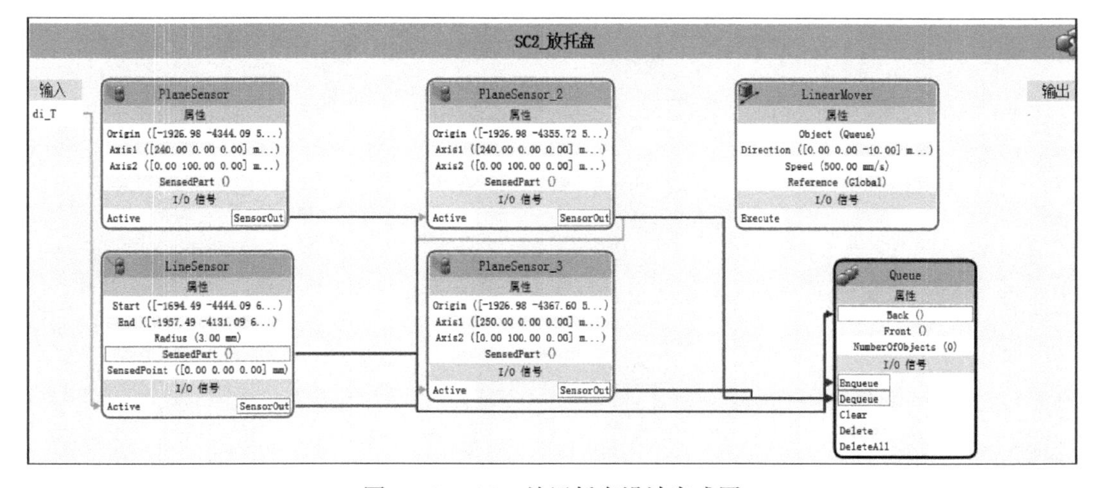

图 3-167　SC2_放置托盘设计完成图

课后练习

1. 简要说明工业机器人的系统工作过程。
2. 柔性生产线有哪些组成部分？说明其各部分的功能。
3. 工业机器人一般有哪些程序功能？各功能的作用是什么？
4. 工业机器人编程语言有哪些类型？它们的特点是什么？
5. AGV 小车的主要技术参数有哪些？
6. ABB 机器人 Smart 组件中的 I/O 信号如何在示教器上编程？

项目四　工业机器人的I/O通信及工作站逻辑配置

项目概述

本工作站以汽车配件机器人焊接为例，使用IRB2600机器人双工位工作站实现产品的焊接工作。通过本项目的学习，能够学会ABB机器人弧焊的基础知识，包括I/O配置、参数配置、程序编写和调试等内容。

任务一　配置IRB2600_2_System工作站的I/O通信

任务目标

1）学会配置IRB2600_2_System工作站I/O通信。

2）学会配置IRB2600_2_System工作站逻辑。

任务引入

本工作站以IRB2600机器人为例，了解配置IRB2600_2_System工作站布局及常见I/O参数配置。

任务实施

一、配置I/O单元

打开RobotStudio软件菜单栏的“控制器”菜单，找到“配置编辑器”，单击下拉菜单找到“I/O System”并单击打开，如图4-1所示。

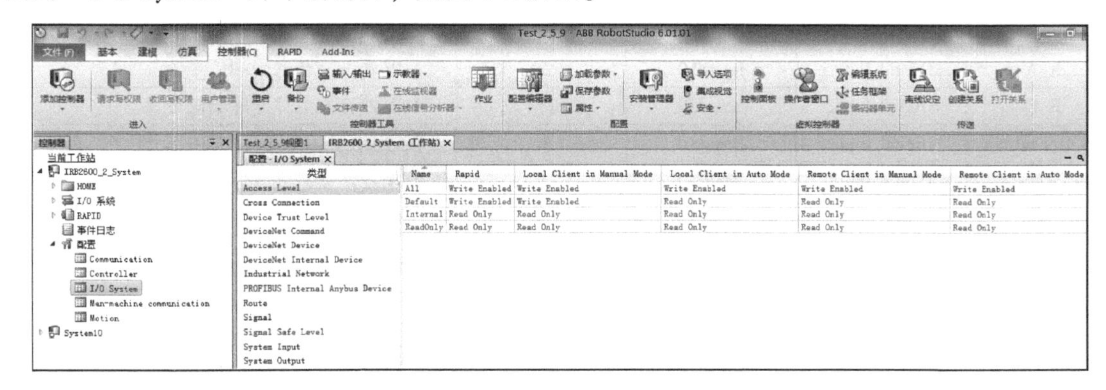

图4-1　配置编辑器

配置 I/O 单元，如图 4-2 所示。

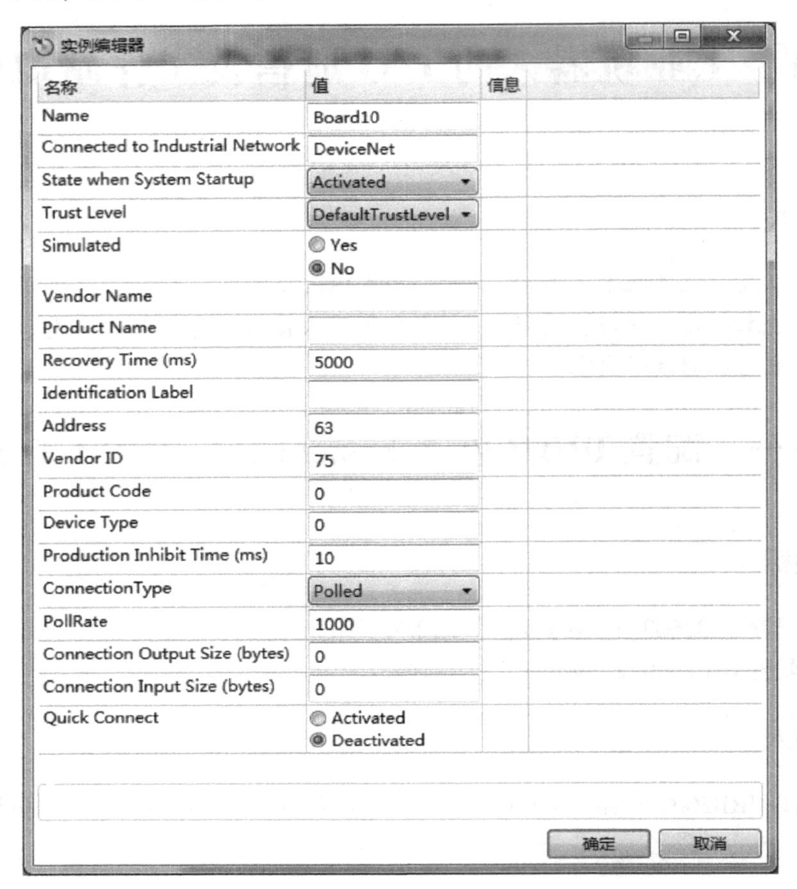

图 4-2　配置 Board10 I/O 单元

二、配置 I/O 信号

在配置编辑器中，根据以下参数配置 I/O 信号，见表 4-1。

表 4-1　I/O 信号

名　称	信号类型	被分配的设备	设备映射	I/O 信号注释
di_A	Digital Input	Board10	2	AGV 小车在传送带端信号
di_B	Digital Input	Board10	3	AGV 小车在立体仓库端信号
di_End	Digital Input	Board10	6	输送带把托盘运到位，第一部分任务结束信号
di_goDone	Digital Input	Board10	1	AGV 小车排列完成信号
di_Start	Digital Input	Board10	4	工作站开始信号
di_VaOK	Digital Input	Board10	0	工具释放托盘信号
do_goAGV	Digital Output	Board10	1	AGV 小车排列信号
do_Grip	Digital Output	Board10	0	工具托起托盘完成信号
do_In	Digital Output	Board10	7	输送带输入信号
do_Run	Digital Output	Board10	2	AGV 小车运动信号

I/O 信号配置完成后如图 4-3 所示。

di_A	Digital Input	Board10		2
di_B	Digital Input	Board10		3
di_End	Digital Input	Board10		6
di_goDone	Digital Input	Board10		1
di_Start	Digital Input	Board10		4
di_VaOK	Digital Input	Board10		0
do_goAGV	Digital Output	Board10		1
do_Grip	Digital Output	Board10		0
do_In	Digital Output	Board10		7
do_Run	Digital Output	Board10		2

图 4-3　I/O 信号配置完成图

任务二　配置 System10 工作站的 I/O 通信

任务目标

1）学会配置 System10 工作站的 I/O 通信。
2）学会配置 System10 工作站逻辑。

任务引入

本工作站以 IRB2600 机器人为例，了解配置 System10 工作站布局及常见 I/O 参数配置。

任务实施

一、配置 I/O 单元

打开 RobotStudio 软件菜单栏的“控制器”菜单，找到“配置编辑器”，单击下拉菜单找到“I/O System”并单击打开，如图 4-4 所示。

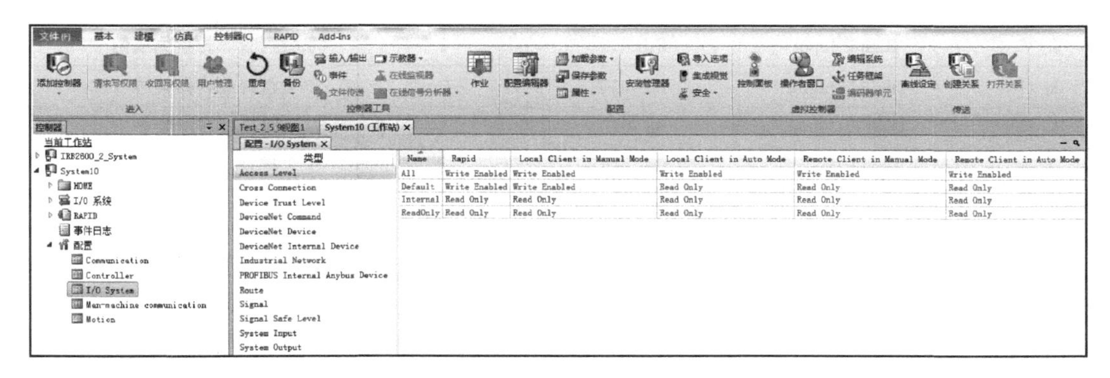

图 4-4　配置编辑器

配置 I/O 单元，如图 4-5 所示。

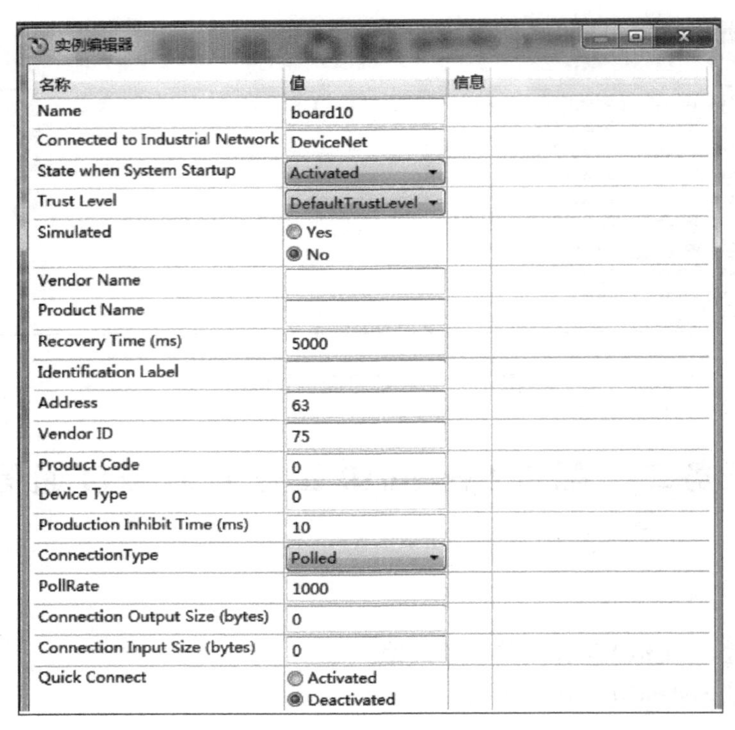

实例编辑器

名称	值	信息
Name	board10	
Connected to Industrial Network	DeviceNet	
State when System Startup	Activated	
Trust Level	DefaultTrustLevel	
Simulated	Yes No	
Vendor Name		
Product Name		
Recovery Time (ms)	5000	
Identification Label		
Address	63	
Vendor ID	75	
Product Code	0	
Device Type	0	
Production Inhibit Time (ms)	10	
ConnectionType	Polled	
PollRate	1000	
Connection Output Size (bytes)	0	
Connection Input Size (bytes)	0	
Quick Connect	Activated Deactivated	

图 4-5　配置 Board10 I/O 单元

二、配置 I/O 信号

在配置编辑器中，根据以下参数配置 I/O 信号，见表 4-2。

表 4-2　I/O 信号

名　　称	信号类型	被分配的设备	设备映射	I/O 信号注释
di_End	Digital Input	Board10	6	输送带把托盘运到位，第二个机器人接收到信号开始工作
di_V1	Digital Input	Board10	0	单吸盘吸取物体完成信号
di_V2	Digital Input	Board10	1	双吸盘吸取托盘完成信号
do_G1	Digital Output	Board10	3	单吸盘释放物体信号
do_G2	Digital Output	Board10	4	双吸盘释放托盘信号
do_T	Digital Output	Board10	5	放置托盘至托盘架信号

I/O 信号配置完成后如图 4-6 所示。

di_End	Digital Input	board10		6
di_V1	Digital Input	board10		0
di_V2	Digital Input	board10		1
do_G1	Digital Output	board10		3
do_G2	Digital Output	board10		4
do_T	Digital Output	board10		5

图 4-6　I/O 信号配置完成图

任务三　工作站逻辑设定

任务目标

1）学会在虚拟示教器中编辑程序。
2）进行目标点位置坐标的示教。

任务引入

本工作站以 IRB2600 机器人为例，了解机器人工作站的逻辑设定方法。

任务实施

一、建立工作站逻辑

1）打开 RobotStudio 软件，在“仿真”功能选项卡中单击“工作站逻辑”，如图 4-7 所示。

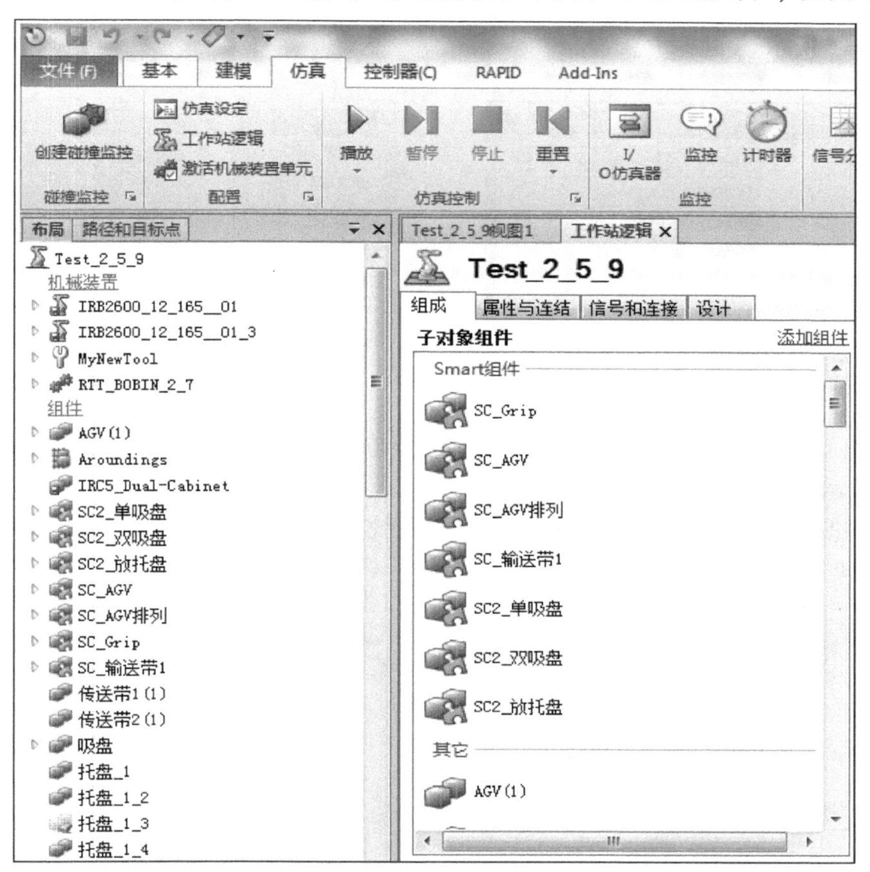

图 4-7　工作站逻辑

2）创建 I/O 信号，进入“信号和连接”选项卡，单击“添加 I/O Signals”，添加工作站开始运动信号 Start，其设定如图 4-8 所示。

3）依次添加图 4-9～图 4-24 所示的 I/O 连接。Test_2_5_9 工作站接收到信号 Start 后系统 IRB2600_2_System 开始启动，如图 4-9 所示。

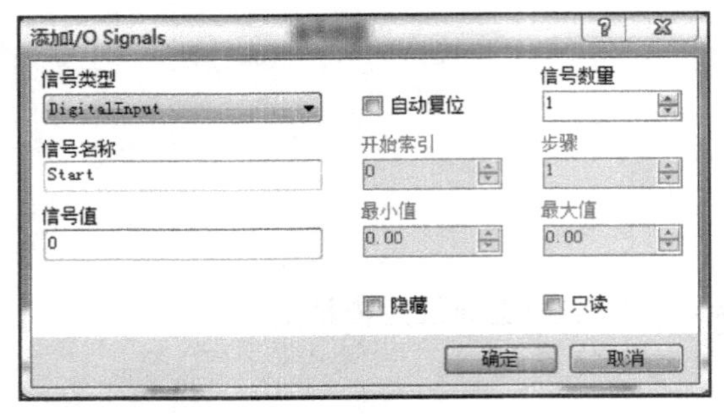

图 4-8　添加信号 Start

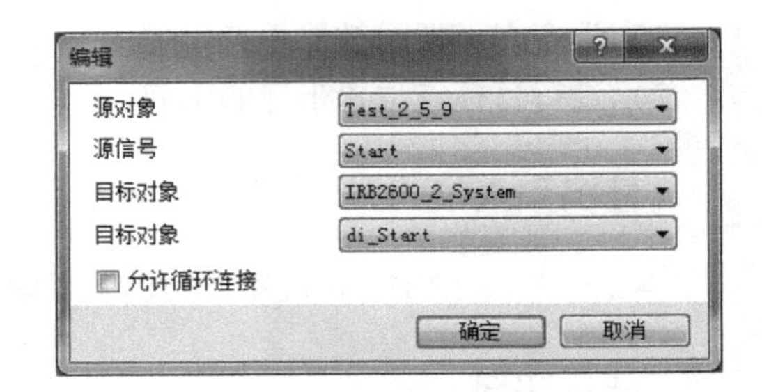

图 4-9　信号和连接（一）

4）仓库端机器人 Smart 夹具的拾取释放信号与机器人端的拾取释放信号相关联，如图 4-10 所示。

5）系统 IRB2600_2_System 接收到托盘工具托起信号后，机器人端的夹具将进行拾取动作，如图 4-11 所示。

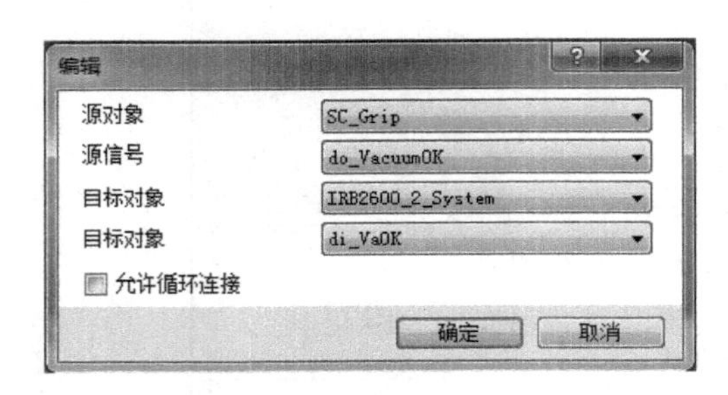

图 4-10　信号和连接（二）

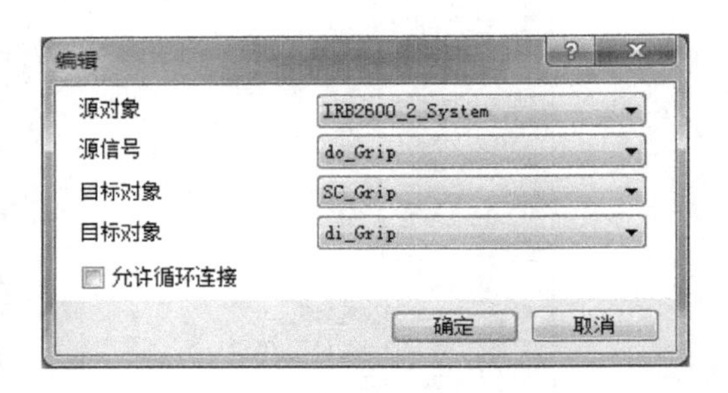

图 4-11　信号和连接（三）

6）系统 IRB2600_2_System 的 do_goAGV 信号与 SC_AGV 排列的 di_goAGV 信号相关联，如图 4-12 所示。

7）组件 SC_AGV 排列的 do_goDone 信号与系统 IRB2600_2_System 的 di_goDone 信号相关联，如图 4-13 所示。

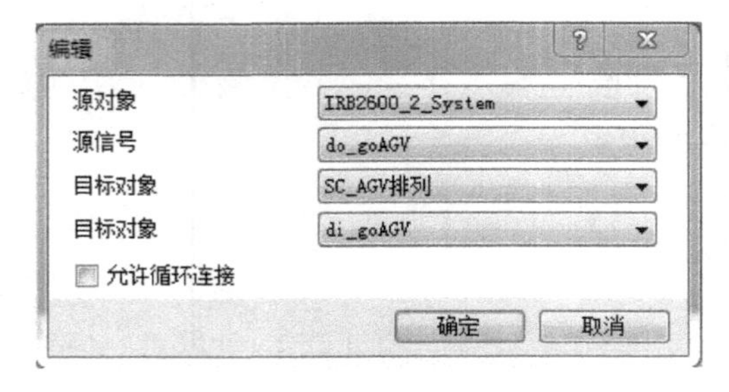

图 4-12　信号和连接（四）

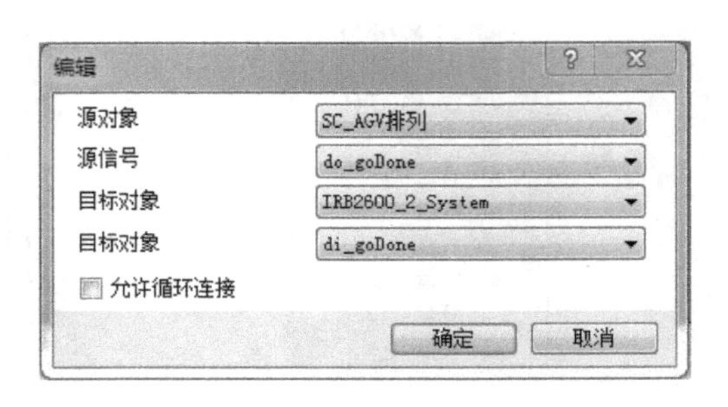

图 4-13　信号和连接（五）

8）组件 SC_AGV 的 do_A 和 do_B 信号分别与系统 IRB2600_2_System 的 di_A 和 di_B 信号相关联，分别表示 AGV 小车在输送带端和立体仓库端，如图 4-14 和图 4-15 所示。

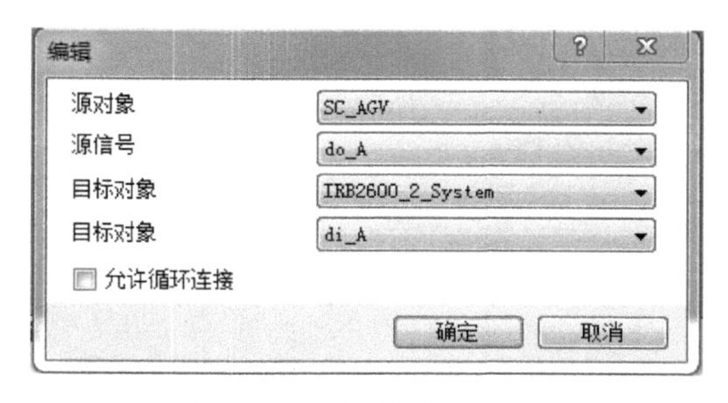

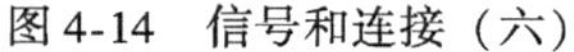
图 4-14　信号和连接（六）

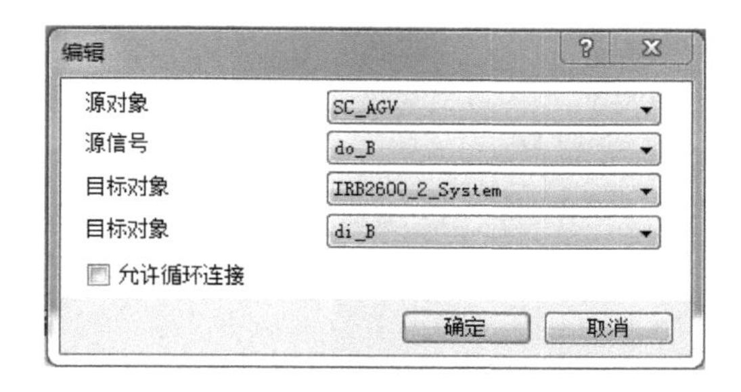

图 4-15　信号和连接（七）

9）系统 IRB2600_2_System 的 do_Run 信号与 AGV 小车的运动信号 di_Run 相关联，如图 4-16 所示。

10）系统 IRB2600_2_System 的 do_In 信号与输送带的输入信号 di_In 相关联，如图 4-17 所示。

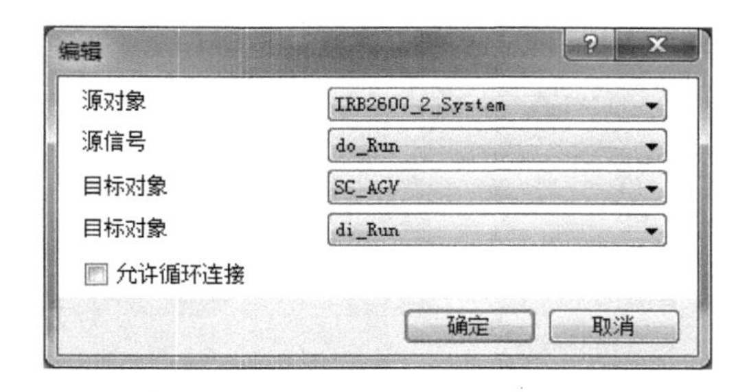

图 4-16　信号和连接（八）

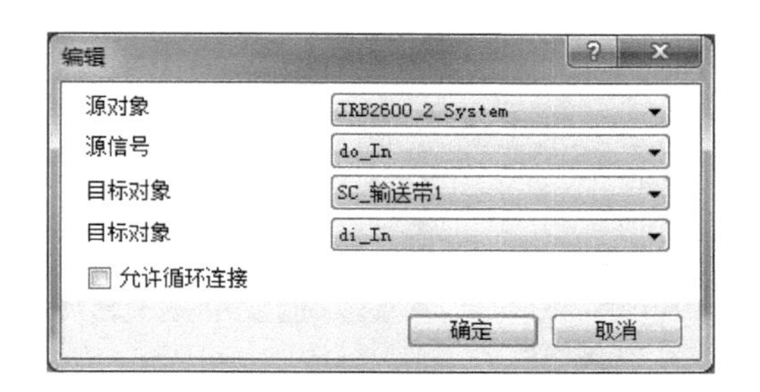

图 4-17　信号和连接（九）

11）输送带接收到 do_End 信号后，仓库端机器人系统 IRB2600_2_System 接收到 di_End 信号，第一部分任务结束，如图 4-18 所示。

12）围栏内机器人端控制真空单吸盘动作的信号与单吸盘夹具的动作信号相关联，如图 4-19 所示。

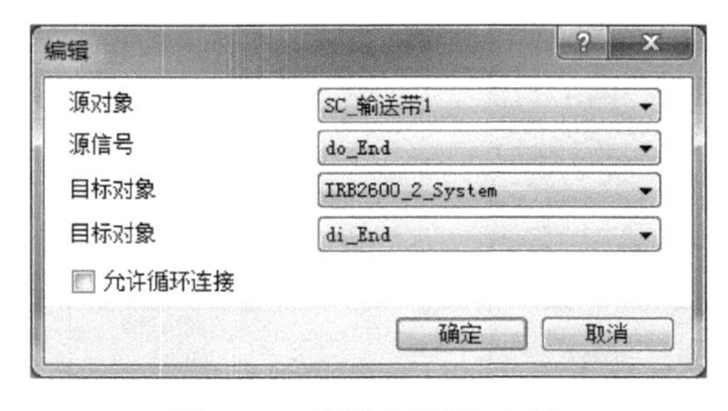

图 4-18　信号和连接（十）

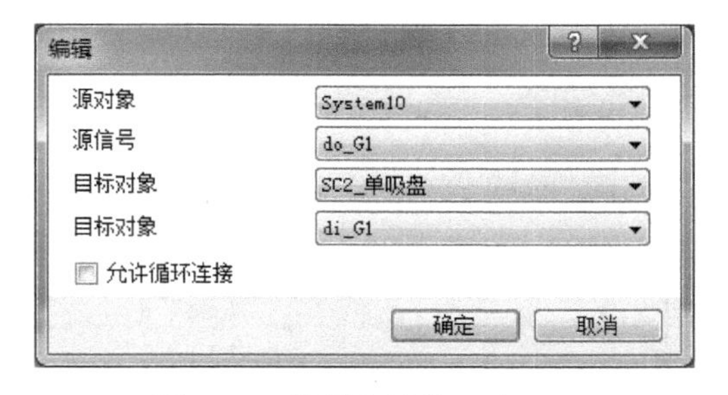

图 4-19　信号和连接（十一）

13）单吸盘夹具的真空反馈信号与机器人端的真空反馈信号相关联，如图 4-20 所示。

14）围栏内机器人端控制真空单吸盘动作的信号与双吸盘夹具的动作信号相关联，如图 4-21 所示。

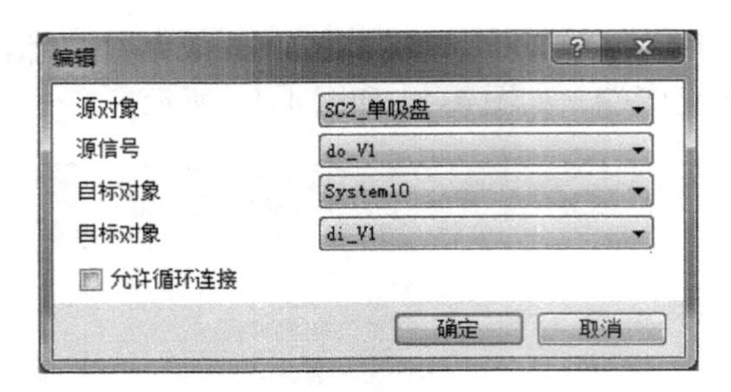

图 4-20　信号和连接（十二）

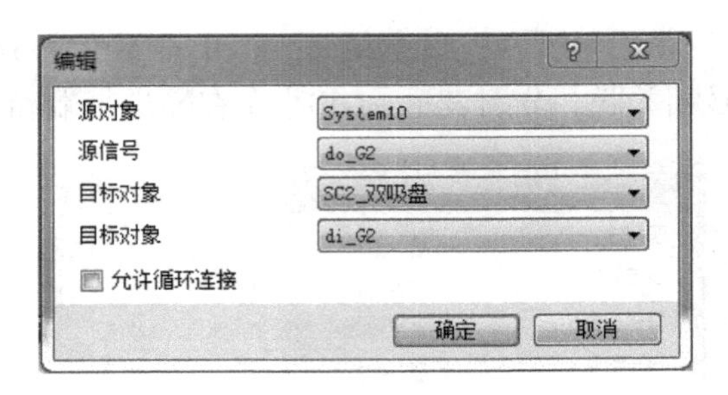

图 4-21　信号和连接（十三）

15）双吸盘夹具的真空反馈信号与机器人端的真空反馈信号相关联，如图 4-22 所示。

16）围栏内机器人端控制真空单吸盘动作的信号与释放托盘夹具的动作信号相关联，如图 4-23 所示。

17）释放托盘夹具的真空反馈信号与机器人端的真空反馈信号相关联，如图 4-24 所示。

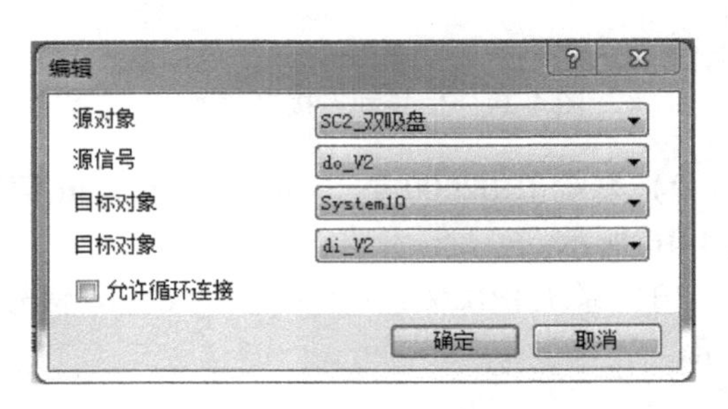

图 4-22　信号和连接（十四）

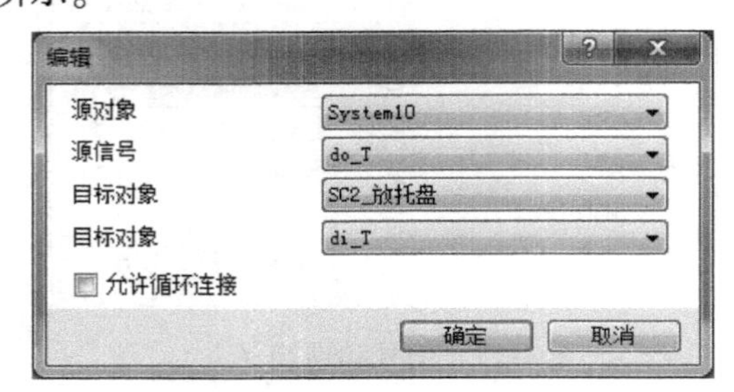

图 4-23　信号和连接（十五）

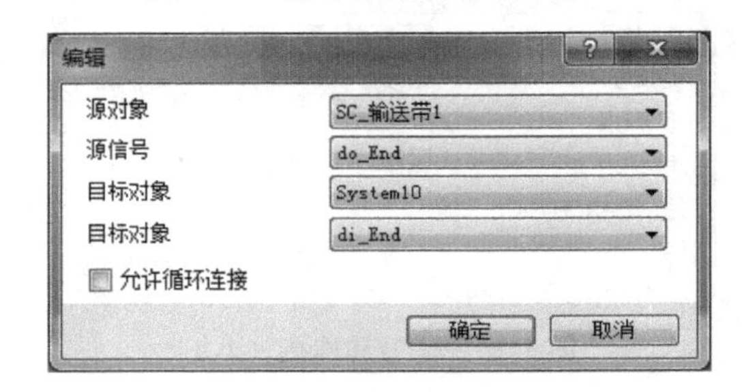

图 4-24　信号和连接（十六）

18）设定完成以后，工作站逻辑中的信号和连接完成图如图 4-25 ~ 图 4-27 所示。

源对象	源信号	目标对象	目标对象
Test_2_5_9	Start	IRB2600_2_System	di_Start
SC_Grip	do_VacuumOK	IRB2600_2_System	di_VaOK
IRB2600_2_System	do_Grip	SC_Grip	di_Grip
IRB2600_2_System	do_goAGV	SC_AGV排列	di_goAGV
SC_AGV排列	do_goDone	IRB2600_2_System	di_goDone
SC_AGV	do_A	IRB2600_2_System	di_A
SC_AGV	do_B	IRB2600_2_System	di_B

图 4-25　信号和连接完成图（一）

源对象	源信号	目标对象	目标对象
SC_AGV	do_A	IRB2600_2_System	di_A
SC_AGV	do_B	IRB2600_2_System	di_B
IRB2600_2_System	do_Run	SC_AGV	di_Run
IRB2600_2_System	do_In	SC_输送带1	di_In
SC_输送带1	do_End	IRB2600_2_System	di_End
System10	do_G1	SC2_单吸盘	di_G1
SC2_单吸盘	do_V1	System10	di_V1

图 4-26　信号和连接完成图（二）

源对象	源信号	目标对象	目标对象
SC_输送带1	do_End	IRB2600_2_System	di_End
System10	do_G1	SC2_单吸盘	di_G1
SC2_单吸盘	do_V1	System10	di_V1
System10	do_G2	SC2_双吸盘	di_G2
SC2_双吸盘	do_V2	System10	di_V2
System10	do_T	SC2_放托盘	di_T
SC_输送带1	do_End	System10	di_End

图 4-27 信号和连接完成图（三）

19）工作站逻辑设计图如图 4-28 所示。

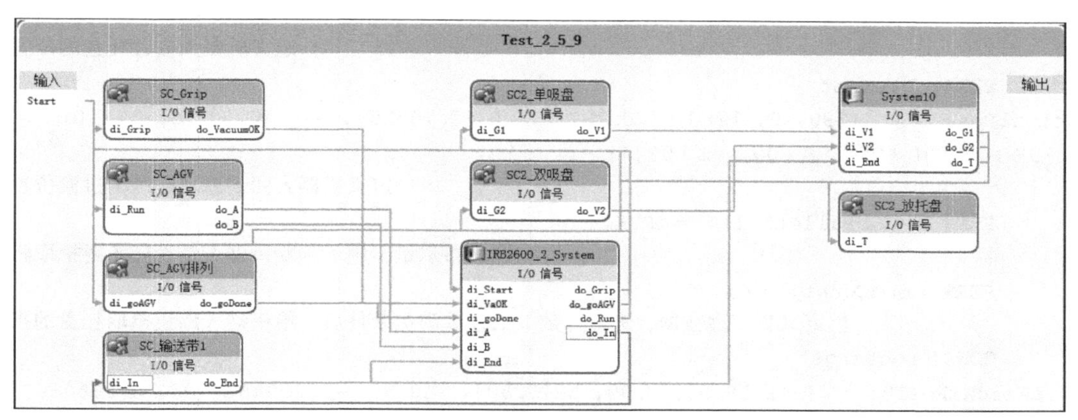

图 4-28 工作站逻辑设计图

二、程序注释及仿真录像

本工作站主要完成的动作是，采用 IRB2600 机器人完成从立体仓库中定点取件（托盘）放置在 AGV 小车上，AGV 小车载着托盘运行至托盘流水线停下，并将托盘依次输送到托盘流水线上，同时 AGV 小车返回到开始位置，经过机器人视觉系统的检测，由另一台 IRB2600 机器人完成用单吸盘吸取物体放至物品盒流水线，用双吸盘吸取托盘放至托盘架的动作。在熟悉了此工作站的 RAPID 程序后，可以根据实际需要在此程序的基础上进行适当修改，以满足实际逻辑与动作的控制。

以下是实现机器人工作站逻辑和动作控制的 RAPID 程序。

三、带导轨的机器人程序

```
MODULE Module1
    PERS robtarget
pHome: = [[1390.00,0.00,1260.00],[0.707107,0,0.707107,0],[0,0,0,0],[0,9E+09,9E+
09,9E+09,9E+09,9E+09]];
                                                    ！定义机器人原点位置点
    PERS robtarget
  pPick_1: = [ [1879.41, 1358.46, 405.65], [0.5, -0.5, 0.5, 0.5], [0, -1, 0, 1],
[1731.25, 9E+09, 9E+09, 9E+09, 9E+09, 9E+09]];
                                              ！定义机器人拾取托盘_1_6 位置点
```

```
    PERS robtarget
  pPick_2: = [ [1018.61, 0.00, 1217.50],    [0.5, - 1.29048E - 08, 0.866026,
-7.45058E-09], [0, 0, -1, 0], [0, 9E+09, 9E+09, 9E+09, 9E+09, 9E+09]];
                                              ! 定义机器人拾取托盘_2_7 位置点
    PERS robtarget
  pPick_3: = [ [1018.61, 0.00, 1217.50],    [0.5, - 1.29048E - 08, 0.866026, -
7.45058E-09], [0, 0, -1, 0], [0, 9E+09, 9E+09, 9E+09, 9E+09, 9E+09]];
                                              ! 定义机器人拾取托盘_3_6 位置点
    CONST robtarget
  pPlace: = [ [-309.78, -1435.23, 393.57], [0.499999, 0.500001, 0.5, -0.5], [-
2, -1, 0, 1], [0, 9E+09, 9E+09, 9E+09, 9E+09, 9E+09]];
                                              ! 定义机器人放置托盘的位置点
    PERSrobtarget
pActualPos: = [[1390, 0, 1260], [0.707107, 0, 0.707107, 0], [0, 0, 0, 0], [0, 9E+
09, 9E+09, 9E+09, 9E+09, 9E+09]];
                                              ! 定义机器人回到原点路径的过渡位置点
    PERS bool bPalletFull: =TRUE;
                                  ! 定义布尔量，用于判断机器人是否还需要拾取托盘
    PERS num nCount: =4;
                  ! 定义数字型数据，进行计数，当计数满足条件后，给机器人停止拾取托盘的指令
    CONST robtarget
  pActualPos10: = [ [1018.61, 0.00, 1217.50], [0.5, -1.29048E-08, 0.866026, -
7.45058E-09], [0, 0, -1, 0], [0, 9E+09, 9E+09, 9E+09, 9E+09, 9E+09]];
                                              ! 定义机器人回到原点路径中的过渡位置点
    CONST robtarget
pHome10: = [ [3121.25, 0.00, 1260.00], [0.707107, 0, 0.707107, 0], [0, 0, 0, 0],
[1731.25, 9E+09, 9E+09, 9E+09, 9E+09, 9E+09]];
                                              ! 定义机器人的 pHome10 位置点
  PROC main ()
                                              ! 主程序
  rInitAll;
                              ! 调用初始化程序，包括复位信号、复位程序数据、初始化等
    WHILE bPalletFull = FALSE DO
  ! 利用 WHILE 循环语句，当 bPalletFull = FALSE 时，执行循环语句内程序并循环；若条件不满
足，则不执行该部分程序
  IF di_Start = 1 THEN
                              ! 利用 IF 条件判断，如果 di_Start = 1 条件满足，则执行程序
    rPick_1;
                                              ! 调用程序
    ELSE
                                              ! 否则执行
    WaitTime 0.3;
  ! 循环等待时间，防止在不满足机器人动作条件的情况下程序执行进入无限循环状态，造成机器人控
制器 CPU 过负荷
  ENDIF
                                              ! 结束条件语句
```

```
    ENDWHILE
                                                        ！结束循环语句
    ENDPROC
        PROC rInitAll ()
                                              ！初始化程序（只执行一次）
            pActualPos : = CRobT (\Tool: =MyNewTool);
                                    ！读取机器人当前坐标，并赋值给 pActualPos
            pActualPos.trans.z : = pHome.trans.z;
                                      ！把机器人当前 Z 坐标赋值给 pActualPos
            bPalletFull : = FALSE;
                         ！把 FALSE 赋值给 bPalletFull（使主程序内循环语句满足）
            AccSet 30 , 50;
                                                        ！用于限制加速度
            VelSet 500, 600;
                                                          ！用于限制速度
            nCount : = 1;
                ！计数初始化，将用于托盘的计数数值设置为 1，即从拾取的第一个位置开始托起
            Reset do_Grip;
                                                    ！复位机器人托盘夹具
            Reset do_goAGV;
                                                ！复位 AGV 小车排列托盘动画
            Reset do_Run;
                                                       ！复位 AGV 小车位置
            MoveJ pActualPos, v1000, z50, MyNewTool;
              ！机器人从当前位置向上抬起一定高度，沿 Z 轴正方向抬起 50mm（避免碰撞设备）
            MoveJ pHome, v1000, fine, MyNewTool;
                                            ！机器人利用 MoveJ 指令回到原点
    ENDPROC
    PROC rPick_1 ()
                                                               ！拾取程序
            MoveJ pHome, v600, z50, MyNewTool;
                                                       ！机器人回到原点位置
            WaitDI di_B, 1;
                                                       ！等待 AGV 小车到位
            MoveJ Offs (pHome10, 0, 0, 0), v600, z50, MyNewTool;
                                                  ！运动到机器人 pHome10 点
            MoveJ Offs (pPick_1, 0, -400, 250 * (nCount - 1)), v600, z50, MyNewTool;
    ！当 nCount =1 时，关节运动到（pPick_1, 0, -400, 0）点；当 nCount =2 时，运动到
(pPick_1, 0, -400, 250) 点
            MoveL Offs (pPick_1, 0, 0, 250 * (nCount - 1)), v50, fine, MyNewTool;
    ！当 nCount =1 时，直线运动到（pPick_1, 0, 0, 0）点；当 nCount =2 时，运动到（pPick_
1, 0, 0, 250）点
            Set do_Grip;
                                                 ！置位夹爪，从仓库上托起托盘
            WaitDI di_VaOK, 1;
                                                   ！等待机器人托起动作完成
```

```
        MoveL Offs (pPick_1, 0, -400, 250 * (nCount - 1)), v50, z50, MyNewTool;
    ！当 nCount = 1 时，直线运动到 (pPick_1, 0, -400, 0) 点；当 nCount = 2 时，运动到
(pPick_1, 0, -400, 250) 点
        MoveJ pHome, v600, z50, MyNewTool;
                                                        ！机器人回到原点位置
        MoveJ Offs (pPlace, 0, 200, 0), v600, z50, MyNewTool;
                                                ！机器人关节运动到放置托盘置位点
        MoveL pPlace, v50, fine, MyNewTool;
                                        ！机器人利用 MoveL 直线运动到位置 pPlace 点
        Reset do_Grip;
                                                            ！托盘夹具复位
        WaitTime 0.3;
                                    ！等待 0.3s，以防止刚放下的托盘被未释放的信号所带走
        Set do_goAGV;
                                        ！置位 do_goAGV，触发 AGV 小车排列托盘功能
        WaitTime 1;
                                        ！等待时间 1s，等待托盘在 AGV 小车上排列完毕
        Reset do_goAGV;
                                        ！复位 do_goAGV，关闭 AGV 小车排列托盘功能
        MoveJ Offs (pPlace, 0, 200, 0), v100, z50, MyNewTool;
                                                ！机器人关节运动到放置托盘置位点
        Incr nCount;
                                                            ！nCount 加 1
        MoveJ pHome, v600, z50, MyNewTool;
                                                    ！机器人关节运动到原点位置
        IF nCount > 3 THEN
    ！如果 nCount > 3 满足，让“bPalletFull : = TRUE”结束循环，AGV 小车运动到输送带，机
器人接收到到位信号后，触发输送带，托盘从 AGV 小车运动到输送带
            bPalletFull : = TRUE;
                                    ！把 TRUE 赋值给 bPalletFull（使程序内循环语句满足）
            Set do_ Run;
                                ！置位 AGV 小车启动信号，AGV 小车开始向托盘流水线方向运动
            WaitDI di_A, 1;
                                                ！等待 AGV 小车到达托盘流水线端
            Set do_In;
                        ！置位托盘流水线输入信号，托盘开始从 AGV 小车向托盘流水线方向移动
            WaitDI di_End, 1;
                                                    ！等待输送带把托盘运到位置
            Reset do_Run;
                                            ！复位 AGV 小车，小车返回立体仓库端
            MoveJ pHome, v600, fine, MyNewTool;
                                                    ！机器人关节运动到原点位置
    ENDIF
    ENDPROC PROC rTeach ()
                                ！示教目标点程序，方便修改机器人拾取、释放位置，不执行
        MoveJ pHome, v1000, fine, MyNewTool;
```

```
                                                    ！机器人运动到原点位置
        MoveJ pHome10, v1000, fine, MyNewTool;
                                                    ！机器人运动到 pHome10 点位置
        MoveJ pPick_1, v1000, fine, MyNewTool;
                                                    ！机器人运动到拾取点位置
        MoveJ pPlace, v1000, fine, MyNewTool;
                                                    ！机器人运动到放置点位置
    ENDPROC
    ENDMODULE
```

四、围栏内机器人程序

```
    MODULE MainModule
      PERS robtarget
    pActualpos: = [[1018.61,0,1217.5],[0.5, -1.29048E-08,0.866025, -7.45058E-09],
[0,0, -1,0],[9E+09,9E+09,9E+09,9E+09,9E+09,9E+09]];
                                                    ！定义机器人回到原点过程中的过渡点
      PERS robtarget
    P0: = [[1018.61,0.00,1217.50],[0.5, -1.29048E-08,0.866025, -7.45058E-09],[0,0,
-1,0],[9E+09,9E+09,9E+09,9E+09,9E+09,9E+09]];
                                                    ！定义机器人放置点
      PROC main()
                                                    ！主程序
        rInitiAll;
                                                    ！初始化程序,只执行一次
        WHILE bPallet = FALSE DO
    ！循环语句,当 bPallet = FALSE 时,执行循环语句内程序,并循环到条件不满足,否则不执行该部分程序
            rpick;
                                                    ！吸盘拾取动作
            rPlace;
                                                    ！吸盘释放动作
        ENDWHILE
                                                    ！结束循环语句
    ENDPROC
    PROC rInitiAll()
                                                    ！初始化程序
        pActualpos : = CRobT( \Tool: =tool0);
                                                    ！读取机器人当前坐标,并赋值给 pActualpos
        pActualpos. trans. z : = P0. trans. z;
                                                    ！把机器人当前 Z 坐标赋值给 pActualpos 点
        Reset do_G1;
                                                    ！复位单吸盘
        Reset do_G2;
                                                    ！复位双吸盘
        nCount : = 1;
          ！计数初始化，将用于物体或托盘的计数数值设置为 1，即从拾取的第一个位置开始拾取
        bPallet : = FALSE;
                                                    ！把 FALSE 赋值给 bPallet（使主程序内循环语句满足）
```

```
        MoveJ pActualpos, v1000, z50, tool0;
                                        ! 关节运动到 pActualpos 点处
        MoveJ P0, v1000, fine, tool0;
                                        ! 关节运动到 P0 点处
        WaitDI di_End, 1;
                                        ! 等待托盘到位
    ENDPROC
    PROC rpick ()
                                        ! 拾取程序
        MoveJ P0, v600, z50, tool0;
        MoveJ Offs (p1, 0, -292* (nCount - 1), 200), v600, z20, tool0;
        MoveL Offs (p1, 0, -292* (nCount - 1), 0), v100, fine, tool0;
        Set do_G1;
                                        ! 置位单吸盘
        WaitDI di_V1, 1;
                                        ! 等待吸取完成
        MoveL Offs (p1, 0, -292* (nCount - 1), 200), v200, z20, tool0;
        MoveJ Offs (p2, 0, -100* (nCount - 1), 200), v600, z20, tool0;
        MoveL  Offs (p2, 0, -100* (nCount - 1), 0), v100, fine, tool0;
        Reset do_G1;
                                        ! 复位单吸盘
        WaitDI di_V1, 0;
                                        ! 释放真空信号，等待单吸盘松开
        MoveL Offs (p2, 0, -100* (nCount - 1), 210), v200, z20, tool0;
    ENDPROC
    PROC rPlace ()
                                        ! 释放程序
        MoveJ Offs (p3, 0, -292* (nCount - 1), 200), v600, z20, tool0;
        MoveL Offs (p3, 0, -292* (nCount - 1), 0), v100, fine, tool0;
        Set do_G2;
                                        ! 置位双吸盘
        WaitDI di_V2, 1;
                                        ! 等待吸取完成
        MoveL Offs (p3, 0, -292* (nCount - 1), 200), v200, z20, tool0;
        MoveJ Offs (p4, 0, 0, 200), v200, z20, tool0;
        MoveL p4, v200, fine, tool0;
        Reset do_G2;
                                        ! 复位双吸盘
        WaitTime 0.3;
                ! 等待 0.3s，以防止真空未释放完毕而带走托盘，造成托盘未放置到指定位置
        Set do_T;
                                        ! 置位 do_T，托盘释放到托盘架的动画功能
        WaitTime 0.6;
                                        ! 等待时间 0.6s
        MoveJ Offs (p4, 0, 0, 200), v200, z20, tool0;
        Reset do_T;
                                        ! 复位 do_T，托盘释放到托盘架的动画功能完毕
```

```
        Incr nCount;
                                                              ! nCount 加 1
    IF nCount > 3 THEN
    ! 如果 nCount > 3 满足，让“bPallet : = TRUE”结束循环，物体运动到托盘流水线，托盘流
水线收到到位信号后触发机器人，使物品从托盘流水线运动到物品盒流水线，托盘放置到托盘架
            bPallet : = TRUE;
                                  ! 把 TRUE 赋值给 bPallet（使程序内循环语句满足）
            MoveJ P0, v1000, fine, tool0;
      ENDIF

    ENDPROC PROC rTeach ()
                              ! 示教目标点程序，方便修改机器人拾取、释放位置，不执行
        MoveJ P0, v600, fine, tool0;
        MoveJ p1, v600, fine, tool0;
        MoveJ p2, v600, fine, tool0;
        MoveJ p3, v600, fine, tool0;
        MoveJ p4, v600, fine, tool0;
      ENDPROC
    ENDMODULE
```

五、示教目标点

本工作站编程完成后，在虚拟示教器中进入“程序编辑器”，通过虚拟示教器操纵机器人依次移动至 pHome、pHome10、pPick_1、pPlace、Target_20、Target_30、Target_40、Target_70等点进行目标点的示教，如图 4-29 ~ 图 4-36 所示。

图 4-29　pHome 位置

图 4-30　pHome10 位置

图 4-31　pPick_1 位置

图 4-32　pPlace 位置

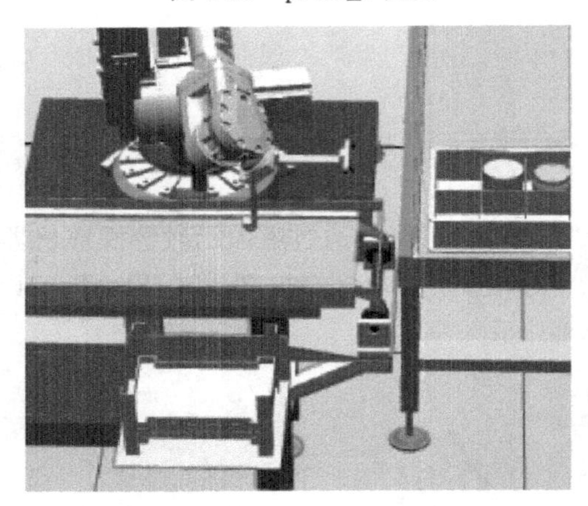

图 4-33　Target_20 位置

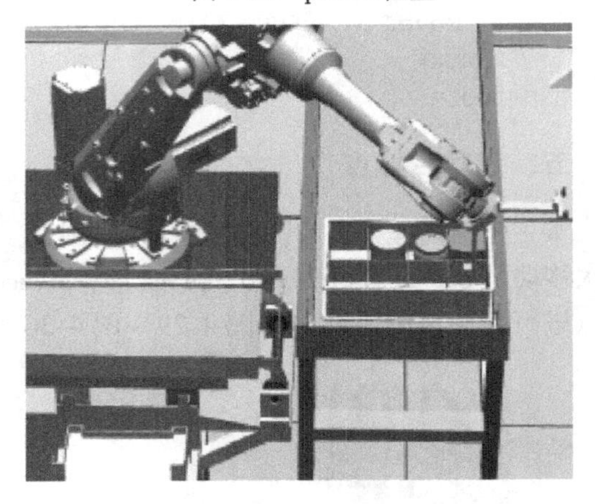

图 4-34　Target_30 位置

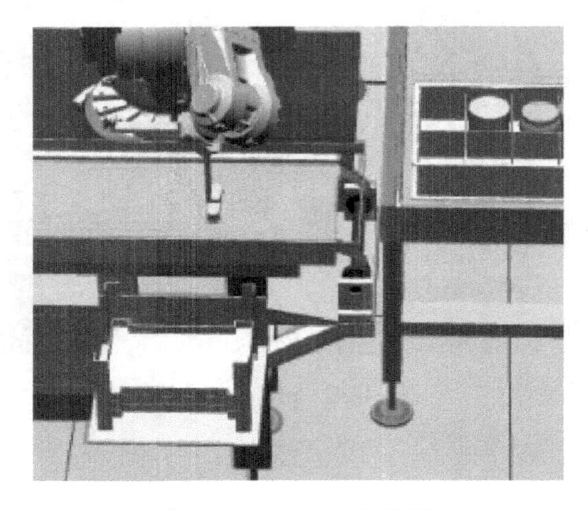

图 4-35　Target_40 位置

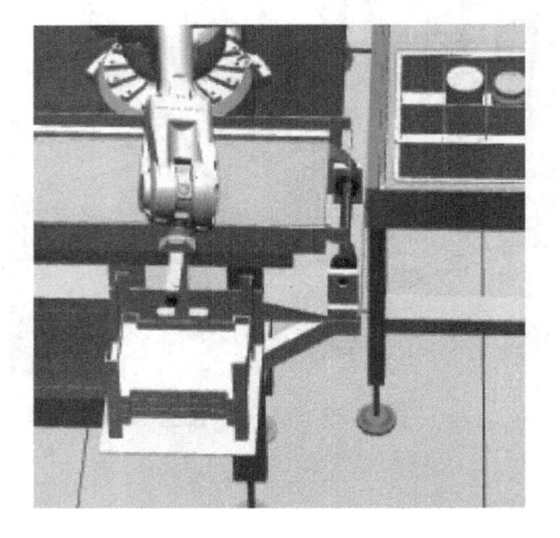

图 4-36　Target_70 位置

六、仿真运行

1）在“仿真”功能选项卡中打开“I/O 仿真器”，选择“工作站信号”系统，将开始信号 Start 置为“1”，如图 4-37 所示。

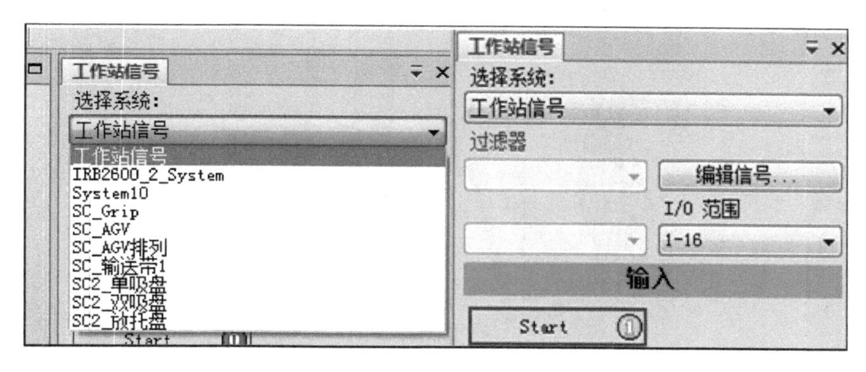

图 4-37　工作站信号

2）在“仿真”功能选项卡中打开“I/O 仿真器”，选择“SC_AGV”系统，将信号 do_B 重置为“1”，如图 4-38 所示。

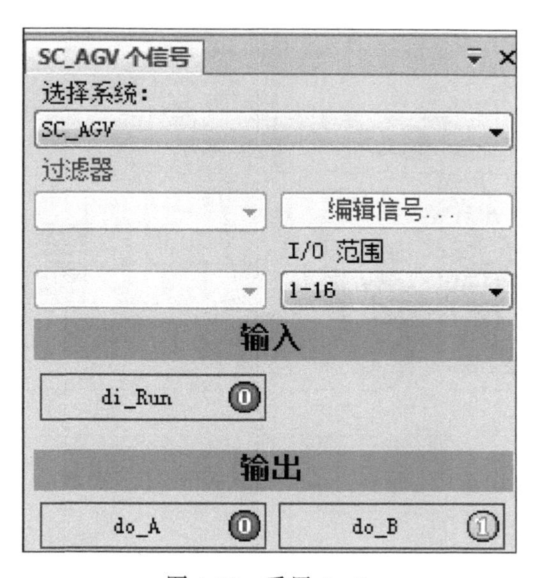

图 4-38　重置 do_B

3）设定完成后，在“仿真”功能选项卡中单击“播放”，工作站即开始动作。

七、视频录制

1）在“仿真”功能选项卡中单击“仿真录像”，即进行整个工作站运行状态的录制，如图 4-39 所示。

2）还可以将工作站录制成“exe”格式的可执行文件，但是只能在装有相应版本软件的计算机上打开查看，如图 4-40 所示。

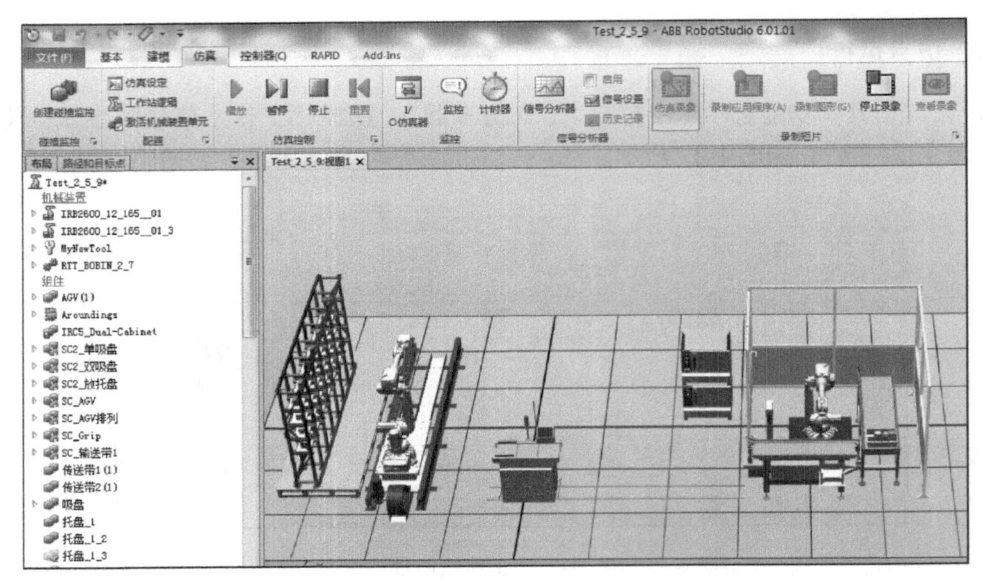

图 4-39　“仿真录像”界面

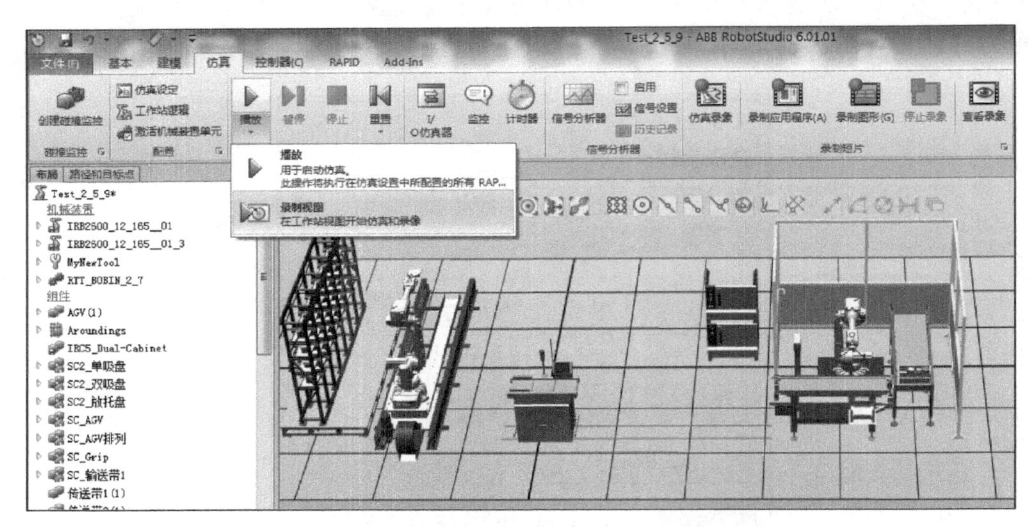

图 4-40　录制“exe”格式的可执行文件界面

课后练习

1. 分析配置 IRB2600_2_System 工作站的 I/O 通信，观察修改编辑器中的相关参数能否实现通信配置，并绘制流程。

2. 在建立逻辑工作站的过程中需要注意哪些问题？在 I/O 信号连接中，有哪些信号相互关联？

3. 参考书中逻辑程序设计新的机器人程序，把一块积木从 A 处拾起放到 B 处。

4. 修改带导轨的机器人的 RAPID 程序位置点，自定义机器人的运动，使其完成定点取件动作。

项目五　搬运机器人编程与操作

项目概述

ABB 工业机器人在搬运方面有众多解决方案，在3C、食品、医药、化工、金属加工、太阳能等领域均有广泛的应用，涉及物流输送、周转、仓储等领域。采用机器人搬运可大幅提高生产率，节省劳动成本，提高定位精度和降低搬运过程中的产品损坏率。

任务一　搬运编程与操作

任务目标

1）掌握搬运机器人的基本知识。

2）掌握搬运机器人常用I/O信号的配置步骤。

3）掌握搬运机器人的特点及编程方法。

任务引入

本任务利用ABB－IRB120机器人从搬运编码模块A上抓取三角块，将其放置到搬运编码模块B上，需要依次完成I/O配置、程序数据创建、目标点示教、程序编写及调试，最终完成整个搬运工作任务。

任务实施

一、知识储备

1. 常用的运动指令

（1）MoveJ：关节运动指令　关节运动指令用于在对路径精度要求不高的情况下，定义搬运机器人的TCP点从一个位置移动到另一个位置的运动。两个位置之间的路径不一定是直线，如图5-1所示。

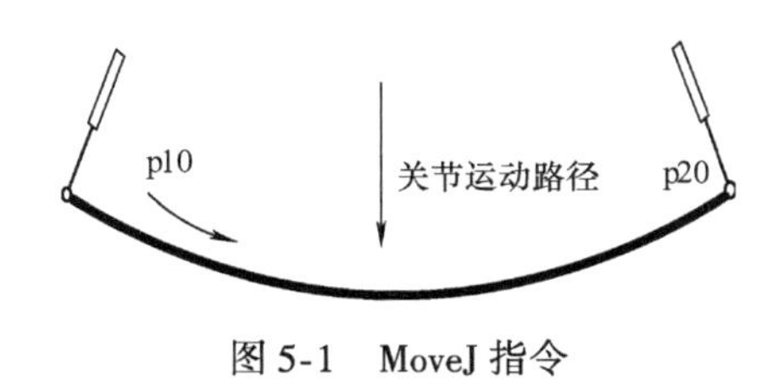

图5-1　MoveJ指令

MoveJ 指令格式如下，指令解析见表 5-1。

```
MoveJ p20,v1000,z50,tool1 \Wobj:=wobj1;
```

表 5-1　MoveJ 指令解析

参　数	含　义
p20	目标点位置数据
v1000	运动速度 1000mm/s
z50	转弯区数据，定义转弯区的大小，单位为 mm
tool1	工具坐标数据，定义当前指令使用的工具坐标
wobj1	工件坐标数据，定义当前指令使用的工件坐标

（2）MoveL：线性运动指令　线性运动是指机器人的 TCP 从起点到终点之间的路径保持为直线。一般在涂胶、焊接等路径要求较高的场合，常使用线性运动指令 MoveL，如图 5-2 所示。

图 5-2　MoveL 指令

MoveL 指令格式如下，指令解析见表 5-2。

```
MoveL p20,v1000,z50,tool1 \Wobj:=wobj1;
```

表 5-2　MoveL 指令解析

参　数	含　义
p20	目标点位置数据
v1000	运动速度 1000mm/s
z50	转弯区数据，定义转弯区的大小，单位为 mm
tool1	工具坐标数据，定义当前指令使用的工具坐标
wobj1	工件坐标数据，定义当前指令使用的工件坐标

（3）MoveC：圆弧运动指令　圆弧运动指令在机器人可到达的空间范围内定义三个位置点，第一个点是圆弧的起点，第二个点用于定义圆弧的曲率，第三个点是圆弧的终点，如图 5-3 所示。

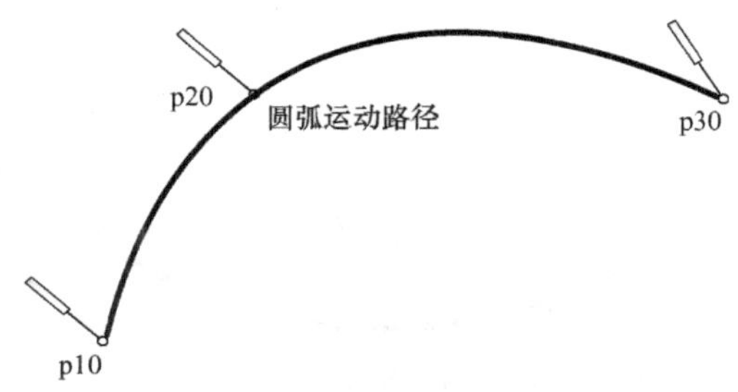

图 5-3　MoveC 指令

MoveC 指令格式如下，指令解析见表 5-3。

```
MoveL p10,v1000,z50,tool1 \Wobj: =wobj1;
MoveC p20,p30,v1000,z2,tool1 \Wobj: =wobj1;
```

表 5-3　MoveC 指令解析

参　数	含　义
p10	圆弧的第一个点
p20	圆弧的第二个点
p30	圆弧的第三个点
z2	转弯区数据

2. 常用逻辑控制指令

WHILE：如果条件满足，重复执行对应程序。

```
WHILE reg1 <reg2 DO
      reg1: =reg1 +1
   ENDWHILE
! 如果条件 reg1 <reg2 一直成立,则重复执行 reg1 加 1,直至 reg1 <reg2 条件不成立为止。
```

3. Offs 偏移功能

以选定的目标点为基准，沿着选定工件坐标系 X、Y、Z 轴方向偏移一定的距离。

```
MoveL Offs(p10,0,0,10),v1000,z50,tool0/WObj: =wobjl;
! 将机器人的 TCP 点移动至以 p10 为基准点、沿着 wobj1 的 Z 轴正方向偏移 10mm 的位置。
```

4. 常用 I/O 控制指令

1）Set：将数字输出信号置为 1。

如：Set　Do1；将数字输出信号 Do1 置为 1。

2）Reset：将数字输出信号置为 0。

如：Reset　Do1；将数字输出信号 Do1 置为 0。

5. 调用例行程序指令

ProcCall：调用例行程序。

如：ProcCall rInitAll，调用初始化例行程序。

6. 标准 I/O 板配置

本任务中使用真空吸盘来抓取工件，真空吸盘的打开与关闭需通过 I/O 信号控制。ABB 工业机器人控制系统提供了完备的 I/O 通信接口，可以方便地与周边设备进行通信。标准 I/O 板都是下挂在 DeviceNet 总线上的设备，常用型号有 DSQC651（8 个数字输入，8 个数字输出，2 个模拟输出）和 DSQC652（16 个数字输入，16 个数字输出）。在系统中配置标准 I/O 板，至少需要设置以下四项参数，见表 5-4。

表 5-4　Unit 参数设定

参数名称	参数说明
Name	I/O 单元名称
Type of Unit	I/O 单元类型
Connected to Bus	I/O 单元所在总线
DeviceNet	I/O 单元所占用总线地址

7. 数字 I/O 信号配置

在 I/O 单元上创建一个数字 I/O 信号，至少需要设置以下四项参数，见表 5-5。

表 5-5　I/O 信号参数设定

参数名称	参数说明
Name	I/O 信号名称
Type of Signal	I/O 信号类型
Assigned to Unit	I/O 信号所在 I/O 单元
Unit Mapping	I/O 信号所占用单元地址

8. 系统 I/O 配置

系统输入：将数字输入信号与机器人系统的控制信号关联起来，通过输入信号对系统进行控制。例如电动机上电、程序启动等。

系统输出：机器人系统的状态信号也可以与数字输出信号关联起来，将系统的状态输出给外围设备作为控制之用。例如系统运行模式、程序执行错误等。

二、运动规划

机器人搬运的动作可分解为抓取工件、移动工件、放置工件等一系列子任务，还可以进一步分解为把吸盘移到工件上方、抓取工件等一系列动作。

搬运任务图如图 5-4 所示。

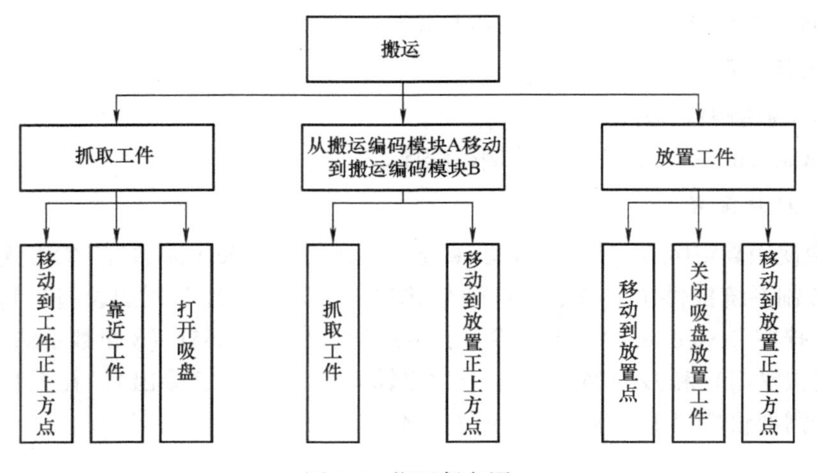

图 5-4　搬运任务图

三、搬运任务

采用在线示教的方式编写搬运的作业程序。本项目以搬运 1 个三角块为例，规划了 5 个程序点作为三角块搬运点，每个程序点的用途见表 5-6，搬运运动轨迹图如图 5-5 所示，最终搬运结果是将 9 个三角块从搬运编码模块 A 搬到搬运编码模块 B。

表 5-6　程序点用途

程序点	说　明	程序点	说　明
程序点 1	Home 点	程序点 4	放置位置正上方点
程序点 2	抓取位置正上方点	程序点 5	放置位置点
程序点 3	抓取位置点		

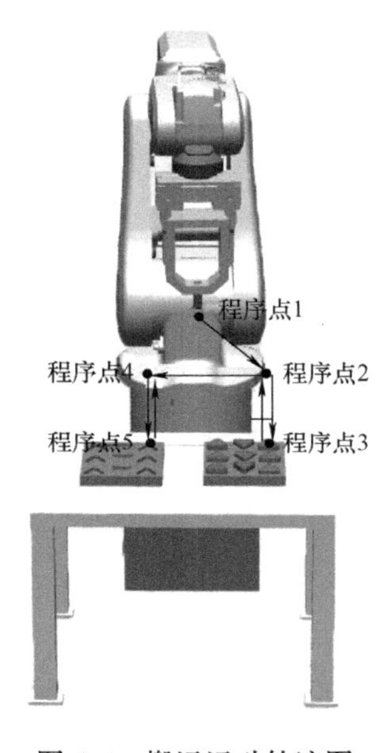

图 5-5　搬运运动轨迹图

四、示教前的准备

1. 配置 I/O 单元

根据表 5-7 中的参数配置 I/O 单元。

表 5-7　I/O 单元参数

名　称	单元类型	连接到总线	设备网络地址
Board10	D652	DeviceNet1	10

2. 配置 I/O 信号

根据表 5-8 中的参数配置 I/O 信号。

表 5-8　I/O 信号参数

名　　称	信号类型	被分配到的单元	单元映射	I/O 信号注释
do00_xipan	Digital Output	Board10	0	控制吸盘
di07_MotorOn	Digital Input	Board10	7	电动机上电（系统输入）
di08_Start	Digital Input	Board10	8	程序开始执行（系统输入）
di09_Stop	Digital Input	Board10	9	程序停止执行（系统输入）
di10_StartAtMain	Digital Input	Board10	10	从主程序开始执行（系统输入）
di11_EstopReset	Digital Input	Board10	11	急停复位（系统输入）
do05_AutoOn	Digital Output	Board10	5	电动机上电状态（系统输出）
do06_Estop	Digital Output	Board10	6	急停状态（系统输出）
do07_CycleOn	Digital Output	Board10	7	程序正在运行（系统输出）
do08_Error	Digital Output	Board10	8	程序报错（系统输出）

五、建立程序

1）建立图 5-6 所示的例行程序，其功能见表 5-9。

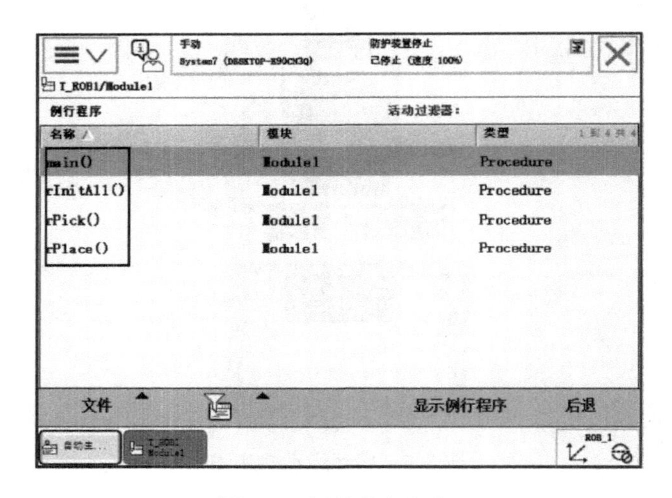

图 5-6　例行程序名称

表 5-9　例行程序功能

程　　序	说　　明
main	主程序
rInitAll	初始化例行程序
rPick	抓取例行程序
rPlace	放置例行程序

2）打开示教器，选择 rInitAll，单击显示例行程序，如图 5-7 所示。

3）在手动操纵菜单内，确认已选择要使用的工具坐标与工件坐标，如图 5-8 所示。

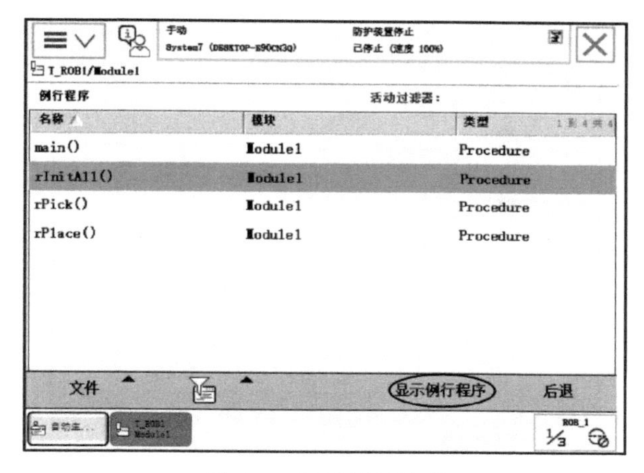

图 5-7　显示例行程序

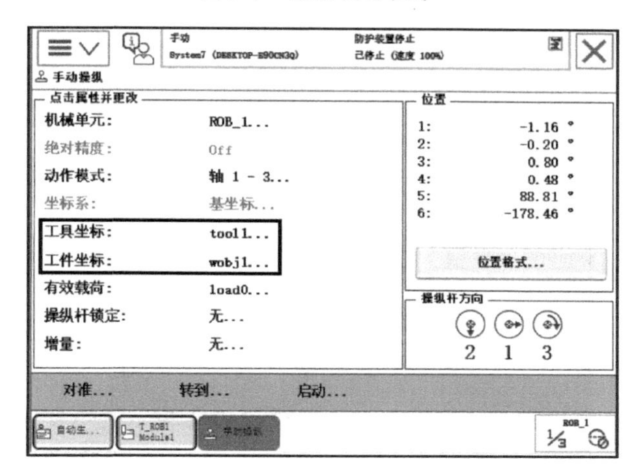

图 5-8　确认工具坐标与工件坐标

4）回到程序编辑器，选择 < SMT > 为插入指令的位置，单击“添加指令”，在指令列表中选择“MoveJ”，如图 5-9 所示。

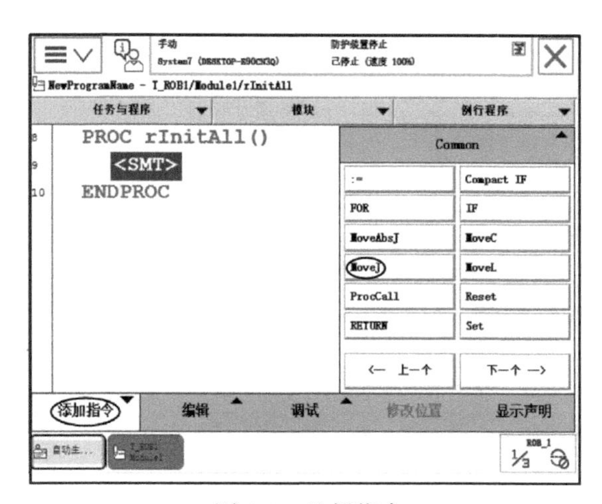

图 5-9　选择指令

5）在弹出的窗口中双击“＊”，进入指令参数修改界面，如图5-10所示。

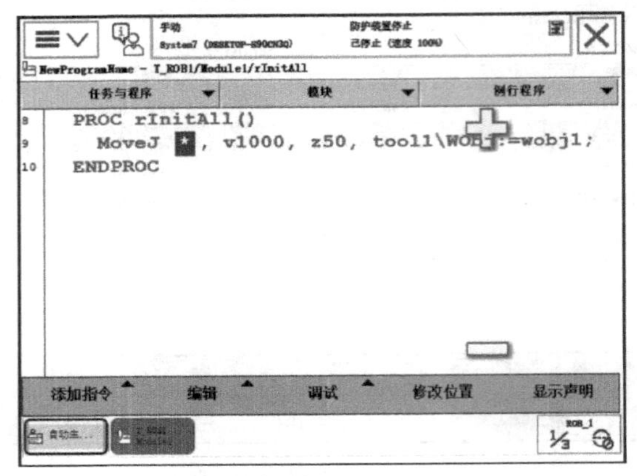

图5-10　修改指令参数界面

6）可通过新建或选择对应的参数进行修改，如图5-11所示。

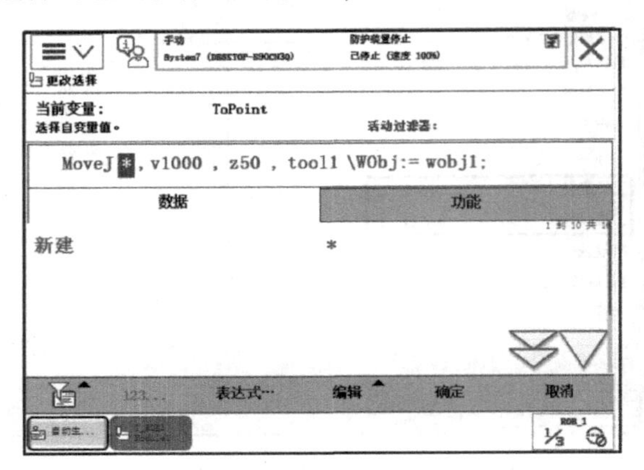

图5-11　修改指令参数

7）新建pHome点，并设定为图5-12线框中所示的参数。

8）选择合适的动作模式，使用操纵杆将机器人移动到图5-13所示的位置，此处作为机器人的Home点。

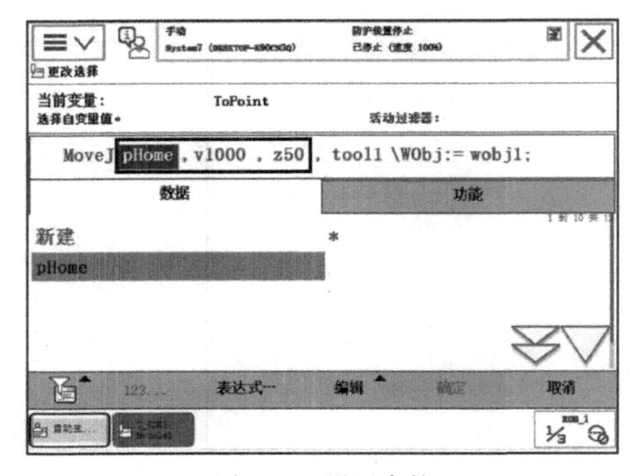

图5-12　设置参数

图5-13　机器人Home点

9）选择“pHome”目标点，单击“修改位置”，将机器人的当前位置数据记录下来，如图 5-14 所示。

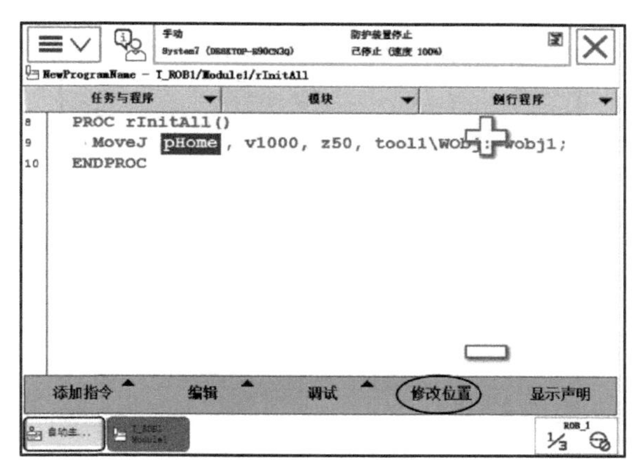

图 5-14　修改位置

10）在弹出的对话框中单击“修改”进行确认，如图 5-15 所示。

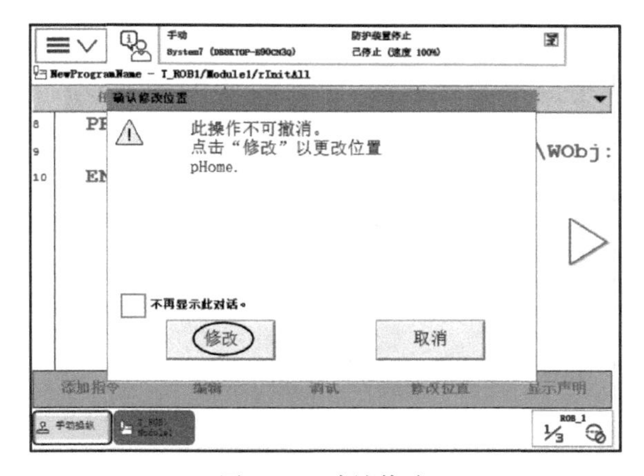

图 5-15　确认修改

11）单击“添加指令”，选择“Reset”指令，如图 5-16 所示。

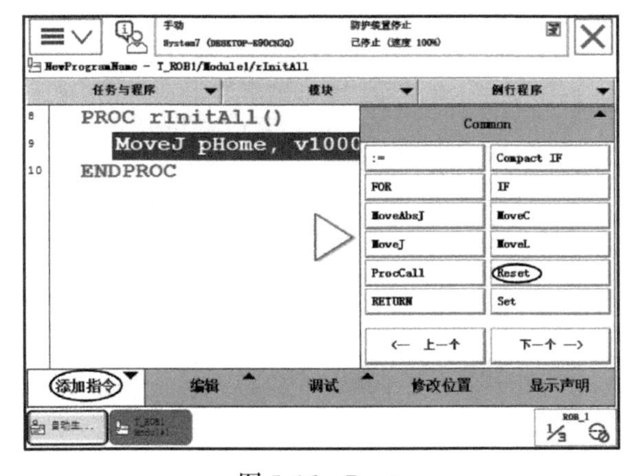

图 5-16　Reset

12）弹出图 5-17 所示的窗口，选择已建立好的输出信号“do00_xipan”，单击“确定”。其目的是信号初始化，复位吸盘信号，关闭真空。

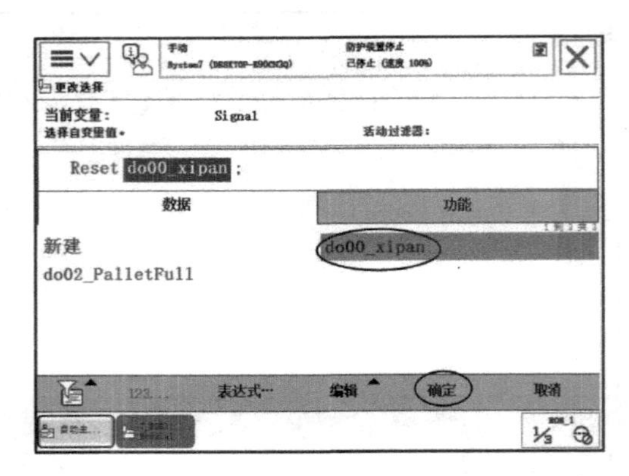

图 5-17　信号初始化

13）弹出图 5-18 所示的窗口，单击“下方”以插入指令。

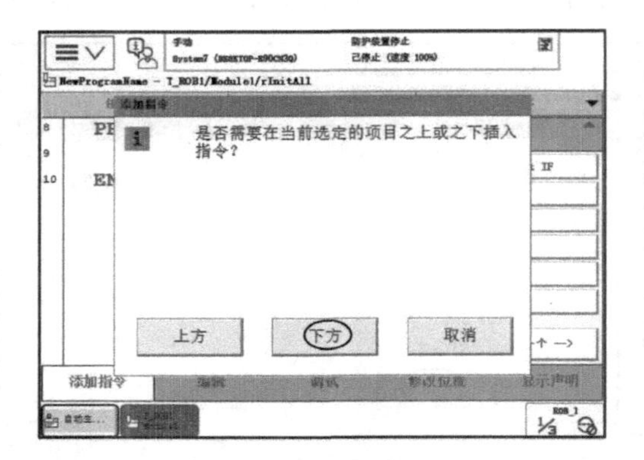

图 5-18　在下方插入指令

14）继续添加指令，建立的初始化例行程序如图 5-19 所示。在此例行程序中，加入在程序正式运行前需要做初始化的内容，如速度限定、吸盘复位等，具体可根据实际需要添加。在此例行程序 rInitAll 中增加了吸盘复位指令和两条速度控制指令。

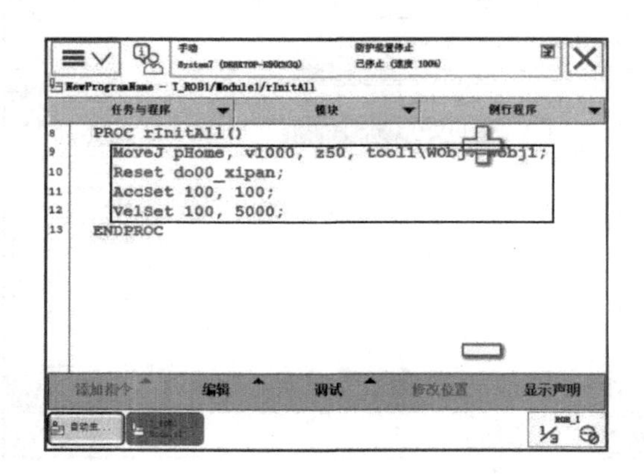

图 5-19　建立的初始化例行程序

15）单击“例行程序”，选择“rPick”，单击“显示例行程序”，如图5-20所示。

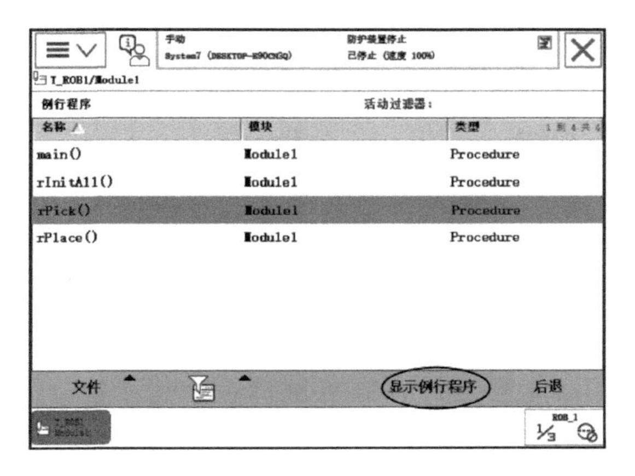

图5-20　显示例行程序

16）回到程序界面后，单击“添加指令”，选择“MoveJ”，双击“＊”，弹出图5-21所示的窗口，单击“功能”，选择“Offs”。

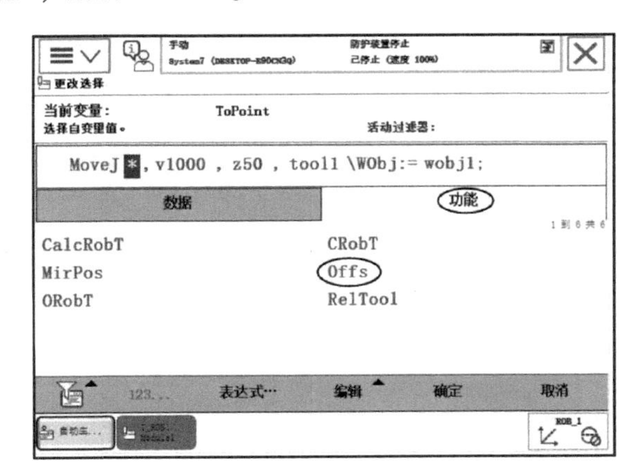

图5-21　添加指令

17）弹出图5-22所示的窗口，新建pPick，并选择“pPick”以添加指令。

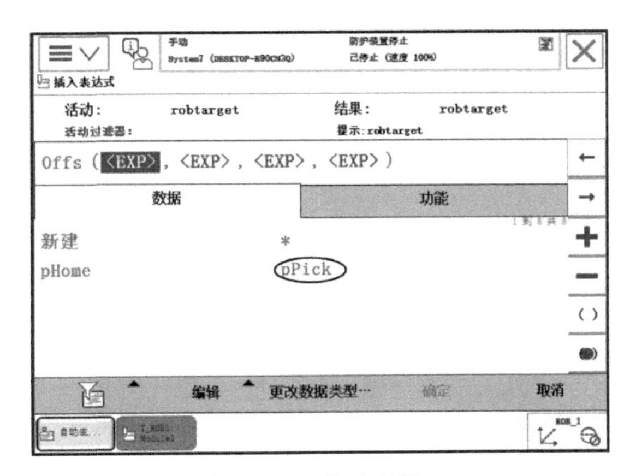

图5-22　修改参数

18）弹出图 5-23 所示的窗口，单击“编辑”，选择“仅限选定内容”。

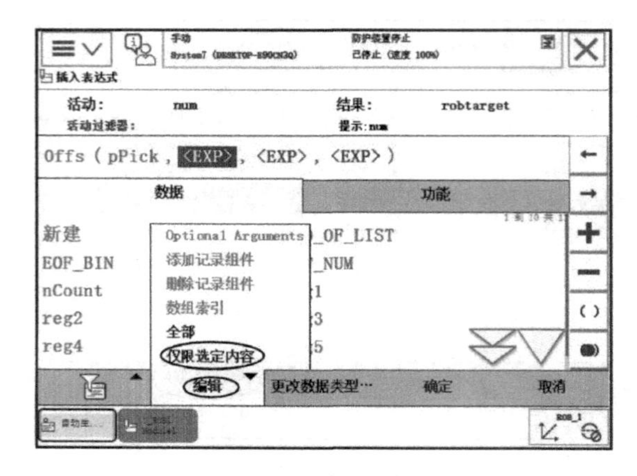

图 5-23　编辑参数

19）弹出图 5-24 所示的窗口，输入“0”，单击“确定”完成。

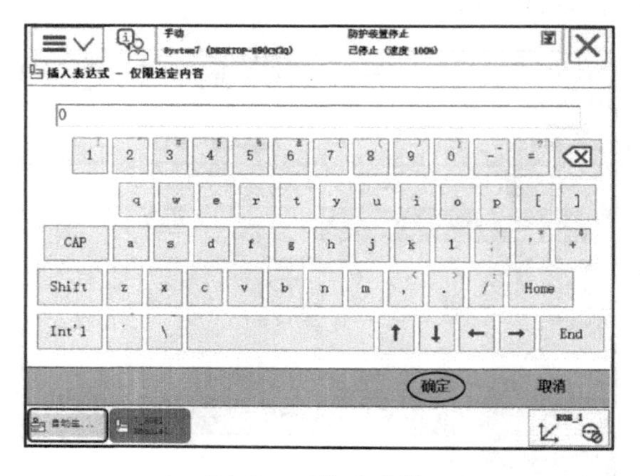

图 5-24　修改参数

20）利用同样的方法建立括号里面的剩余参数，如图 5-25 所示，完成修改后单击“确定”。

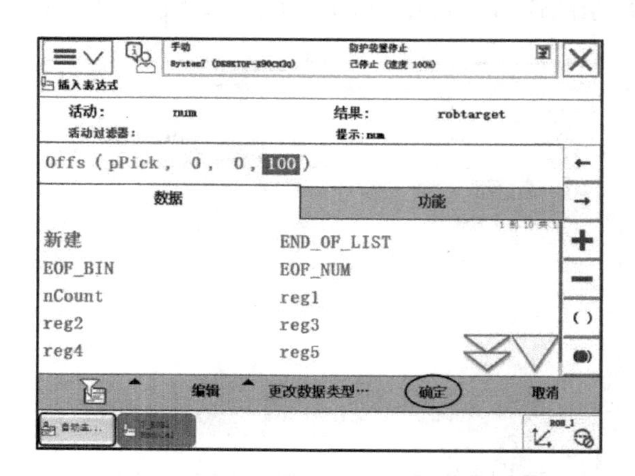

图 5-25　修改剩余参数

21）弹出图 5-26 所示的窗口，建立所有的参数，单击“确定”。利用 MoveJ 指令移至拾取位置 pPick 点正上方、Z 轴正方向 100mm 处。

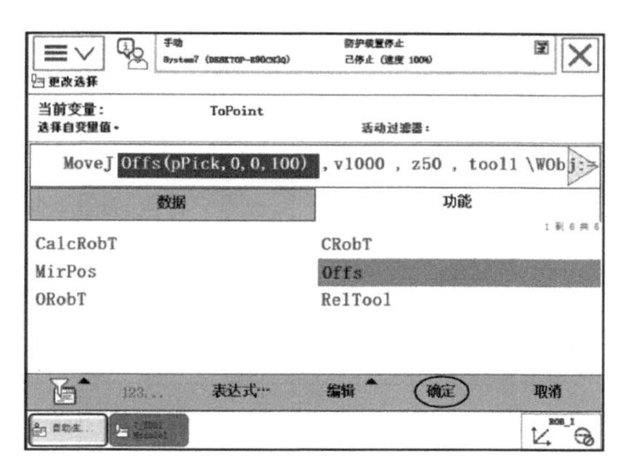

图 5-26　设定参数（一）

22）添加“MoveL”指令，并将参数设定为图 5-27 中所示，利用 MoveL 指令移至拾取位置 pPick 点处。

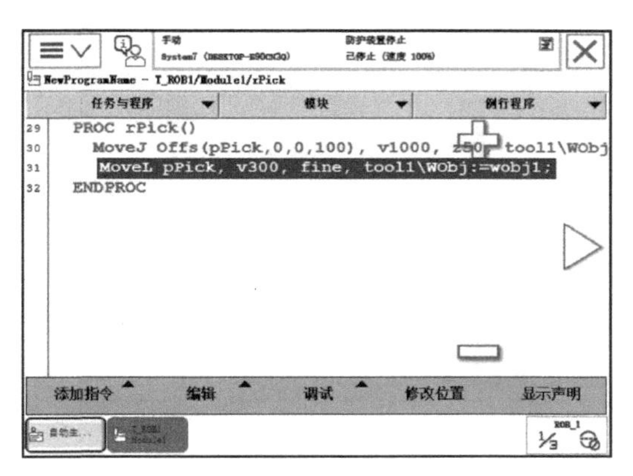

图 5-27　设定参数（二）

23）添加“Set”指令，并将参数设定为图 5-28 中所示，置位吸盘信号，抓取三角块。

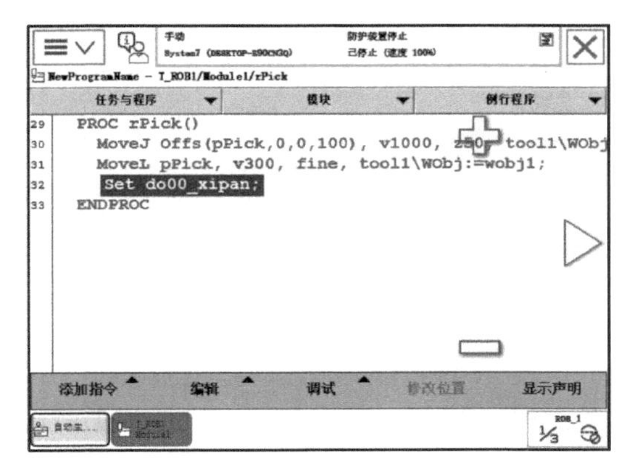

图 5-28　设定参数（三）

24）单击“添加指令”，选择“WaitTime”，如图5-29所示。

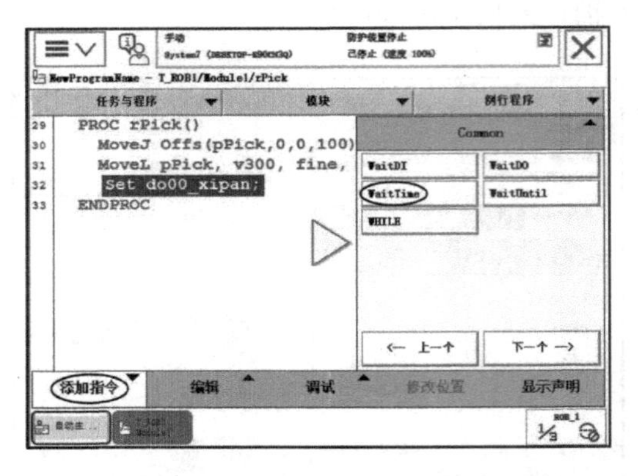

图5-29　设定参数（四）

25）弹出图5-30所示的窗口，单击“123”，在右面的数字窗口中输入“0.3”，单击“确定”。

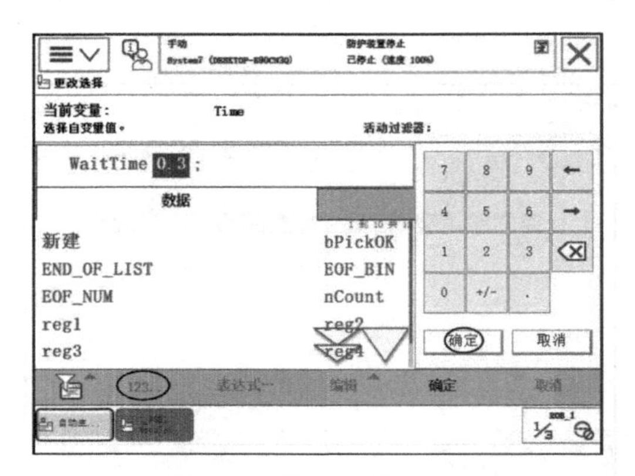

图5-30　设定参数（五）

26）弹出图5-31所示的窗口，单击“确定”，完成指令的添加。要防止在不满足机器人动作的情况下程序扫描过快，造成CPU过负荷。

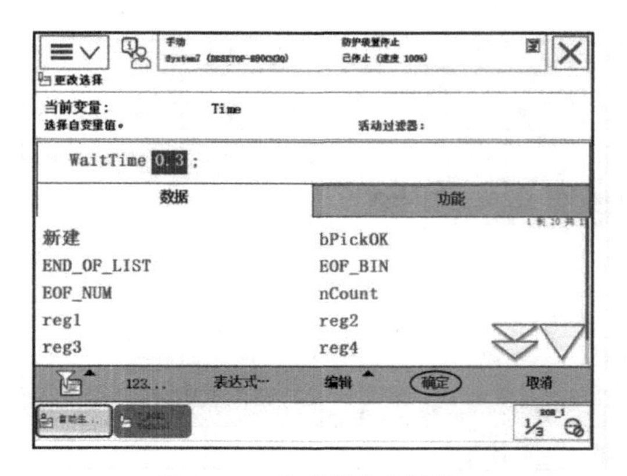

图5-31　完成指令的添加

27）继续添加指令，建立的抓取例行程序如图5-32所示，表5-10为抓取例行程序部分程序的注释。

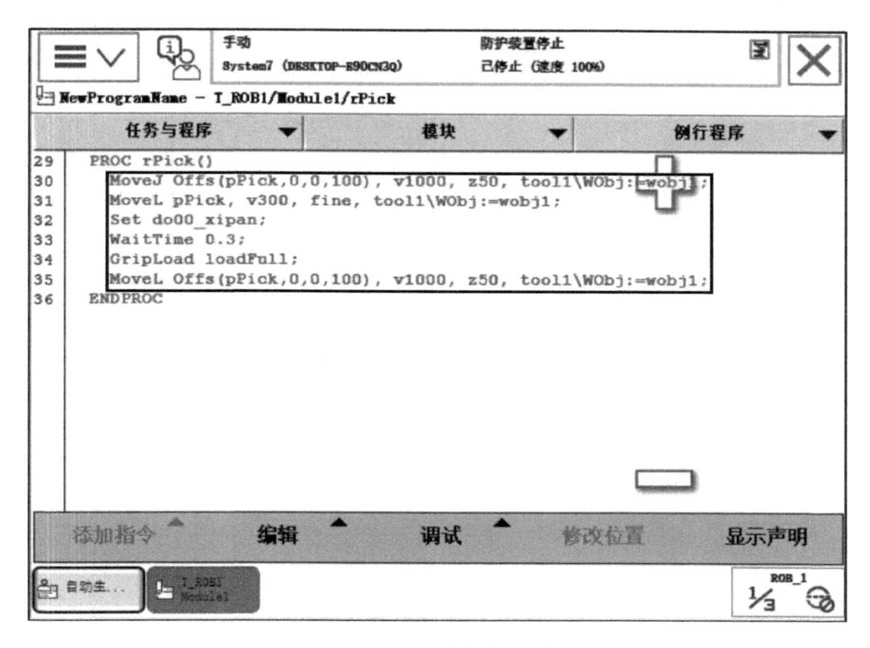

图5-32　抓取例行程序

表5-10　抓取例行程序部分程序的注释

程　序	注　释
GripLoad loadFull	加载载荷数据loadFull
MoveL Offs(pPick,0,0,100), v1000, z50, tool1\WObj: = wobj1	利用MoveL指令移至抓取位置pPick点正上方100mm处

28）单击例行程序，选择“rPlace”，单击“显示例行程序”，如图5-33所示。

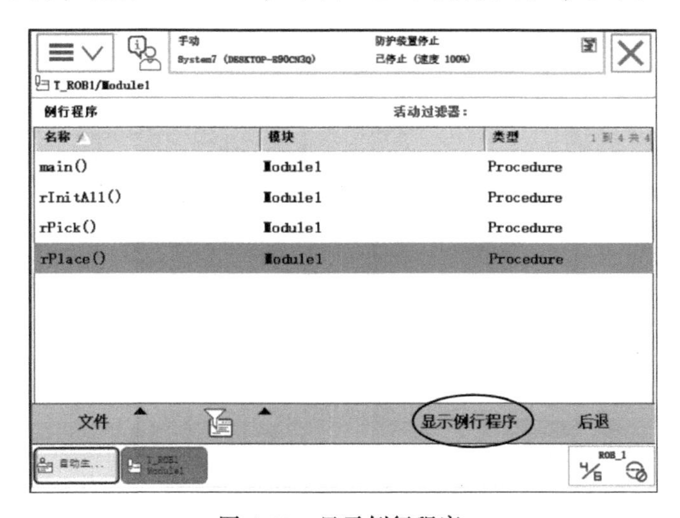

图5-33　显示例行程序

29）添加指令，建立放置例行程序，如图5-34所示，表5-11为此例行程序的注释。

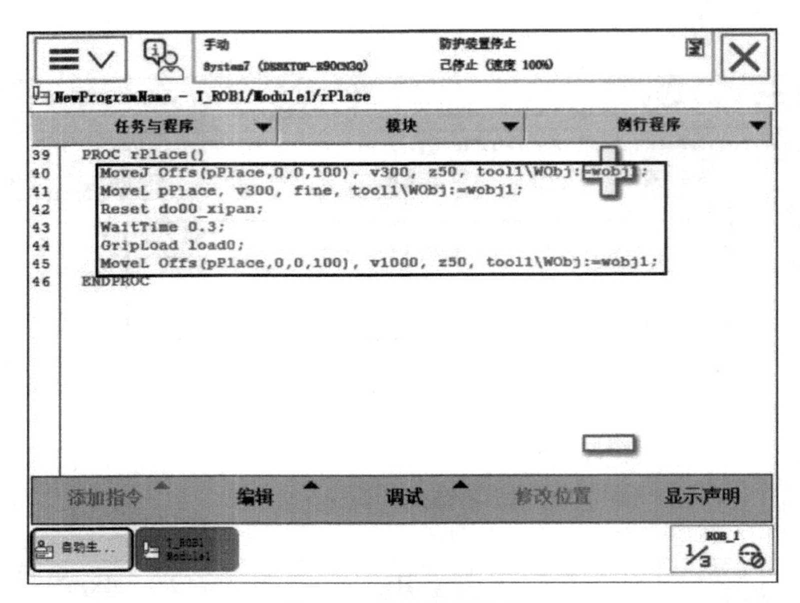

图5-34　放置例行程序

表5-11　放置例行程序注释

程　　序	注释
MoveJ Offs(pPlace,0,0,100), v300, z50, tool1\WObj: = wobj1	利用MoveJ指令移至抓取位置pPlace点正上方100mm处
MoveLpPlace, v300, fine, tool1\WObj: = wobj1	利用MoveL指令移至抓取位置pPlace点处
Reset do00_xipan	复位吸盘信号，放下三角块
WaitTime 0. 3	等待0. 3s，以保证吸盘已将产品完全放下
GripLoad load0	加载载荷数据Load0
MoveLOffs(pPlace,0,0,100),v1000, z50, tool1\WObj: = wobj1	利用MoveL指令移至抓取位置pPlace点正上方100mm处

30）单击“例行程序”，进入图5-35所示的界面，选择“main”，单击“显示例行程序”，进入图5-36所示的界面。

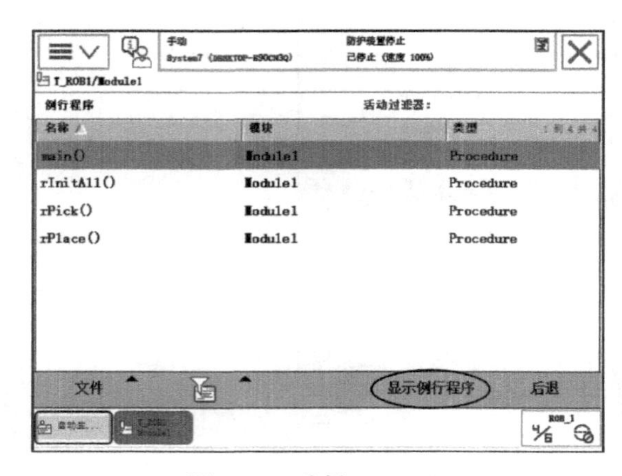

图5-35　选择“main”

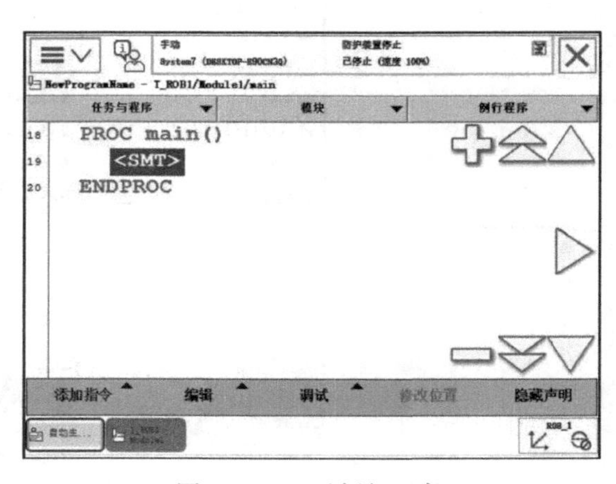

图5-36　显示例行程序

31）如图5-37所示，单击“添加指令”，选择“ProcCall”，进入图5-38所示的界面，选择要调用的例行程序“rInitAll”，单击“确定”，进入图5-39所示的界面，调用初始化例行程序。

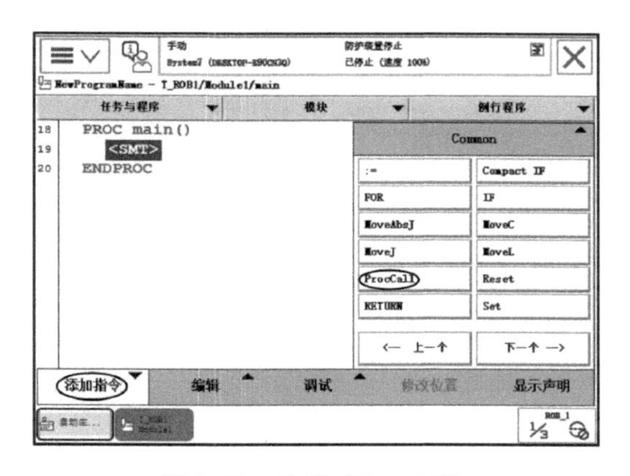

图5-37　选择“ProcCall”

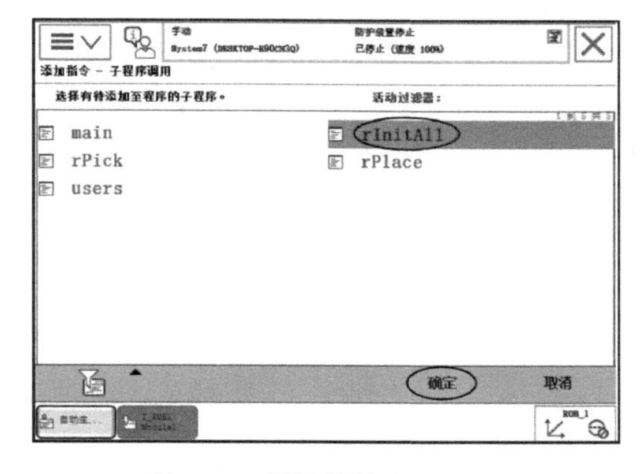

图5-38　例行程序“rInitAll”

32）单击“添加指令”，选择“WHILE”，利用WHILE循环将初始化程序隔开，即只在第一次运行时需要执行初始化程序，之后循环执行抓取放置动作，如图5-40所示。

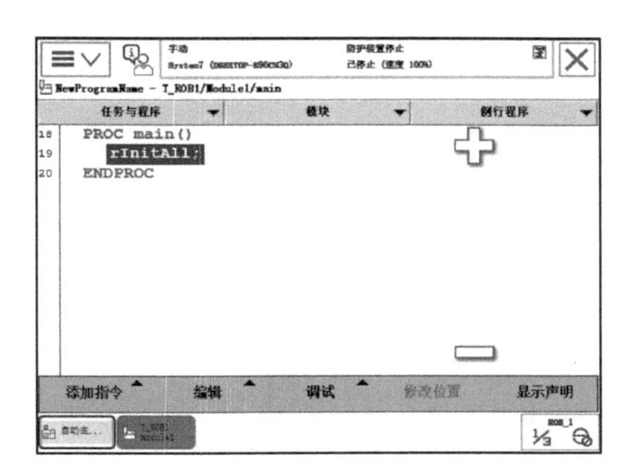

图5-39　调用初始化例行程序

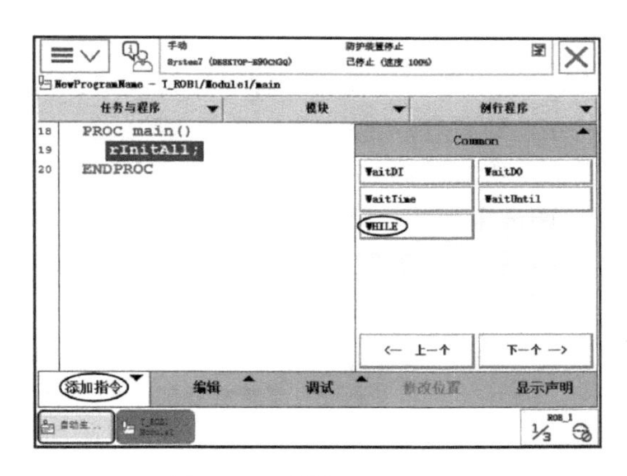

图5-40　选择“WHILE”

33）弹出图5-41所示的窗口，双击“<EXP>”。

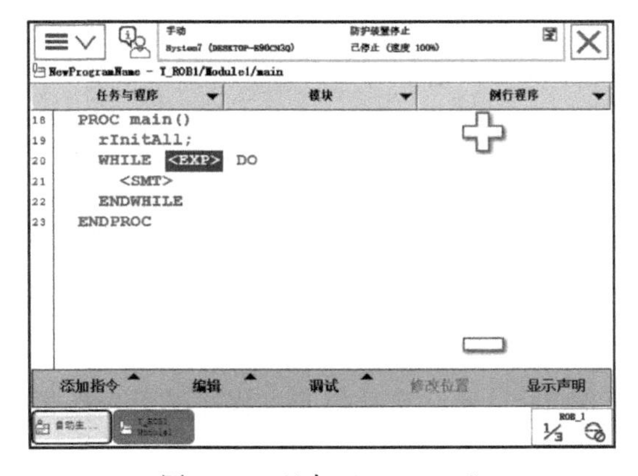

图5-41　双击“<EXP>”

34）弹出图 5-42 所示的窗口，选择“TRUE”，单击“确定”。

35）继续添加指令，建立剩余的主程序，如图 5-43 所示。

36）打开调试菜单，单击“检查程序”，对程序进行检查。

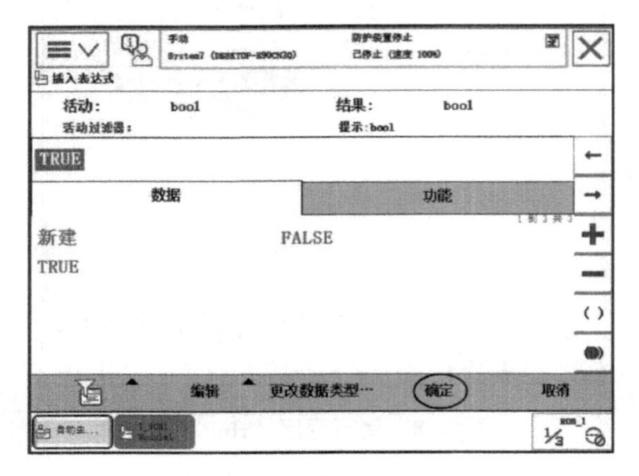

图 5-42　选择“TRUE”

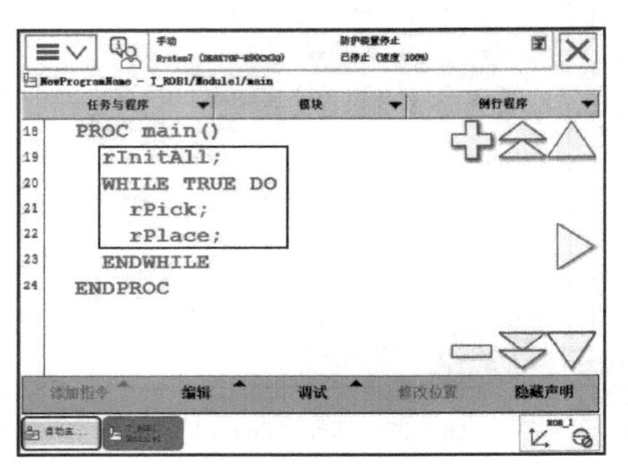

图 5-43　主程序

六、程序调试

完成程序的编辑后对程序进行调试，调试的目的如下：

1）检查程序的位置点是否正确。

2）检查程序的逻辑控制是否有不完善的地方。

调试主程序，步骤如下：

1）打开示教器 ABB 菜单下的调试菜单，单击“PP 移至 Main”，如图 5-44 所示。

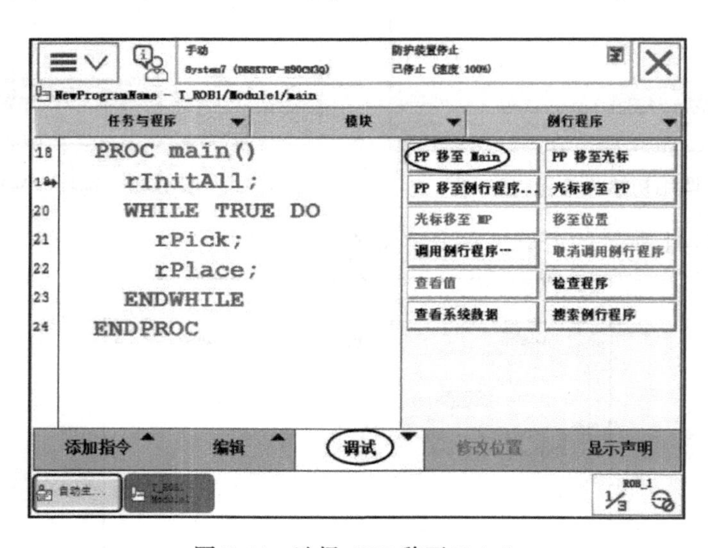

图 5-44　选择“PP 移至 Main”

2）程序运行指针（简称 PP）便会自动指向主程序的第一条指令。

3）按下使能键，进入电动机开启状态，如图 5-45 所示。

4）再按一下程序启动键，并小心观察机器人的移动，在按下程序停止键后才可松开使能键。

注意：本书中调试例行程序以调试主程序为例，其他例行程序的调试步骤与上述调试步骤相同。

5）最终搬运结果如图 5-46 所示。

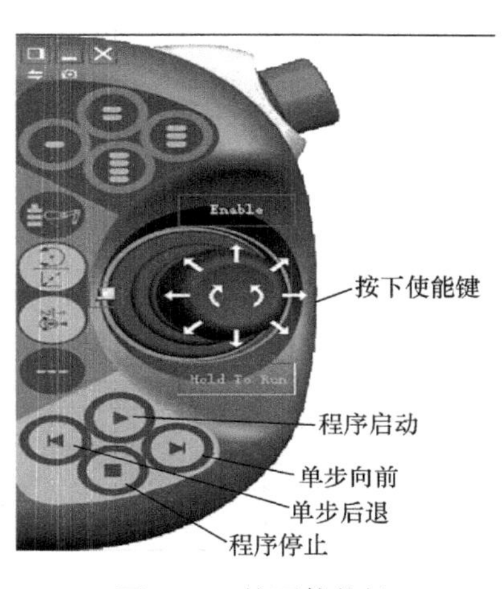

图 5-45 按下使能键

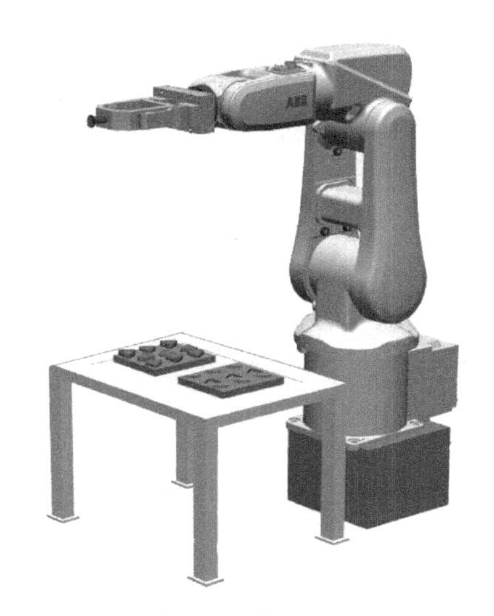

图 5-46 搬运结果

任务二 搬运机器人夹具

任务目标

1）掌握搬运机器人不同手爪的夹持形式。

2）掌握搬运机器人手爪的功能要求。

任务引入

搬运机器人夹具是实现类似人手功能的机器人部件，是重要的执行机构之一。因此，针对不同机器人夹具的研究对于搬运意义重大。本任务介绍了不同夹持形式的机器人手爪的结构及夹持原理，同时详细描述了对机器人手爪的功能要求。

任务实施

一、多种机器人手爪的夹持形式

机器人手爪是实现类似人手功能的机器人部件，是重要的执行机构之一。机器人手爪的夹持形式有以下几种：

1）图 5-47 所示为平行连杆两爪，由平行连杆机构组成。

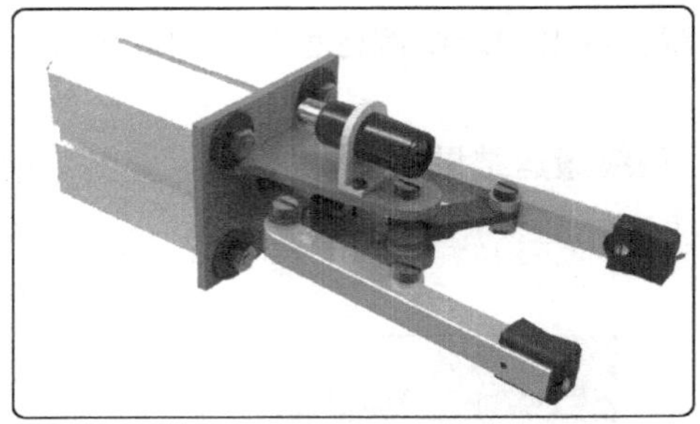

图 5-47　平行连杆两爪

2）图 5-48 所示为三爪手爪，且为外抓方式。

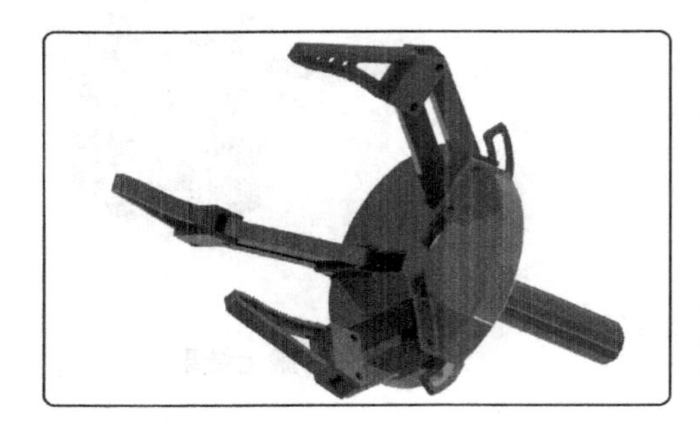
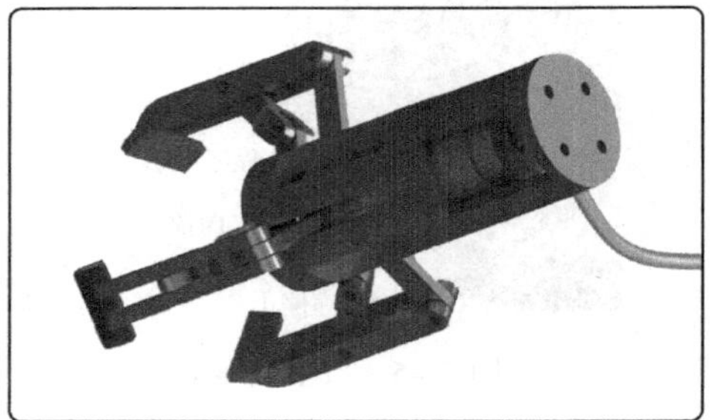

图 5-48　三爪外抓手爪

3）图 5-49 所示为三爪内撑手爪，通过内撑的方式来抓取物体。

4）图 5-50 所示为连杆四爪手爪。

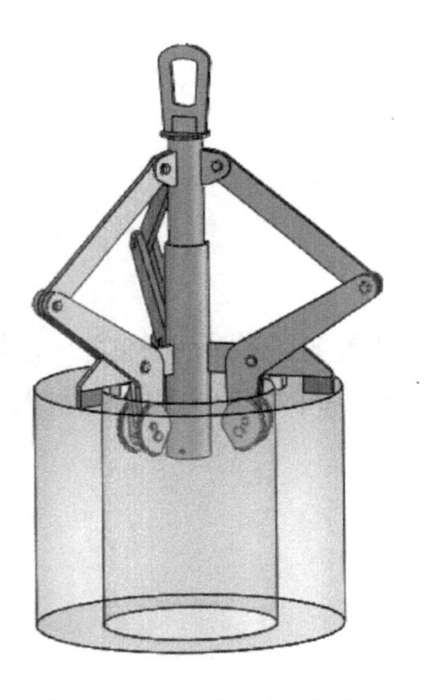

图 5-49　三爪内撑手爪

图 5-50　连杆四爪手爪

5）图 5-51 所示为柔性自适应手爪，可抓取空间几何形状复杂的物体。

6）图 5-52 所示为真空吸盘手爪，利用真空吸盘来抓取物体。

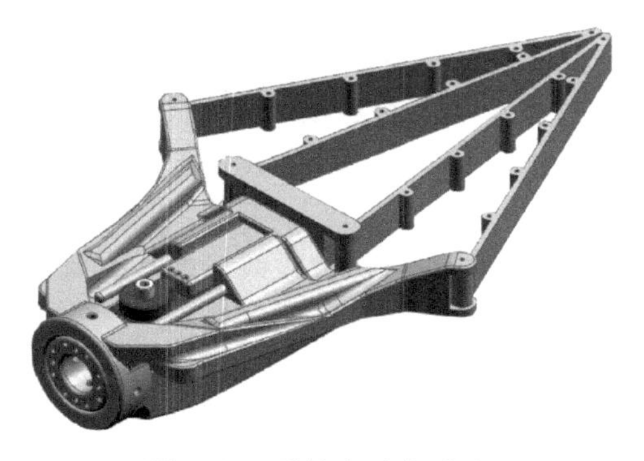

图 5-51　柔性自适应手爪

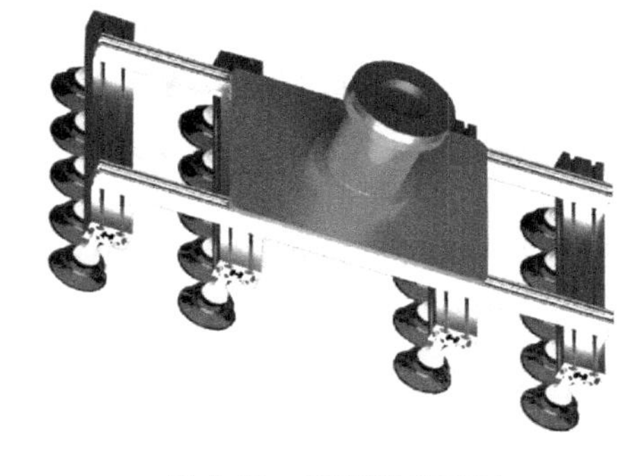

图 5-52　真空吸盘手爪

7）图 5-53 所示为仿生机械手爪，它利用仿生学的原理，具有多个自由度的多指灵巧手爪，其抓取的工件多为不规则形状、圆形等轻便物体。

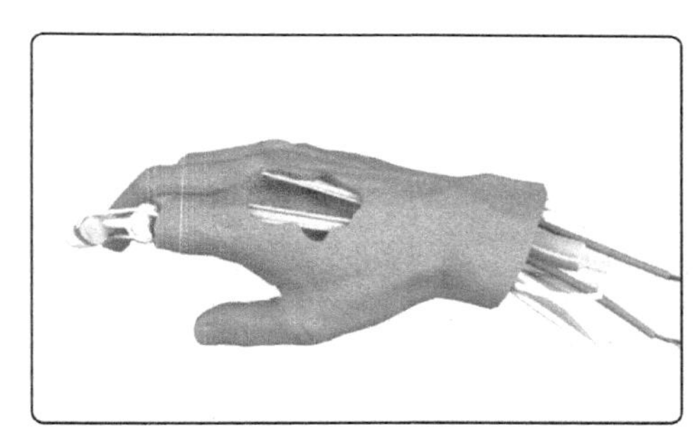

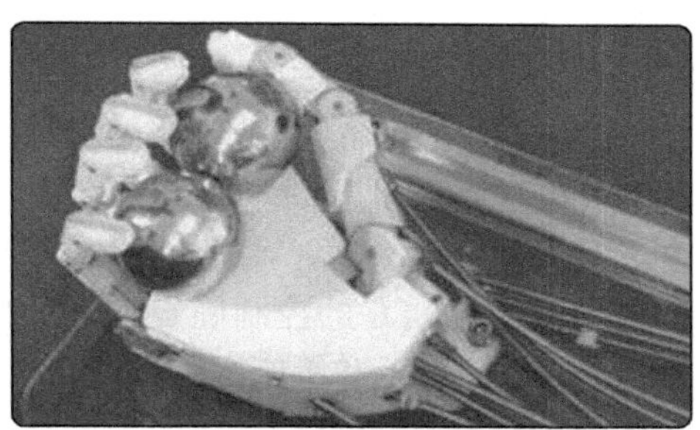

图 5-53　仿生机械手爪

二、对机器人手爪的功能要求

机器人手爪在接收到抓取工件的信号后，按指定的路径和抓取方式，在规定的时间内完成工件取放动作。为保证抓取工件的可靠性，机器人手爪应具备一定的抓取运动范围，工件在手爪中可靠定位，工件抓取后的检测报警及手爪断电保护等相关功能。

1. 抓取运动范围要求

抓取运动范围是手爪抓取工件时手指张开的最大值与收缩的最小值之间的差值。由于工件的大小、形状、抓取位置不同，为使手爪适合抓取不同规格的工件，手爪的运动范围应有所不同。工作时工件夹紧位置应处于最大值与最小值之间，工件夹紧后，手指的实际夹紧位置应大于手指收缩后的最小位置，使工件夹紧后夹紧气缸能有一定的预留夹紧行程，保证工件夹紧可靠。

2. 工件定位要求

为使手爪能正确抓取工件，保证工件在机器人运行过程中能与手爪可靠接触，工件在手爪中必须有正确、可靠的定位要求。需分析零件的具体结构，确定零件的定位位置及定位方式。工件的定位方式有以下几种：

1）工件以平面定位：工件在手爪中以外形或某个已加工面作为定位平面，定位后工件在手爪中具有确定的位置。为保证工件可靠定位，需限制工件的6个自由度，一般大平面限制3个自由度，侧面限制2个自由度，另一侧面限制1个自由度。定位元件一般采用支承钉或支承板，并在手爪中以较大距离布置，以减少定位误差，提高定位精度和可靠性。支承钉或支承板与手爪本体的连接多采用销孔H7/n6或H7/r6过盈配合连接或螺钉固定连接。

2）工件以孔定位：工件在手爪中以某孔轴线作为定位基准，定位元件一般采用芯轴或定位销。

芯轴定位限制4个自由度，根据不同要求，芯轴可采用间隙配合芯轴、锥度芯轴、弹性芯轴、液塑芯轴、自定心芯轴等。

定位销分短圆柱定位销、菱形销、圆锥销、长圆柱定位销，分别限制2个自由度、1个自由度、3个自由度和4个自由度。定位销与手爪本体的连接多采用销孔H7/n6或H7/r6过盈配合连接。

3）工件以外圆表面定位：工件在手爪中以某外圆表面作为定位面，与安装于手爪本体上的套筒、卡盘或V形块定位。采用V形块定位，对中性好，可用于非完整外圆表面的定位；长V形块限制4个自由度，短V形块限制2个自由度；套筒、卡盘分别限制2个自由度。

3. 工件位置检测要求

机器人手爪抓取工件后按照工艺流程和PLC程序将执行下一步动作，在执行此动作前，需告知工件在手爪中的位置是否正确，并将该结果以电信号的形式发送给机床和相关专用设备，以使机床和相关专用设备能提前做好接收工件的准备工作，如松开夹头、清洁定位面等。工件在手爪中的位置检测一般通过位置传感器确定，传感器可采用接近开关、光电开关等与PLC连接，通过PLC的控制确定工件的位置。如工件位置不符合要求，PLC将不执行下一步工作，以保证手爪和机床等工作设备的安全性和可靠性。

4. 工件清洁要求

工件在手爪中定位时，为保证工件位置正确和定位夹紧可靠，手爪中工件的定位面、夹爪的夹紧面、插销的定位孔、工件的外表面等必须予以清洁处理，去除定位面、夹紧面、定位孔、外表面的灰尘或垃圾，从而使工件在手爪中定位正确、夹紧可靠。

5. 安全要求

手爪在抓取工件后，通过手爪手指的夹紧力将工件与手爪可靠连接在一起，为保证工件与手爪在机器人在运行过程中安全可靠，要求机器人手爪在运行过程中如夹钳体突然断气或断电后，手爪手指仍能可靠地夹紧工件，保证工件抓取后运行的可靠性、安全性。这是手爪必须具备的安全功能，是机器人手爪的重要性能和参数。

课后练习

1. 简述搬运机器人的特点和应用场合。
2. 简述搬运机器人的技术要求。
3. 简述程序调试的目的。
4. 简述工件的定位方式。
5. 简述搬运机器人上下料的工作流程。

项目六　压铸机器人编程与操作

项目概述

随着生态和经济原因引发的铝及其他轻合金材料对钢铁材料的大规模替代，车辆中铝的质量分数正在以每年5.5%的速度递增。为了消化这些工作量，每年需新建约70座铸造厂，工业机器人的智能压铸提供更多可靠的自动化解决方案。

任务一　压铸工作过程分析与规划

任务目标

1）了解压铸机器人压铸取件工作站的布局。

2）学会压铸取件I/O配置。

3）学会压铸取件常用指令。

任务引入

以压铸机器人取件为例，将压铸完成的工件从压铸机取出进行工件完好性检查，然后放置在冷却台上进行冷却，冷却后放到输送带上或放到废件箱中。

任务实施

1. 压铸机器人Profibus－DP适配器I/O配置

为了满足压铸机大量的I/O信号通信，可以使用ABB标准的Profibus－DP适配器，下挂在Profibus现场总线下的标准I/O单元类型为DP－Slave。定义Profibus－DP的I/O单元至少需要设置以下四项参数，见表6-1。

表6-1　适配器I/O单元配置

参数名称	参数注释
Name	I/O单元名称
Type of Unit	I/O单元类型
Connected to Bus	I/O单元所在总线
PROFIBUS Address	I/O单元所占用总线地址

2. 常用I/O信号配置

在I/O单元中创建一个数字I/O信号，至少需要设置以下四项参数，见表6-2。

表 6-2 常用 I/O 配置

参数名称	参数注释
Name	I/O 信号名称
Type of Unit	I/O 信号类型
Assigned to Unit	I/O 信号所在 I/O 单元
Unit Mapping	I/O 信号所占用单元地址

3. 系统 I/O 配置

系统输入：将数字输入信号与机器人系统的控制信号关联起来，就可以通过输入信号对系统进行控制。

系统输出：机器人系统的状态信号也可以与数字输出信号关联起来，将系统的状态输出给外围设备做控制之用。

4. 区域检测（World Zones）的信号设定

World Zones 选项用于设定一个空间直接与 I/O 信号关联起来。此工作站中对压铸机开模后的空间进行设定，则机器人进入此空间时，I/O 信号马上变化并与压铸机互锁（由压铸机 PLC 编程实现），禁止压铸机合模，保证机器人安全。

使用 World Zones 选项时关联了一个数字输出信号，设定该信号时，在一般的设定基础上需要增加一项参数设定，见表 6-3。

表 6-3 World Zones 信号设定

参数名称	参数注释
Access Level	I/O 信号的存储级别

该参数共有以下三个选项：

1）All：最高存储级别，自动状态下可修改。

2）Default：只读，在某些特定的情况下使用。

3）ReadOnly：只读，在某些特定的情况下使用。

在 World Zones 功能选项中，当机器人进入区域时输出的这个 I/O 信号为自动设置，不允许人为干预，所以需要将此数字输出信号的存储级别设定为 ReadOnly。

5. 与 World Zones 有关的程序数据

在使用 World Zones 选项时，除了常用的程序数据外，还会用到其他的程序数据，见表 6-4。

表 6-4 与 World Zones 相关的程序数据

程序数据名称	程序数据注释
Pos	位置数据，不包括姿态
Shape Data	形状数据，用来表示区域的形状
Wzstationary	固定的区域参数
Wztemporary	临时的区域参数

6. 压铸取件常用程序指令

在压铸取件的工作站中，压铸机器人从事的作业属于搬运的一种，但在取件时有着和其他搬运不同的地方，所以相应地在压铸取件机器人的程序中，还会用到一些有针对性的指令。

1）SoftAct：软伺服激活指令。

SoftAct 指令用于激活任意一个机器人或附加轴的软伺服，让轴具有一定的柔性。SoftAct 指令只能应用在系统的主任务 T_ROB1 中。

SoftAct 指令说明见表 6-5。

表 6-5　SoftAct 指令说明

指令变量名称	说　明
MechUnit	机械单元名称
Axis	轴名称
Softness	软化值（0% ~100%）
Ramp	软化坡度，≥100%

2）SoftDeact：软伺服失效指令。

SoftDeact 指令用于使机械单元软伺服失效，一旦执行该指令，程序中所有机械单元的软伺服将失效。

SoftDeact 指令说明见表 6-6。

表 6-6　SoftDeact 指令说明

指令变量名称	说　明
Ramp	软化坡度，≥100%

3）WZBoxDef：矩形体区域检测设定指令。

WZBoxDef 是与 WorldZones 相关的应用指令，用于在大地坐标系下设定矩形体的区域检测，设定时需要定义该虚拟矩形体的两个对角点，如图 6-1 所示。

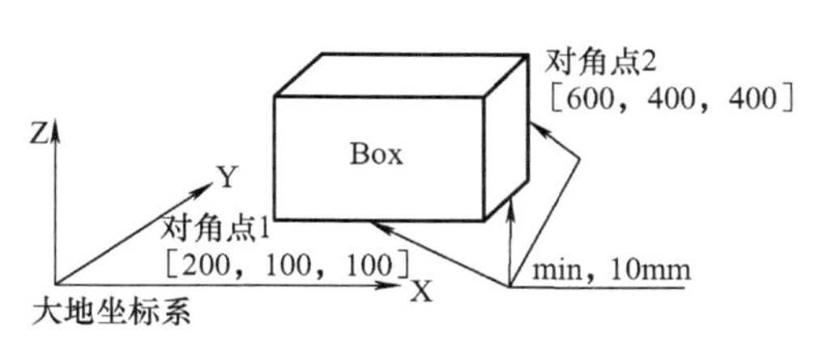

图 6-1　矩形体区域检测设定

指令示例：

```
VAR shapedata volume;
CONST pos corner1:=[200,100,100];
CONST pos corner2:=[200,100,100];
    …
WZBoxDef \Inside,volume,corner1,
Corner2;
```

WZBoxDef 指令说明见表 6-7。

表 6-7　WZBoxDef 指令说明

指令变量名称	说　明
inside	矩形体内部值有效
Outside	矩形体外部值有效，二者必选其一
Shape	形状参数
LowPoint	对角点之一
HightPoint	对角点之一

4）WZDOset：区域检测激活输出信号指令。

WZDOset 是与 WorldZones 相关的指令，用于在区域检测被激活时输出设定的数字输出信号。当该指令被执行一次后，机器人的工具中心点（TCP）接触到设定区域检测的边界时，设定好的输出信号将输出一个特定的值。

WZDOset 指令说明见表 6-8。

表 6-8　WZDOset 指令说明

指令变量名称	说　明
Temp	开关量，设定为临时的区域检测
Stat	开关量，设定为固定的区域检测，二者选其一
WorldZone	Wztemporary 或 Wzstationary
Inside	开关量，当 TCP 进入设定区域时输出信号
Before	开关量，当 TCP 或指定轴无限接近设定区域时输出信号，二者选其一
Shape	形状参数
Signal	输出信号名称
SetValue	输出信号设定值

7. Event Routine

当机器人进入某一事件时触发一个或多个设定的例行程序，这样的程序称为 Event Routine。

Event Routine 参数说明见表 6-9。

表 6-9　Event Routine 参数说明

参 数 名 称	参 数 说 明
Routine	需要关联的例行程序名称
Event	机器人系统运行的系统事件，如启动、停止等
Task	事件程序所在的任务
All Tasks	该事件程序是否在所有任务中执行，YES 或 NO
All Motion Tasks	该事件程序是否在所有单元的所有任务中执行，YES 或 NO
Sequence Number	程序执行的顺序号，有 0～10000 最先执行，默认值为 0

Event Routine 设定步骤：

先根据控制要求编写好例行程序“rPowerON”，如图 6-2 所示，再在控制面板中选择

“Controller” 主题，然后选择 “Event Routine”，添加一个 “Event Routine”，配置完成后如图 6-3 所示。

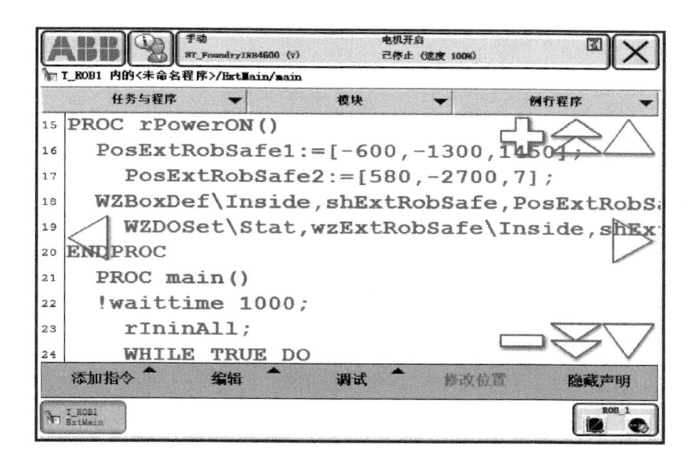

图 6-2　编写例行程序 “rPowerON”

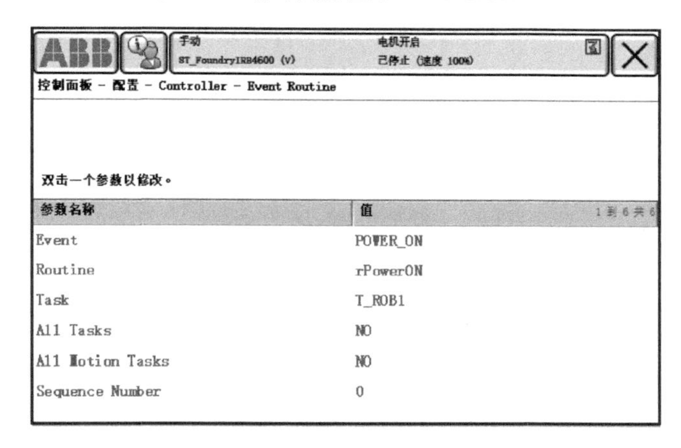

图 6-3　选择添加一个 “Event Routine”

任务二　压铸工作站的建立与编程

任务目标

1）学会 WorldZone 功能。
2）学会 SoftAct 功能。

任务引入

本任务以压铸机器人为例，进行工作站的建立、I/O 配置、创建相关数据等任务。

任务实施

一、工作站的建立

1. 工作站解包

解包步骤如下：

1）打开 RobotStudio 软件，单击“文件”→“共享”→“解包”，再单击“下一个”，如图 6-4 所示。

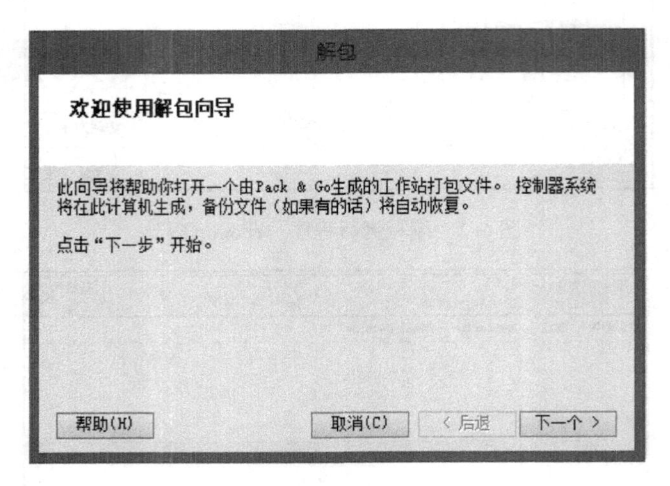

图 6-4　文件解包

2）选择打包文件 SituationalTeaching_Foundry. rspag，单击“下一个”，如图 6-5 所示。

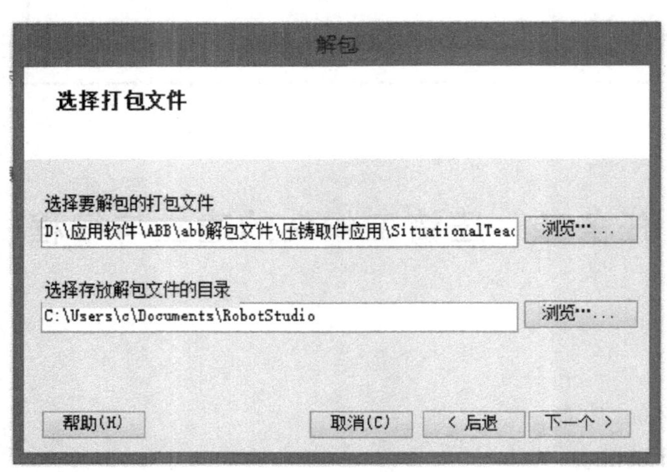

图 6-5　打包文件

3）单击“下一个”，如图 6-6 所示。

4）单击“完成”，如图 6-7 所示。

5）单击“关闭”，如图 6-8 所示。

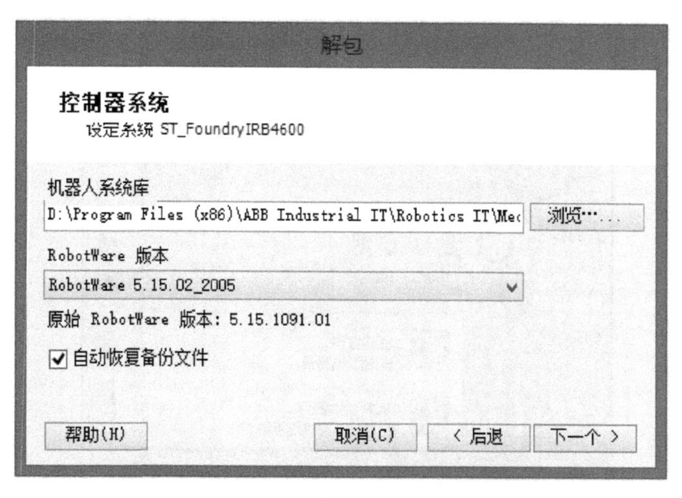

图 6-6　单击“下一个”

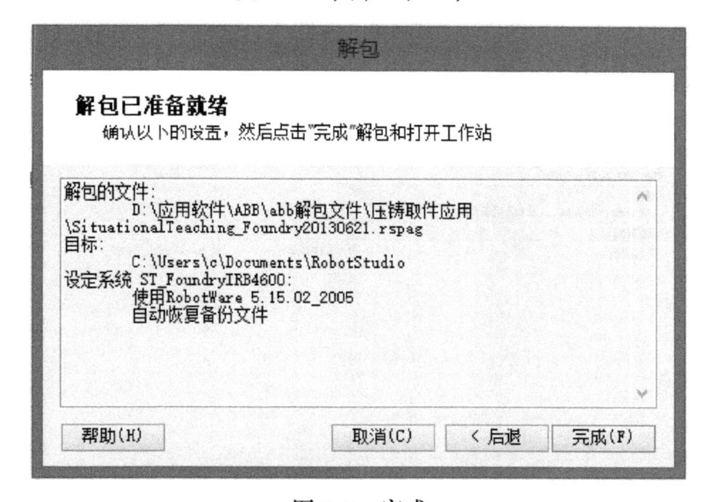

图 6-7　完成

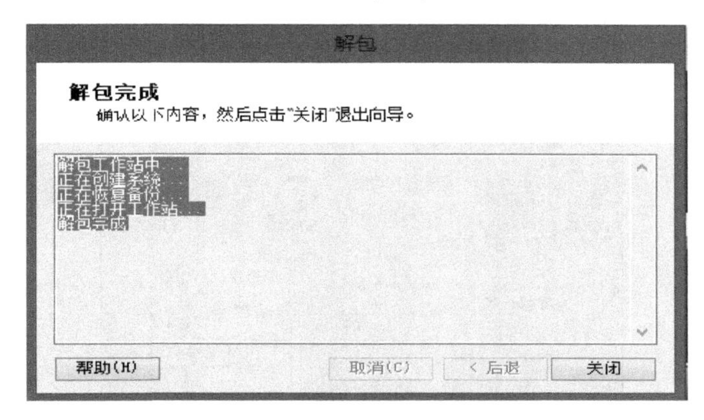

图 6-8　关闭

2. 创建备份并执行“I 启动”

现有工作站中已包含创建好的参数以及 RAPID 程序。从零开始练习建立工作站的配置

工作，需要先将此系统做一备份，之后执行“I启动”，将机器人系统恢复到出厂初始状态，具体步骤如下：

1）在“控制器”菜单中单击“创建备份”，如图6-9所示。

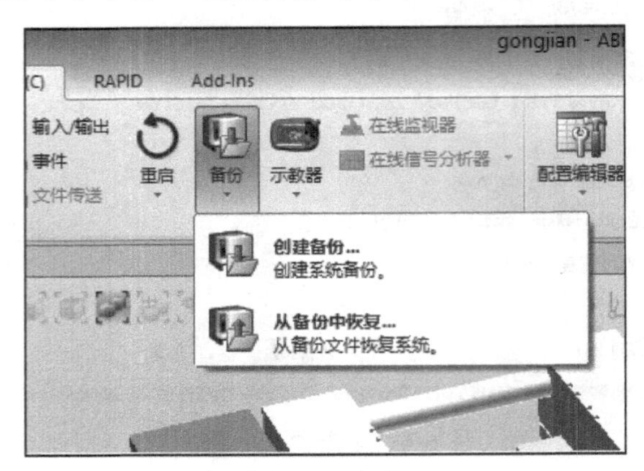

图6-9 备份

2）为备份命名，选定保存位置，再单击“确定”，如图6-10所示。

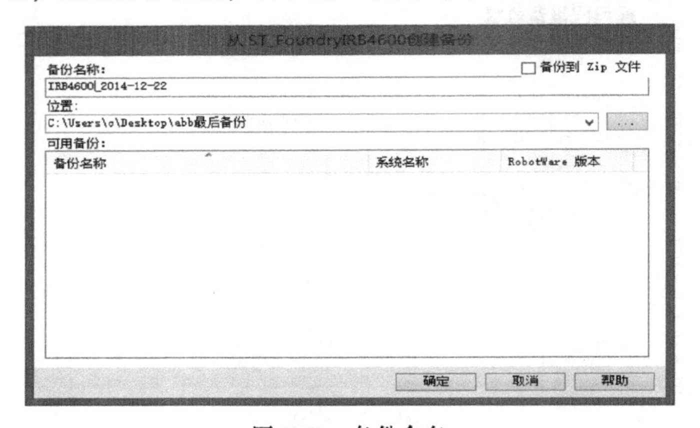

图6-10 备份命名

3）执行热启动后，完成工作站的初始化操作。在“控制器”菜单中单击“I-启动”，如图6-11所示。

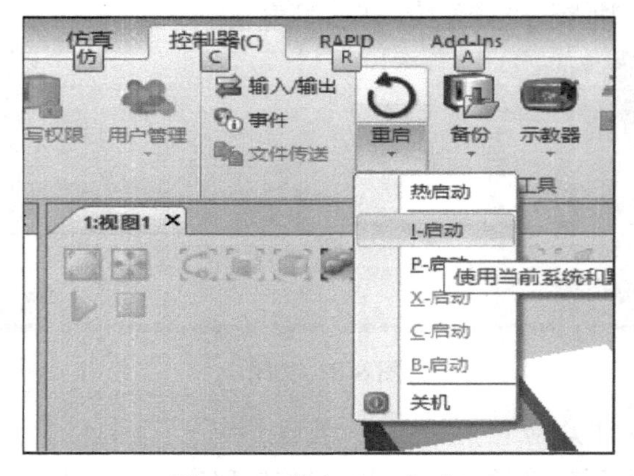

图6-11 单击“I-启动”

二、I/O 配置

1. 配置 I/O 单元

在虚拟示教器中，根据以下参数配置 I/O 单元，见表 6-10。

表 6-10　配置 I/O 单元

名　称	单元类型	连接到总线	设备网络地址
pBoard11	DP - SLAVE - FA1	Profibus - FA1	11

2. 配置 I/O 信号

在虚拟示教器中，根据以下参数配置 I/O 信号，见表 6-11。

表 6-11　配置 I/O 信号

名　称	信号类型	被分配到	单　元	I/O 信号注解
do01RobInHome	Digital Output	pBoard11	0	机器人在 Home 点
do02GripperON	Digital Output	pBoard11	1	夹爪打开
do03GripperOFF	Digital Output	pBoard11	2	夹爪关闭
do04StartDCM	Digital Output	pBoard11	3	允许合模信号
do05RobinDCM	Digital Output	pBoard11	4	机器人在压铸机工作区
do06AtPartChec	Digital Output	pBoard11	5	机器人在检测位置
do07EjectFWD	Digital Output	pBoard11	6	模具顶针顶出
do08EjectBWD	Digital Output	pBoard11	7	模具顶针收回
do09E - Stop	Digital Output	pBoard11	8	机器人急停输出信号
do10CycleOn	Digital Output	pBoard11	9	机器人运行状态信号
do11RobManual	Digital Output	pBoard11	10	机器人处于手动模式信号
Do12Error	Digital Output	pBoard11	11	机器人错误信号
di01DCMAuto	Digital Input	pBoard11	0	压铸机自动状态
di02DoorOpen	Digital Input	pBoard11	1	安全门打开状态
di03DieOpen	Digital Input	pBoard11	2	模具处于开模状态
di04PartOK	Digital Input	pBoard11	3	产品检查 OK 信号
di05CnvEmpty	Digital Input	pBoard11	4	毛坯料输送机产品检测信号
di06LsEjectFW	Digital Input	pBoard11	5	顶针顶出到位信号
di07LsEjectBW	Digital Input	pBoard11	6	顶针收回到位信号
di08ResetE - Stop	Digital Input	pBoard11	7	紧急停止复位信号
di09ResetError	Digital Input	pBoard11	8	错误报警复位信号
di10StartAt - Mai	Digital Input	pBoard1	9	从主程序开始信号
di11MotorOn	Digital Input	pBoard1	10	电动机上电输入信号
di12Start	Digital Input	pBoard1	11	启动信号
di13Stop	Digital Input	pBoard1	12	停止信号

注意：为了提高 do05RobinDCM 信号的可靠性，将其设定为常闭信号。当机器人在压铸机外的安全空间时，输出为“1”；当机器人在压铸机开模空间内时，输出为“0”。如果发

生 I/O 通信中断，则输出为“0”，从而提到信号的可靠程度。在设定 I/O 信号时，要将对应的参数设定为以下值，见表 6-12。

表 6-12　do05RobinDCM 信号设定

名　称	地址级别	默认值
do05RobinDCM	ReadOnly	1

3. 配置系统输入/输出

在虚拟示教器中，根据以下参数配置系统输入/输出信号。

系统输入见表 6-13。

表 6-13　系统输入

信　号	动　作	内容提要	系统输入注解
di08ResetE - Stop	ResetEmergency Stop	无	急停复位
di09ResetError	ResetExecution Error	无	报警状态恢复
di10StartAt - Main	Start at Main	Continuous	从主程序启动
di11MotorOn	Motors On	无	电动机上电
di12Start	Start	Continuous	程序启动
di13Stop	Stop	无	程序停止

系统输出见表 6-14。

表 6-14　系统输出

信号名称	状　态	系统输出注解
do09E - Stop	Emergency Stop	急停状态输出
do10CycleOn	Cycle On	自动循环状态输出
do12Error	Execution	报警状态输出

三、创建工具、工件及载荷数据

1. 创建工具数据

在虚拟示教器中，根据以下参数设定工具数据 tGripper，如图 6-12 所示。

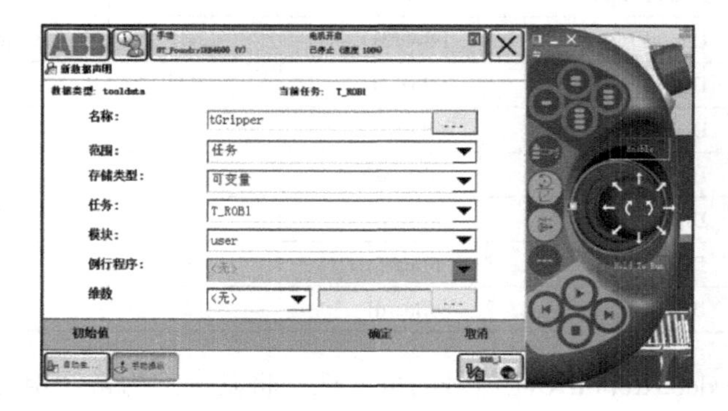

图 6-12　设定工具数据 tGripper

工具数据 tGripper 各项参数见表 6-15。

表 6-15　工具数据 tGripper 各项参数

参数名称	参数数值
robothold	TRUE
trans	
X	179.2
Y	-62.8
Z	676
rot	
Q1	1
Q2	0
Q3	0
Q4	
mass	15
cog	
X	0
Y	0
Z	400
其余参数均为默认值	

2. 创建工件坐标系数据

工作站中有两个工件坐标系，一个是压铸机的工件坐标系 worbjDCM，另一个是冷却台的工件坐标系 worbjCOOL。

worbDCM 方向参考设定如图 6-13 所示。

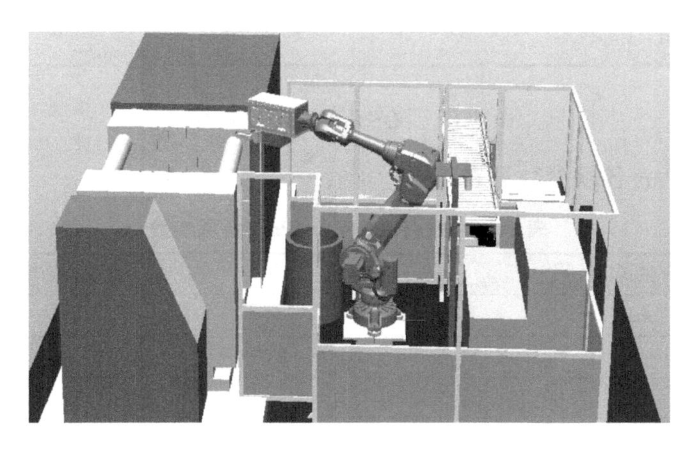

图 6-13　worbDCM 方向参考设定

worbjCOOL 方向参考设定如图 6-14 所示。

图 6-14 worbjCOOL 方向参考设定

3. 创建载荷数据

在虚拟示教器中，根据图 6-15 所示设定载荷数据 LoadPart。

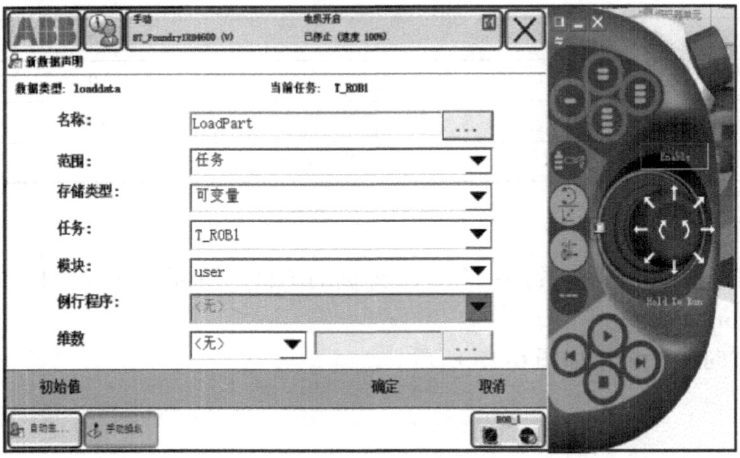

图 6-15 设定载荷数据 LoadPart

载荷数据 LoadPart 各项参数见表 6-16。

表 6-16 载荷数据 LoadPart 各项参数

参 数 名 称	参 数 数 值
mass	5
cog	
X	50
Y	0
Z	150
其余参数均为默认值	

四、导入程序模板及程序注解

1. 导入程序模板

在之前创建的备份文件中包含了本工作站的程序模板，可以将其直接导入该机器人系统中，之后在其基础上做相应的修改，并重新示教目标点，完成程序编辑过程。

注意：若导入程序模板时，提示工具数据、工件坐标系数据和有效载荷数据命名不确定，则将手动操纵画面之前设定的数据删除再进行导入程序模板的操作，如图 6-16 所示。

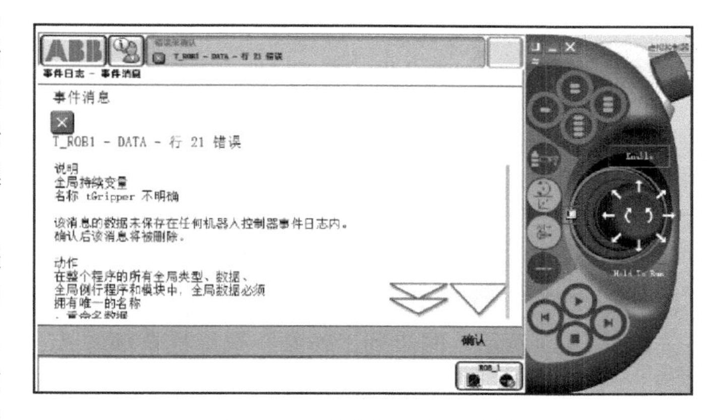

图 6-16　程序模板导入过程

可以通过示教虚拟器导入程序模块，在“控制器”菜单中用鼠标右键单击“T_ROB1”，如图 6-17 所示，然后用鼠标右键单击选择“加载模块”来导入，如图 6-18 所示。

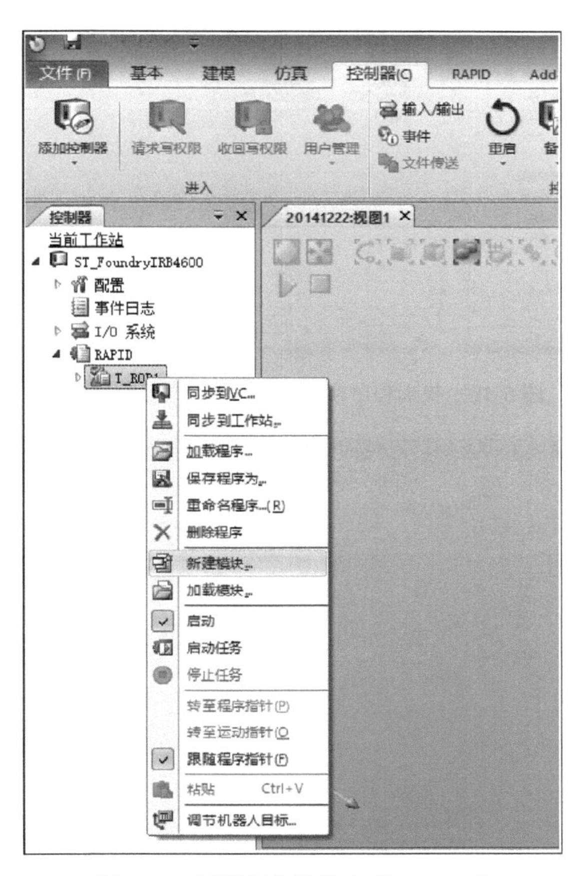

图 6-17　用鼠标右键单击“T_ROB1”

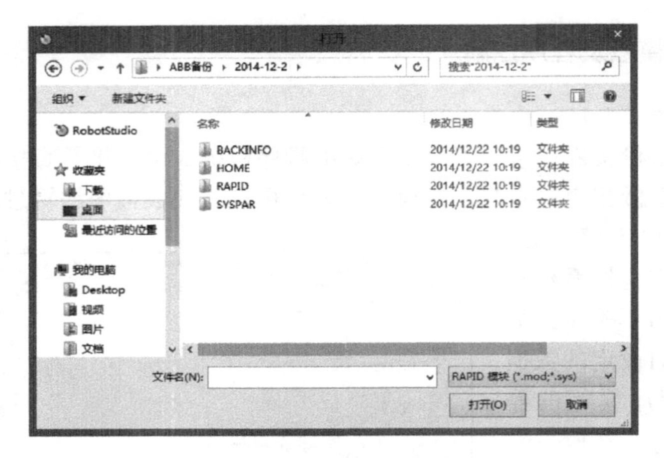

图 6-18　用鼠标右键单击选择“加载模块”导入

之后依次打开“RAPID”“TASK1”“PROGMOD”，找到程序模块“ExtMain”及“DATA”，如图 6-19 所示。同步到工作站，选择栏全部勾选，单击“确定”，如图 6-20 所示。

图 6-19　找到程序模块“ExtMain”及“DATA”

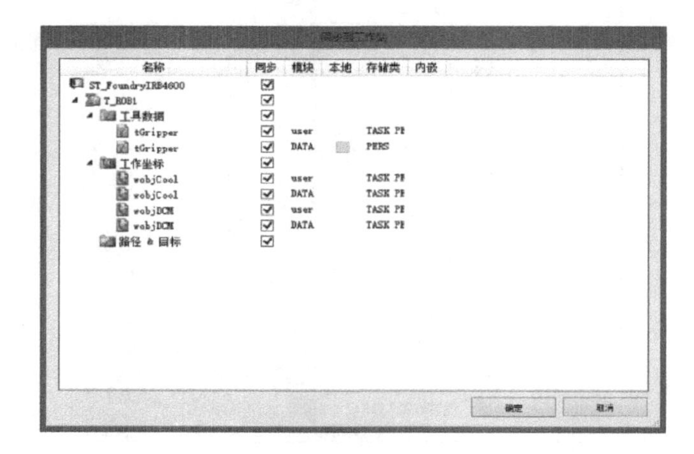

图 6-20　选择栏全部勾选

2. 程序注解

在熟悉了 RAPID 程序后，可根据实际需要在此程序的基础上做适当修改，以满足实际逻辑与动作的控制。

以下是实现机器人逻辑与动作控制的 RAPID 程序，程序数据存储于程序模块。

```
Data.mod
CONST robtaraget pHome: = [[* ,* ,* ],[1,0,0,0],[0,0,0,0],[9E9, 9E9, 9E9, 9E9,
9E9, 9E9, 9E9,]];
    CONST robtaraget pWaitDCM: = [[ [[* ,* ,* ],[1,0,0,0],[0,0,0,0], [-1,0, -1,0]
,[9E9, 9E9, 9E9, 9E9, 9E9, 9E9, 9E9,];
    CONST robtaraget pPickDCM: = [[ [[* ,* ,* ],[1,0,0,0],[0,0,0,0], [-1,1, -2,0]
,[9E9, 9E9, 9E9, 9E9, 9E9, 9E9, 9E9,];
    CONST robtaraget pRelPart1: = [[ [[* ,* ,* ],[1,0,0,0],[0,0,0,0], [-1,1, -2,
0] ,[9E9, 9E9, 9E9, 9E9, 9E9, 9E9, 9E9,];
    CONST robtaraget pRelPart2: = [[ [[* ,* ,* ],[1,0,0,0],[0,0,0,0], [-1,1, -2,
0] ,[9E9, 9E9, 9E9, 9E9, 9E9, 9E9, 9E9,];
    CONST robtaraget pRelPart3: = [[ [[* ,* ,* ],[1,0,0,0],[0,0,0,0], [-1,1, -2,
0] ,[9E9, 9E9, 9E9, 9E9, 9E9, 9E9, 9E9,];
    CONST robtaraget pRelPart4: = [[ [[* ,* ,* ],[1,0,0,0],[0,0,0,0], [-1,1, -2,
0] ,[9E9, 9E9, 9E9, 9E9, 9E9, 9E9, 9E9,];
    CONST robtaraget pRelCNV: = [[ [[* ,* ,* ],[1,0,0,0],[0,0,0,0], [-1,1, -2,0] ,
[9E9, 9E9, 9E9, 9E9, 9E9, 9E9, 9E9,];
    CONSTrobtaragetpMoveOutDie: = [[[[* ,* ,* ],[1,0,0,0],[0,0,0,0],[-1,1, -2,
0] ,[9E9, 9E9, 9E9, 9E9, 9E9, 9E9, 9E9,];
    CONST robtaragetpRelDapart: = [[[[* ,* ,* ],[1,0,0,0],[0,0,0,0], [-1,1, -2,
0] ,[9E9, 9E9, 9E9, 9E9, 9E9, 9E9, 9E9,];                     ! 定义机器人目标点
PERS robtaraget pRosOK: = [[ [[* ,* ,* ],[1,0,0,0],[0,0,0,0], [-1,1, -2,0] ,[9E9,
9E9, 9E9, 9E9, 9E9, 9E9, 9E9,];        ! 定义机器人目标点变量,用于机器人在任何点时可做运算
    PERStooldatatGripper: = [TURE,[[179.120678011, - 62.809528063,676],[1,0,0,
0],[15,[0,0,400], [1,0,0,0] ,0,0,0]];                     ! 定义夹具工具坐标系
    PERS wobjdata wobjDCM: = [FALSE,TURE,"",[[0,0,0],[1,0,0,0]],[[3308.66234013, -
1631.501618476,1017.285148616],[0.707106781,1,0.707106781,0]]];
                                                        ! 定义压铸机工件坐标系
    PERS wobjdata wobjCool: = [FALSE, TURE,"", [[1352.299998099,1342.748724261,
1000],[1,0,0,0],[10,0,0],[1,0,0,0]]];                   ! 定义冷却台工件坐标系
PERS pos PosExtRobSafe1:[-600, -1300,1450];
PERS pos PosExtRobSafe2:[580, - -2700,7];
                                     ! 定义两个位置数据,作为设定互锁区域的两个对角点
VAR shapedata shExtRobSafe;                                ! 定义形状区域参数
PERS wzstationary wzExtRobSafe: = [1];
VAR bool bErrorPickPack: = FALSE;                          ! 定义错误工件逻辑量
PERS loaddata LoadPart: = [5,[50,0,150],[1,0,0,0],0,0,0];   ! 定义产品有效载荷参数
CPONST speeddata vFast: = [1800,200,5000,1000];
    CPONST speeddata vLow: = [800,100,5000,1000];
               ! 定义机器人运行速度参数,vFast 为空运行速度,vLow 为机器人夹着产品的运行速度
```

```
PERS num mPickOff_X: =0;
PERS num mPickOff_Y: =0;
PERS num mPickOff_Z: =200;                    ! 定义夹具在抓取产品前的偏移量
VAR bool bEjectKo: =FALSE;                    ! 定义模具顶针是否顶出的逻辑量
    PERS num nErrPickPartNo: =0;              ! 定义产品抓取错误变量，值为 0 时
            表示抓取的产品是 OK 的，值为 1 时表示抓取的产品是 NG 的或没抓取到产品
VAR bool bDieOpenKO =FALSE;
VAR bool bPartOK: =FALSE;                     ! 定义开模逻辑量和产品检测 OK 逻辑量
PERS num nCTime: =0;                          ! 定义数字变量，用来计时
VAR nun nCoolOffs_Z =200;                     ! 定义冷却台 Z 方向偏移数字变量
VAR bool bFullOfCool: =FALSE;
PERS bool bCool1PosEmpty: =FALSE;
PERS bool bCool2PosEmpty: =FALSE;
PERS bool bCool3PosEmpty: =FALSE;
    PERS bool bCool4PosEmpty: =FALSE;
            ! 定义冷却台产品是否放慢逻辑量，以及各冷却位置是否有产品的逻辑量
```

以下是 RAPID 程序，存储于程序模块 ExtMain.mod。

```
PROC main ()                                  ! 主程序
rIninAll;                                     ! 调用初始化例行程序
WHILE TRUE DO  ! 调用 WHILE 循环指令，并用绝对真实条件 TRUE 形成死循环，将初始化程序隔离
    IF di01DCMAuto =1 THEN       ! IF 条件判断指令。di01DCMAuto 为压铸机处于自动状态
                    信号，即当压铸机处于自动联机状态时才开始执行取件程序
rExtracting;                                  ! 调用取件例行程序
rCheckPart;                                   ! 调用产品检测例行程序
IF bFullOfCool =TURE THEN                     ! 条件判断指令，判断冷却台上产品是否放满
rRelGoodPart;                                 ! 调用放置 OK 产品程序
ELSE
rReturnDCM                                    ! 调用返回压铸机位置程序
ENDIF
ENDIF
rCycleTime;                                   ! 调用及时例行程序
WaitTime0.2;                                  ! 等待时间
    ENDWHILE
ENDPROC

PROC rIninAll ()                              ! 初始化例行程序
Accset 100, 100;                              ! 加速度控制指令
VelSet 100, 3000;                             ! 速度控制指令
ConfJ \ Off;
CongL \ Off;                                  ! 机器人运动控制指令
rReset_Out;                                   ! 调用输出信号复位例行程序
 rHome;                                       ! 调用回 Home 点程序
 Set do04StartDCM;                            ! 通知压铸机器人可以开始取件
 rCheckHomePos;                               ! 调用检查 Home 点例行程序
ENDPROC
```

```
PROC rExtracting ()                                              ! 从压铸机取件程序
MoveJ pWaitDCM, vFast, z20, tGripper\WObj: =wobjDCM;            ! 机器人运行到等待位置
WaitDI di02DoorOpen, 1;                                          ! 等待安全门打开
WaitDI di03DieOpen, 1\MaxTime: =\TimeFlag: =bDieOpenKO;          ! 等待开模信号，最
    长等待时间6s，得到信号后将逻辑量置为FALSE；如果没有等到信号，则将逻辑量置为TRUE
IF bDieOpenKO=TRUE THEN                                          ! 当逻辑量为TRUE时，
                           表示机器人没有在合理时间内得到开模信号，此时取件失败
nErrPickPartNo: =1;                                              ! 将取件失败的数字量置为1
GOTO 1ErrPick;                                                   ! 跳转到错误取件标签1ErrPick处
ELSE
nErrPickPartNo: =0;                                   ! 如果取件成功，则将取件失败的数字量置为0
ENDLF
Reset do04StartDCM;                                              ! 复位机器人开始取件信号
MoveJOffs
(pPickDCM, nPickOff_X, nPickOff_Y, nPickOff_Z), vLow, z10, tGripper\WObj: =wobjDCM;
MoveJ pPickDCM, vLowfine, tGripper\WObj: =wobjDCM;             ! 机器人运行到取件目标点
rGeipperClose;                                                   ! 调用关闭夹爪例行程序
rSoftActive;                                                     ! 调用伺服软件激活例行程序
    Set do07EjectFWD;                                            ! 置位模具顶针顶出到位信号，
                           最大等待时间为4s，在该时间内得到信号则将逻辑量置为FALSE
    pPosOK: =CRobT (\Tool: =Gripper\WObj: =wobjDCM);            ! 记录机器人被模具顶
                                           针顶出后的当前位置，并赋值给pPosOK
    IF bEjectKo=TRUE THEN                                        ! 当逻辑量为TRUE时，
                           表示顶针顶出失败，则此次取件失败，机器人开始取件失败处理
rSoftDeactive;                                                   ! 调用伺服失效例行程序
rGripperOpen;                                                    ! 调用打开夹爪例行程序
MoveL Offs (pPosOK, 0, 0, 100), vLow, z10, tGripper\WObj: =wobjDCM;
                                                     ! 以上一次机器人记录的目标点偏移
nErrPick Part No: =1;
ELSE                                 ! 当逻辑量为FALSE时取件成功，机器人则开始取件成功处理
WaitTime0.5;
rSoftDeactive;                                                   ! 调用伺服失效指令
WaitTime0.5;                                                     ! 等待时间，让软伺服失效完成
MoveL Offs (pPosOK, 0, 0, 200), v300, z10, tGripper\WObj: =wobjDCM;
                                         ! 机器人抓取产品后按照之前记录的目标点偏移
GripLoad LoadPart;                                   ! 加载Load参数，表示机器人已抓取产品
ENDIF
iErrPick:                                                        ! 错误取件标签
MoveJ pMoveOutDie, vLow, z10, tGripper\WObj: =wobjDCM;
                                                 ! 机器人运动到离开压铸机模具的安全位置
Reset do07EjectFWD;                                              ! 复位顶针顶出信号
ENDPROC

PROC rCheckPart ()                                               ! 产品检测例行程序
IF nErrPickNo=1 THEN           ! 条件判断，当取件失败时，机器人重新回到Home点并输出报警信号
```

```
MoveJ pHome, vFast, fine, tGripper\WObj: =DCM;
PulseDO\PLength: =0.2, do12Error;
RETURN;
ENDIF
MoveJ pHome, vLow, z200, tGripper\WObj: =wobjCool;
                                          ! 取件成功时，则抓取产品运行到检测位置
Set do06AtPartCheck;                      ! 置为检测信号，开始产品检测
WaitTime 3;                               ! 等待时间3s，保证检测完成
WaitDI di04PartOK, 1\MaxTime: =5\TimeFlag: =bPartOK;
                                          ! 等待产品检测OK信号，时间为5s，逻辑量为bPartOK
Reset do06AtpartCheck;                    ! 复位检测信号
    IF bPartOK=TRUE THEN
              ! 条件判断，当产品检测NG时该产品为不良产品，机器人进入不良品处理程序
rRelDamagePart;                           ! 调用不良品放置程序
ELSE
rCooling;                                 ! 当产品检测时，调用冷却程序
ENDIF
ENDPROC

PROC rCooling ()                ! 产品冷却程序，即机器人将检测OK的产品放置到冷却台上
    TEST nRelPartNo      ! TEST指令，将产品逐个放置到冷却台，冷却台总共可以放置4个产
品，放置时机器人先运行到冷却目标点上方偏移位置，然后运行到放料点，打开夹爪，放置完成品后又运
行到偏移位置
CASE1:
MoveJ Offs (pRelPart1, 0, 0, nCoolOFFs_Z), vlow, z50, tGripper\WObj: =wobjCool;
MoveJ pRelPart1, vLow, fine, tGripper\WObjCool;
rGripperOpen;
MoveJ Offs (pRelPart1, 0, 0, nCoolOFFs_Z), vlow, z50, tGripper\WObj: =wobjCool;
CASE2:
MoveJ Offs (pRelPart2, 0, 0, nCoolOFFs_Z), vlow, z50, tGripper\WObj: =wobjCool;
MoveJ pRelPart2, vLow, fine, tGripper\WObjCool;
rGripperOpen;
MoveJ Offs (pRelPart2, 0, 0, nCoolOFFs_Z), vlow, z50, tGripper\WObj: =wobjCool;
CASE3:
MoveJ Offs (pRelPart3, 0, 0, nCoolOFFs_Z), vlow, z50, tGripper\WObj: =wobjCool;
MoveJ pRelPart3, vLow, fine, tGripper\WObjCool;
rGripperOpen;
MoveJ Offs (pRelPart3, 0, 0, nCoolOFFs_Z), vlow, z50, tGripper\WObj: =wobjCool;
CASE4:
MoveJ Offs (pRelPart4, 0, 0, nCoolOFFs_Z), vlow, z50, tGripper\WObj: =wobjCool;
MoveJ pRelPart4, vLow, fine, tGripper\WObjCool;
rGripperOpen;
MoveJ Offs (pRelPart4, 0, 0, nCoolOFFs_Z), vlow, z50, tGripper\WObj: =wobjCool;
nRelPartNo: =nRelPartNo+1;                ! 每次放置完一个产品后，将产品数量加1
IF nRelPartNo>4 THEN      ! 当产品数量达到4个以后，即冷却台上已经放满产品时，将冷却台逻
```

辑量置为 TRUE，同时将产品数量置为 1，此时放完第 4 个产品后，需要将已经冷却完成的第 1 个产品从冷却台上取下，放置到毛坯料输送机上

```
    bFullOfCool: =TRUE;
    nRelPartNo: =1;
    ENDIF
    ENDPROC

PROCrRelGoodPart ()
            ! 良品放置例行程序，即将已经冷却好的产品从冷却台上取下，放到毛坯料输送机上输出
      WaitDI di05CNVEmpty, 1;                     ! 等待毛坯料输送机上没有产品的信号
      IF bFullOfCool = TRUE THEN                           ! 判断冷却台上产品是否放满
      IF nRelPartNo = 1 THEN                             ! 判断从冷却台上取第几个产品
      MoveJ Offs (pRelPart1, 0, 0, nCoolOFFs_Z), vlow, z50, tGripper \ WObj: =wobj-
Cool;
      MoveJ pRelPart1, vLow, fine, tGripper \ WObjCool;
      rGripperClose;
      MoveJ Offs (pRelPart1, 0, 0, nCoolOFFs_Z), vlow, z50, tGripper \ WObj: =wobj-
Cool;
      ELSEIF nRelPartNo = 2 THEN
      MoveJ Offs (pRelPart2, 0, 0, nCoolOFFs_Z), vlow, z50, tGripper \ WObj: =wobj-
Cool;
      MoveJ pRelPart2, vLow, fine, tGripper \ WObjCool;
      rGripperClose;
      MoveJ Offs (pRelPart2, 0, 0, nCoolOFFs_Z), vlow, z50, tGripper \ WObj: =wobj-
Cool;
      ELSEIF nRelPartNo = 3 THEN
      MoveJ Offs (pRelPart3, 0, 0, nCoolOFFs_Z), vlow, z50, tGripper \ WObj: =wobj-
Cool;
      MoveJ pRelPart3, vLow, fine, tGripper \ WObjCool;
      rGripperClose;
      MoveJ Offs (pRelPart3, 0, 0, nCoolOFFs_Z), vlow, z50, tGripper \ WObj: =wobj-
Cool;
      ELSEIF nRelPartNo = 4 THEN
      MoveJ Offs (pRelPart4, 0, 0, nCoolOFFs_Z), vlow, z50, tGripper \ WObj: =wobj-
Cool;
      MoveJ pRelPart4, vLow, fine, tGripper \ WObjCool;
      rGripperClose;
      MoveJ Offs (pRelPart4, 0, 0, nCoolOFFs_Z), vlow, z50, tGripper \ WObj: =wobj-
Cool;
         ENDIF
         WaitTime0.2;
      ENDIF
         MoveJ Offs (pRelCNV, 0, 0, nCoolOffs_Z), vLow, z20, tGripper \ WObj: =
wobjCool;
         MoveJ pRelCNV, vLow, fine, tGripper \ WObj: =wobjCool;
```

```
        rGripperClose;
        MoveJ Offs (pRelCNV, 0, 0, nCoolOffs_Z), vLow, z20, tGripper \ WObj: =
wobjCool;
            ! 从冷却台上取完产品后，运行到毛坯料输送机上方，然后线性运行到放置点，松开夹爪
        MoveJ Offs (pRelCNV, 0, 0, 300), vLow, z50, tGripper \ WObj: =wobjCool;
    MoveJ Offs (pRelPart2, 0, 0, nCoolOffs_Z), vFast, z50, tGripper \ WObj: =wob-
jCool;
        MoveJ pPartCheck, vFast, z100, tGripper \ WObj: =wobjCool;
        MoveJ pHome, vFast, z100, tGripper \ WObj: =wobjDCM;
                                        ! 放置完产品后返回 Home 点，开始下一轮取放
    ENDPROC

    PROCrRellDamagePart ()
            ! 不良品放置程序，当检测 NG 时，直接从检测位置运行到不良品放置位置，将产品放下
        ConfJ \ off;
        MoveJ pHome, vLow, z20, tGripper \ WObj: =wobjCool;
        MoveJ pMoveOutDie, vLow, Z20, tGripper \ WObj: =wobjCool;
        MoveLpRelDaPart, vLow, fine, tGripper \ WObj: =wobjCool;
        rGripperOpen;
        MoveL pMoveOutDie, vLow, Z20, tGripper \ WObj: =wobjCool;
        ConfJ \ on;
    ENDPROC

    PROC rReset_Out ()                                      ! 输出信号复位例行程序
        Reset do04StartDCM;
        Reset do04AtPartCheck;
        Reset do07EjectFWD;
        Reset do09E_Stop;
        Reset do12Error;
        Reset do03GripperOFF;
        Reset do01RobInHome;
    ENDPROC

    PROC rCycleTime ()                                          ! 计时例行程序
        ClkStop clock1;
        nCTime: =ClkRead (clock1);
        TPWrite "the cycletime is" \Num: =nCTime;
        ClkReset clock1
        ClkStart clock1;
    ENDPROC

    PROC rSoftActive ()                 ! 软伺服激活例行程序，设定机器人 6 个轴的软化指数
        SoftAct 1, 99;
        SoftAct 2, 100;
        SoftAct 3, 100;
```

```
        SoftAct 4, 95;
        SoftAct 5, 95;
        SoftAct 6, 95;
        WaitTime 0.3;
    ENDPROC

    PROC rSoftDeactive ()                                    ! 软伺服失效例行程序
         SoftDeact;                  ! 软伺服失效指令，执行此指令后所有软伺服设定失效
         WaitTime 0.3;
    ENDPROC

    PROCrReturnDCM ()                                              ! 返回压铸机程序
         MoveJ pPartCheck, vFast, z100, tGripper \WObj: =wobjCool;
         MoveJ pHome, vFast, Z100, tGripper \WObj: =wobjDCM;
    ENDPROC

    PROC rCheckHomePost ()                                   ! 检测是否在 Home 点程序
      VAR robtarget pAactualPos;                         ! 定义一个目标点数据 pAactualPos
      IF NOT CurrentPos (pHome, tGripper) THEN
      ! 调用功能程序 CurrentPos，此为一个布尔量型的功能程序，括号中的参数分别指的是所要比较
      的目标点以及使用的工具数据，这里写入的是 pHome，为当前机器人位置与 pHome 点进行比较，
      若在 Home 点，则此布尔量为 TRUE；若不在 Home 点，则为 FALSE。在此功能程序的前面加一个
      NOT，表示当机器人不在 Home 点时，才会执行 IF 判断指令中机器人返回 Home 点的动作指令。
          pActualpos1: =CRobT (\Tool: =tFripper \WObj: =wobjDCM);
                    ! 利用 CRobT 功能读取当前机器人目标位置，并赋值给目标点数据 pActualpos1
          pActualpos1.trans.z: =pHome.trans.z;
                                              ! 移至 pHome 点的 Z 值赋给 pActualpos 点的 Z 值
          MoveL pActualpos1, v100, z10, tGripper;        ! 移至已被赋值后的 pActualpos 点
    MoveL pHome, V100, fine, tGripper;                       ! 移至 pHome 点，上述指令的目的
是需要先将机器人提升至与 pHome 点一样的高度，之后再平移到 pHome 点，这样可以简单地规划一条安
全回到 Home 点的轨迹
          ENDIF
    ENDPROC

    FUNC bool CurrentPos (robtarget ComparePos, INOUTtooldata TCP)
                              ! 检测目标点功能程序，带有两个参数，比较目标和所使用的工具数据
         VAR num Counter: =0;                                            ! 定义数字型数据
         VAR robtargetActualPos;                               ! 定义目标点数据 ActualPos
AutualPos: =CRobT (\Tool: =tGripper \WObj: =wobj0);
                              ! 利用 CRobT 功能读取当前机器人目标位置，并赋值给 ActualPos
IF AcyualPos.trans.x >ComparePos.trans.x -25.AND ActualPos.trans.x <ComparePos.
Trans.x +25Counter: =Counter +1;
IF AcyualPos.trans.y >ComparePos.trans.y -25.AND ActualPos.trans.y <ComparePos.
Trans.y +25Counter: =Counter +1;
IF AcyualPos.trans.z >ComparePos.trans.z -25.AND ActualPos.trans.z <ComparePos.
```

```
Trans.z +25Counter: =Counter +1;
IF AcyualPos.rot.q1 >ComparePos.trans.q1 -0.1.AND ActualPos.rot.q1 <ComparePos.
Rot.q1 +0.1Counter: =Counter +1;
IF AcyualPos.rot.q2 >ComparePos.trans.q2 -0.1.AND ActualPos.rot.q2 <ComparePos.
Rot.q2 +0.1Counter: =Counter +1;
IF AcyualPos.rot.q3 >ComparePos.trans.q3 -0.1.AND ActualPos.rot.q3 <ComparePos.
Rot.q3 +0.1Counter: =Counter +1;
IF AcyualPos.rot.q4 >ComparePos.trans.q4 -0.1.AND ActualPos.rot.q4 <ComparePos.
Rot.q4 +0.1Counter: =Counter +1;
    ! 将当前机器人所在目标位置数据与给定目标点位置数据进行比较，共七项数值，分别是 X、Y、Z
坐标值以及工具姿态数据 q1、q1、q3、q4 的偏差值，如 X、Y、Z 坐标偏差值“25”可根据实际情况进
行调整。每项比较结果成立则计数 Counter 加 1，七项全部满足则 Counter 的数值为 7
    RETURN Counter =7
                        ! 返回判断式结果，若 Counter 为 7，则返回 TRUE；如不为 7，则返回 FALSE
    ENDFUNC

    PROCrTeachePath ()
                                    ! 机器人手动示教图标点程序图，该程序仅在手动调试时使用
        MoveJ pWaitDCM, v10, fine, tGripper \WObj: =wobjDCM;
                                                          ! 机器人在压铸机外的等待点
        MoveJ pPickDCM, v10, fine, tGripper \WObj: =wobjDCM;    ! 机器人抓取产品点
    MoveJ pHome, v10, fine, tGripper \WObj: =wobjDCM;              ! 机器人 Home 点
    MoveJ pPartCheck, v10, fine, tGripper \WObj: =wobjCool;    ! 机器人产品检测目标点
    MoveJ pMoveOutDie, v10, fine, tGripper \WObj: =wobjDCM;  ! 机器人退出压铸机目标点
    MoveJ pRelDaPart, v10, fine, tGripper \WObj: =wobjDCM;      ! 机器人不良品放置点
    MoveJ pRelPart1, v10, fine, tGripper \WObj: =wobjCool;
    MoveJ pRelPart2, v10, fine, tGripper \WObj: =wobjCool;
    MoveJ pRelPart3, v10, fine, tGripper \WObj: =wobjCool;
    MoveJ pRelPart4, v10, fine, tGripper \WObj: =wobjCool;
                                              ! 机器人冷却目标点共 4 个，分布在冷却台上
        MoveJ pRelCNV, v10, fine, tGripper \WObj: =wobjCool;
                                                    ! 机器人放料到毛坯料输送机目标点
    ENDPROC

PROC rPowerON ()                ! EventRountine 定义了机器人和压铸机工作的互锁区域，
    当机器人 TCP 进入该区域时，数字输出信号 Do05RobInDMC 被置为 0，此时压铸机不能合模，将
    此程序关联到 PowerON 的状态，当开启系统总电源时，该程序即被执行一次，互锁区域设定生效
        PosExtRobSafe1: = [-600, -1300, -1450];
    PosExtRobSafe2: = [580, -2700, 7];          ! 机器人干涉区域的两个对角点位置，该位置
    参数只能是在 Wobj0 下的数据（将机器人手动模式移动到压铸机互锁区域内进行获取对角点的数据）
        WZBoxDef \Inside, shExtRobSafe, PosExtRobSafe2;
                        ! 矩形体干涉区域设定指令，Inside 定义机器人 TCP 在进入该区域时生效
        WZDOset \Stat, wzExtRobSafe \ Inside, shExtRobSafe, do05RobInDCM, 1;
    ENDPROC
```

```
PROCrHome ()                                                    ! 机器人返回 Home 点程序
      MoveJ pHome, vFast, fine, tGripper \ WObj: =wobjDCM;
                                    ! 机器人运行到 Home 点，只有一条运动指令，转弯去选择 Fine
ENDPROC

PROC rGripperOpen ()                                            ! 打开夹爪例行程序
      Reset do03GripperOFF;
      Set do02GripperON;
      WaitTime0.3;
ENDPROC
```

任务三　工业机器人仿真

任务目标

学会压铸取件程序的编写与调试方法。

任务引入

以机器人压铸取件为例，压铸机器人从压铸机上将压铸完成的工件取出进行工件完好性检查，然后放置在冷却台上进行冷却，冷却后放到输送带上或放置到废件箱中。

任务实施

一、工业机器人压铸仿真

在本工作站中，需要示教程序起始点 pHome，取件及冷却等目标点。

程序起始点 pHome 如图 6-21 所示。

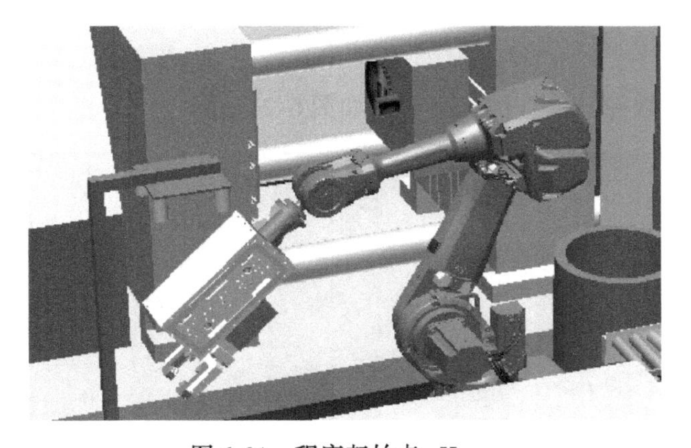

图 6-21　程序起始点 pHome

示教目标点如图 6-22 所示。

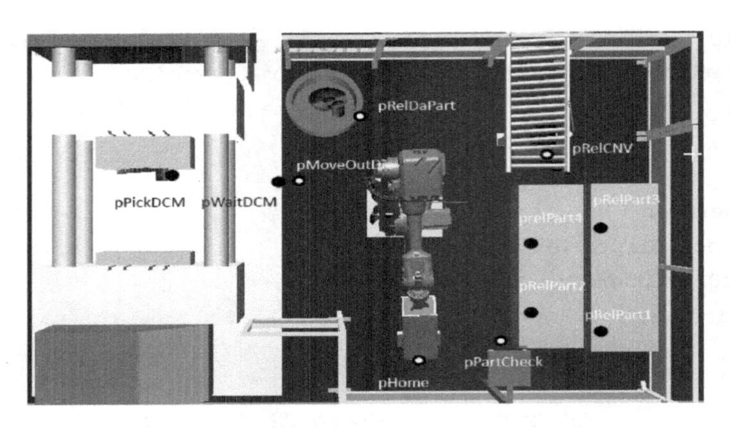

图 6-22　示教目标点

在程序模板中包含一个专门用于手动示教目标点的子程序 rTeachPath（图 6-23），在虚拟示教器中进入“程序编辑器”，将 PP 指针移动到该程序，之后通过示教器在手动模式下移动机器人到各个位置点，并通过修改位置将其记录下来。

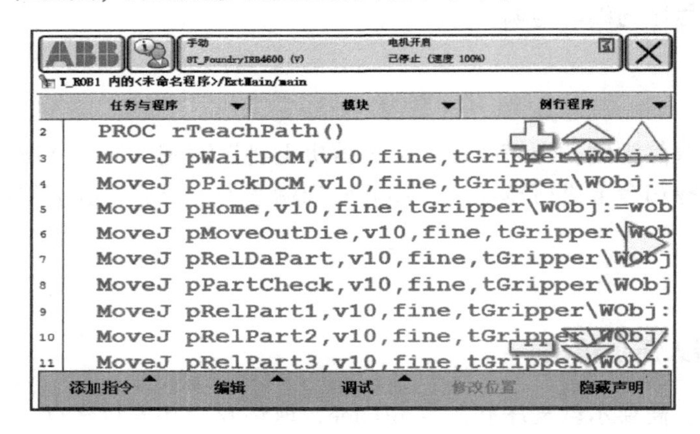

图 6-23　示教目标点的子程序

二、工作站程序仿真

打开 RobotStudio 软件，单击仿真菜单，如图 6-24 所示。

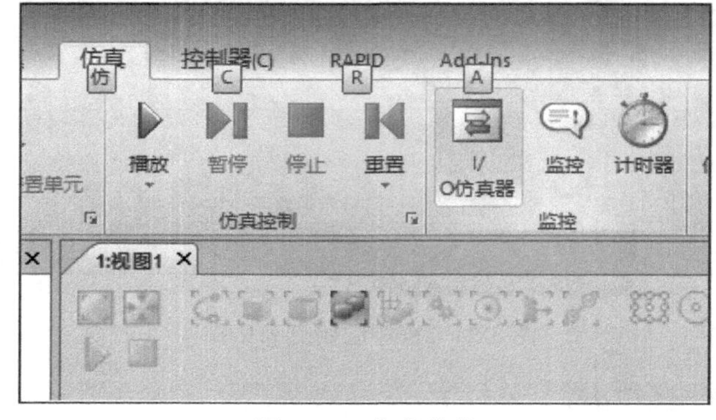

图 6-24　仿真菜单

在弹出的界面中单击“I/O 仿真器”，如图 6-25 所示。

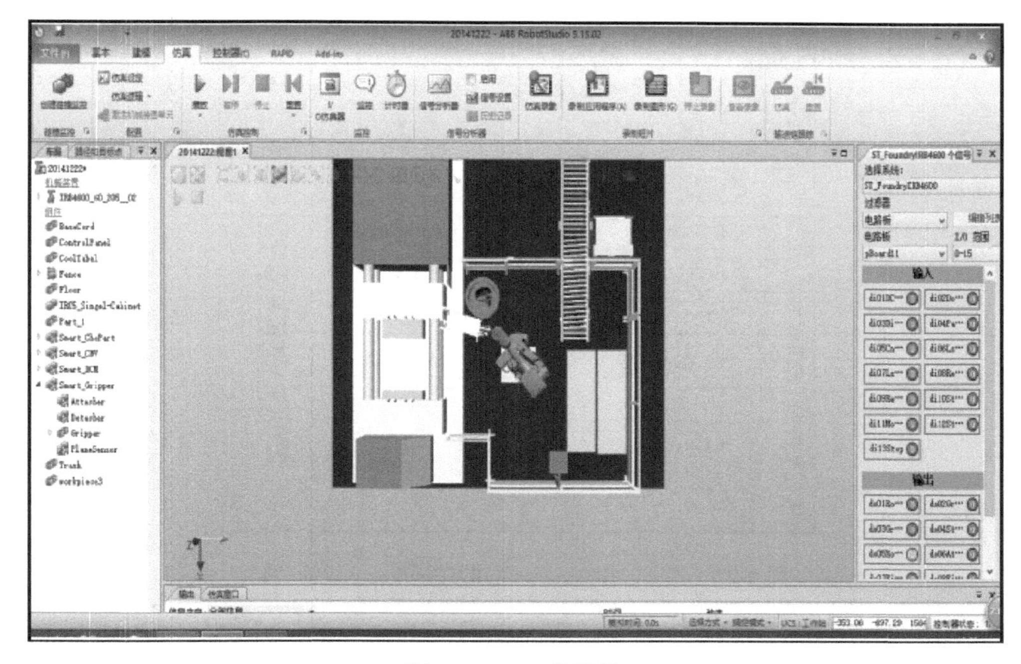

图 6-25　I/O 仿真器

然后正确设定“输入”框中的内容，如图 6-26 所示。将 I/O 信号“di01DCMAuto”以及“di05CnvEmpty”置为“1”，如图 6-27 所示，仿真压铸机已准备完成。单击“播放”按钮，开始仿真运行，如图 6-28 所示。

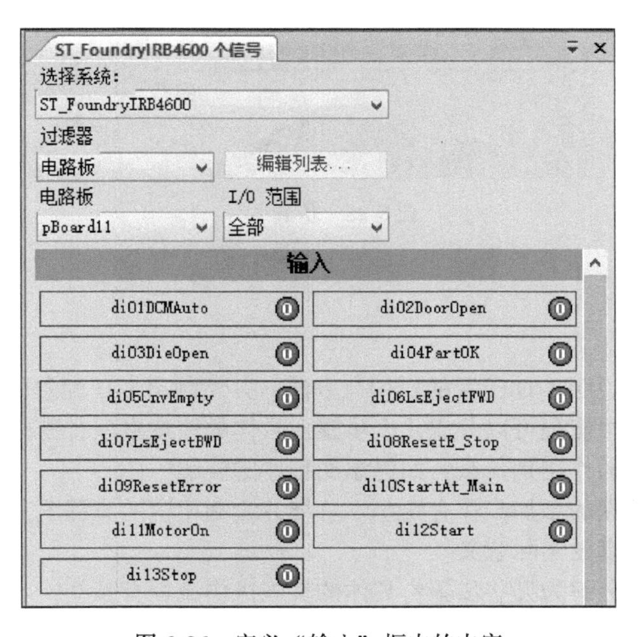

图 6-26　定义“输入”框中的内容

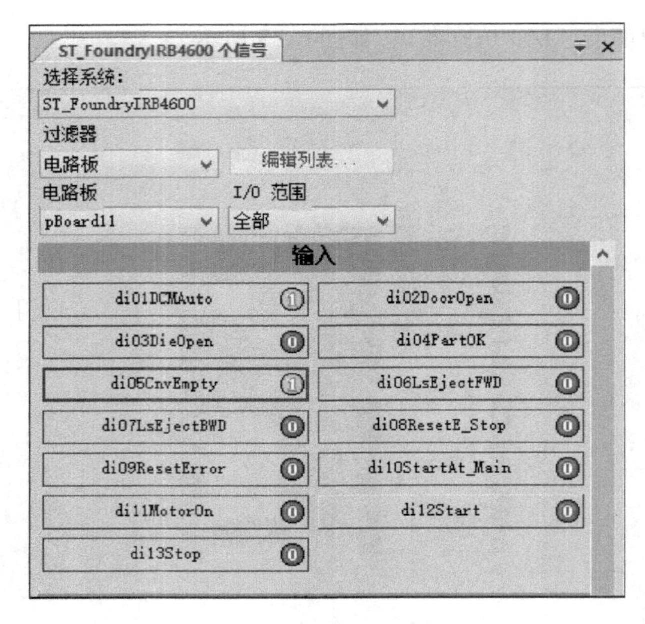

图 6-27 将 di01DCMAuto 和 di05CnvEmpty 置为“1”

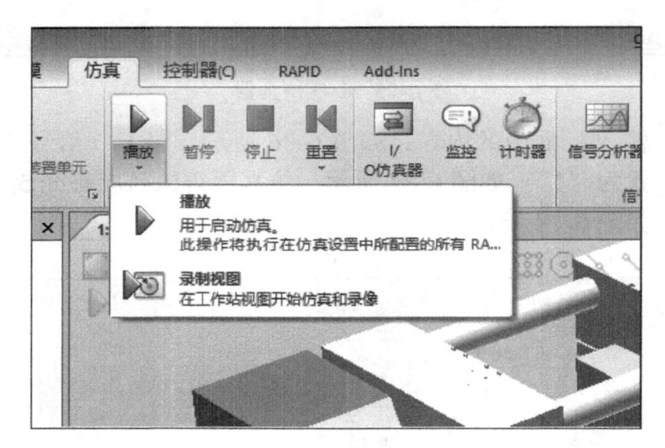

图 6-28 仿真运行

课后练习

1. 根据项目要求说明 I/O 配置的作用与方法，并绘制出 I/O 配置的流程图。
2. 载荷数据的设置流程可以分成几个步骤？具体的注意事项有哪些？
3. 导入程序模板的作用是什么？如何添加程序的注解？
4. 工件坐标系数据的添加步骤有哪些？总结并绘制相应的流程图。
5. 简述工作站仿真的实际意义。
6. 压铸过程可以分解为哪些步骤？具体的实施操作流程有哪些？
7. 工作站由哪些部分组成？其具体作用分别是什么？
8. 绘制压铸分析与规划线路图。

项目七 工业机器人柔性制造系统

项目概述

本工作站以机床上下料机器人为例，使用 IRB2600_12_185 机器人配合数控机床完成上下料工作。通过本项目的学习，能够学会 ABB 机器人配合数控机床上下料的基础知识，包括 I/O 配置、参数配置、Smart 组件的创建、程序编写和调试等内容。

任务一 上下料机器人柔性制造系统的设计

任务目标

1）掌握柔性制造系统的基础知识。
2）掌握上下料机器人工作流程的分析和设计方法。

任务引入

本任务以机床上下料机器人为例，了解上下料机器人柔性制造系统的组成，完成上下料机器人工作流程设计和机器人与数控加工设备布局设计。

任务实施

当今在机械制造行业，工业机器人的应用和发展已经成为柔性制造系统（FMS）和柔性制造单元（FMC）中的重要组成部分。把机器人和数控设备组成为一个柔性制造单元或柔性制造系统，可以提高产品的加工速度、加工精度及加工质量和数量，辅助数控机床实现无人自动化生产，提高生产率，节约原材料消耗，降低生产成本，而且对保障人身安全，改善劳动环境，减轻劳动强度有着非常重要的意义。

本任务主要引导学生掌握柔性制造系统的基础知识，学会把柔性制造系统运用到实际生产中，如本任务中上下料机器人柔性制造系统总体设计。

一、柔性制造系统的基本概念

柔性制造系统（FMS）的雏形源于美国马尔罗西公司，该公司在 1963 年制造了世界上第 1 条加工多种柴油机零件的数控生产线。FMS 的概念是由英国莫林公司最早正式提出的，并在 1965 年取得了发明专利。FMS 正式形成后，世界上各工业发达国家争相发展和完善这项新技术，使之在实际应用中取得了明显的经济效益。柔性制造系统作为一种新的制造技术，在零件加工业以及与加工和装配相关的领域都得到了广泛的应用。

所谓“柔性”则是相对于“刚性”而言的。传统中的“刚性”是指依靠自动化生产线实现单一品种的大批量生产。其优点是生产率很高，由于设备是固定的，所以设备利用率也很高，单件产品的成本较低。但其价格相当昂贵，且只能加工一个或几个相类似的零件，难以应付多品种中小批量的生产，柔性制造系统能够满足这一市场需求。它能根据制造任务或生产环境的变化迅速进行调整，通过简单地改变软件、工装、刀具就能在很短的开发周期内生产出较低成本、较高质量的不同品种产品。

二、柔性制造系统的特点

（1）具有高度的柔性　一个理想的 FMS 应具备 8 种柔性：设备柔性、工艺柔性、产品柔性、工序柔性、运行柔性、批量柔性、扩展柔性和生产柔性。FMS 能实现具有一定相似性的不同产品的加工，能适应市场需求和工艺要求的迅速变化，满足多品种、中小批量生产的需求。同时，对临时需要的备用零件或不同产品可以随时投入，混合在一起生产，而不会干扰 FMS 正常的生产活动。

（2）设备利用率高　由于 FMS 通过计算机对系统资源进行优化配置和调度，工件的输送、装夹和加工同时进行，其机床利用率高。在一般情况下，FMS 中一组机床的产量是单机作业环境下用相同数目机床所获得的生产量的 3 倍。

（3）制造周期短　FMS 与常规加工车间相比，在制品库存大大地减少，得益于计算机的有效调度以及零件生产中的工序集中。

（4）工人少，劳动生产率高　由于在 FMS 中加工、换刀、装夹、检测和物流搬运全部由计算机自动控制，所需人员可减少 30% ~50% 。机床连续 24h 运行，在白班时，操作人员通过计算机进行调度和监控，工人对设备进行必要的维护；在中、夜班时，实行无人看管运行，由计算机独立监控加工情况，出现故障时可自动排除，若有必要，可自动停止加工，生产率可提高 50% 。

（5）质量高　由于 FMS 具有较高的自动化程度，采用自动检测设备、自动补偿装置，能及时发现质量问题，并采取相应的有效措施。同时，FMS 减少了夹具和机床的数目，夹具结构设计合理且耐用，零件与机床的恰当匹配保证了产品的一致性及优良的品质，也大大减少了返修的费用。

柔性制造系统的最大特点是它的控制系统的结构是分级的，通常分为以下三级：主要由机床的控制机构所组成的第一级控制系统，用于控制和检测各个不同的机械加工工序；由一台电子计算机对机床群进行控制的第二级控制系统，用于从第一级控制系统的控制器收集工作数据，监控整个系统的工作，控制被加工零件的移动、编程等；第三级控制系统用于控制生产，实现本系统与其他计算机系统和自动化设计系统之间的联系。

三、柔性制造系统的分类与组成

按规模大小，FMS 可分为以下 4 类：

1. 柔性制造单元（FMC）

FMC 的问世并在生产中使用比 FMS 晚 6 ~8 年，它由 1 ~2 台加工中心、工业机器人、数控机床及物料运送存贮设备构成，具有适应加工多品种产品的灵活性。FMC 可视为一个规模最小的 FMS，是 FMS 向廉价化及小型化方向发展的产物，其特点是实现单机柔性化及自动化，迄今已进入普及应用阶段。

2. 柔性制造系统（FMS）

FMS 通常包括 4 台或更多台全自动数控机床（加工中心与车削中心等），由集中的控制系统及物料搬运系统连接起来，可在不停机的情况下实现多品种、中小批量的加工及管理。

3. 柔性制造线（FML）

FML 是处于单一或少品种大批量非柔性自动线与中小批量多品种 FMS 之间的生产线。其加工设备可以是通用的加工中心、CNC 机床，也可采用专用机床或 NC 专用机床。它对物料搬运系统柔性的要求低于 FMS，但生产率更高。它以离散型生产中的柔性制造系统和连续生产过程中的分散型控制系统（DCS）为代表，其特点是实现生产线柔性化及自动化，其技术已日臻成熟，已进入实用化阶段。

4. 柔性制造工厂（FMF）

FMF 是用计算机系统将多条 FMS 连接起来，配以自动化立体仓库，采用从订货、设计、加工、装配、检验、运送至发货的完整 FMS。它包括了 CAD/CAM，并使计算机集成制造系统（CIMS）投入实际，实现生产系统柔性化及自动化，进而实现全厂范围的生产管理、产品加工及物料贮运进程的全盘化。FMS 是自动化生产的最高水平，反映世界上最先进的自动化应用技术。它将制造、产品开发及经营管理的自动化连成一个整体，以信息流控制物质流（IMS）为代表，其特点是实现工厂柔性化及自动化。

四、柔性制造系统总体设计构思

柔性制造系统总体设计的构思过程分为四个阶段：

第一阶段：根据所选定的被加工零件的机械加工工序，选择具有足够功率和精度的相应形式的加工中心或其他形式机床。

第二阶段：根据被加工零件的机械加工工序、生产条件、设备的工作时间及其技术性能，确定完成给定生产任务所必需的每一种形式机床的数量和最少的主轴根数。

第三阶段：在考虑机床和系统的生产率、切削刀具的可能性、对备用设备的需要量和机床上下料情况的同时，仔细地做出每一种形式机床的负荷图。

第四阶段：选择机器人、输送系统、清洗机和其他辅助设备，然后从价格、生产率、可靠性、精度的角度，对柔性制造系统的不同配置方案进行比较。还要对柔性制造系统工作的优先权进行分析研究，以便为模拟和经济分析取得实际的输入数据。考虑进行经济分析和对柔性制造系统的不同配置方案进行比较用的生产率评价标准，有目的地对柔性制造系统的工作进行模拟。分析新方案、填写评价表，以便确定出最佳方案。在这个阶段完成柔性制造系统的设计。

五、上下料机器人柔性制造系统的组成

上下料机器人柔性制造系统的建立：由两台数控车床，一台 ABB 工业机器人，一个导轨，一个毛坯料输送链装置和成品载物桌构成。机器人完成对工件的上料和卸料，数控机床对搬运的工件进行加工处理，输送带配合机器人及数控机床完成上料，载物桌配合机器人实现工件的摆放和贮存。

数控车床如图 7-1 所示。

导轨如图 7-2 所示。

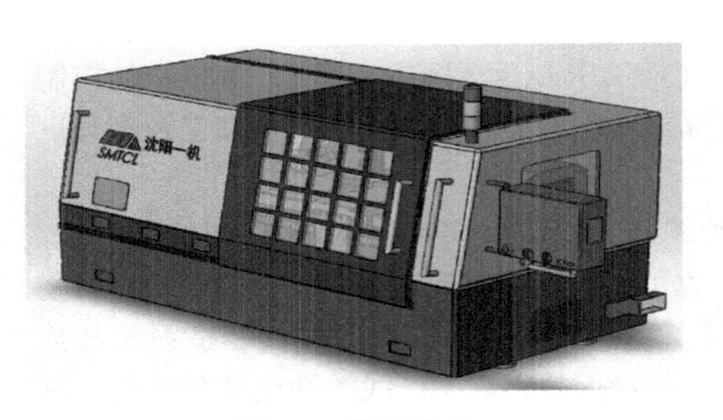

图 7-1　数控车床

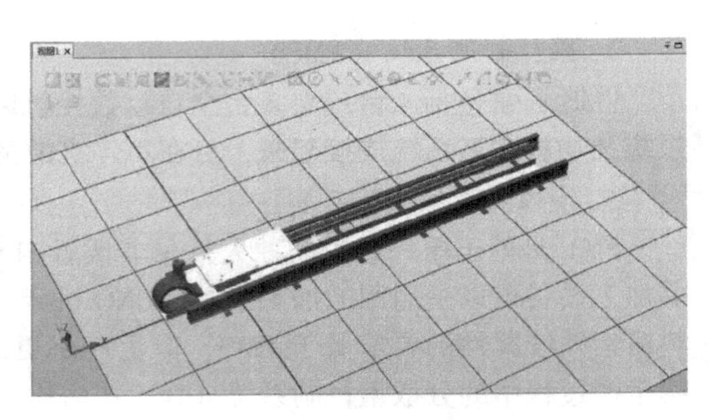

图 7-2　导轨 RTT_BOBIN_6_7

ABB 工业机器人如图 7-3 所示。

图 7-3　ABB 工业机器人

输送链如图 7-4 所示。

载物桌如图 7-5 所示。

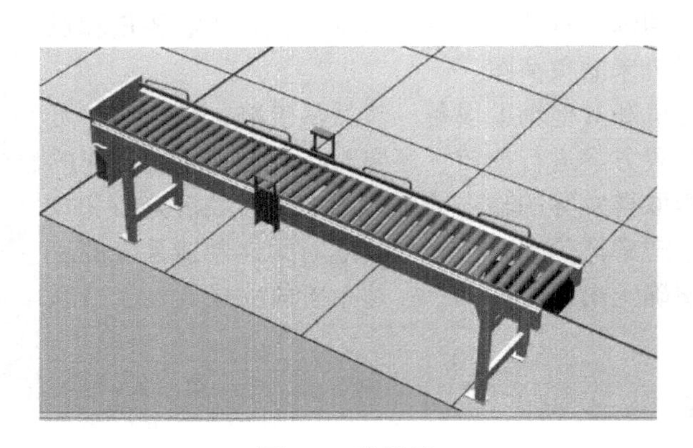

图 7-4　输送链

图 7-5　载物桌

六、上下料机器人工作流程设计

1. 机器人的工作流程

在整个柔性制造系统中，工业机器人是主动设备，数控机床是从动设备。机器人工作流程如图 7-6 所示。

1）人工将毛坯料放置到毛坯料输送机上。机器人发出信号传送给数控机床 1，控制液压卡盘的松开与夹紧。毛坯料输送机末端位置都装有接近触碰开关，用于检测是否有毛坯料，触碰开关一旦触发，就会给机器人发出一个使能信号。

2）机器人接收到检测信号后，移动到毛坯料输送机抓取位置，抓取毛坯料后，将毛坯料放置到数控机床 1 的主轴卡盘内，卡盘检测到毛坯料，发出信号，控制液压卡盘夹紧。机器人机械手推出数控机床 1，安全门自动关闭，完成一次上料过程。

3）待数控机床 1 加工完成，安全门打开后，发出信号给机器人，机器人控制机械手自动夹取工件后，再退出数控机床 1，完成一次卸料。

4）机器人通过导轨移动到数控机床 2 安全门正前方，发出信号控制数控机床 2 安全门打开，机器人控制机械手将加工半成品放置到数控机床 2 主轴刻盘内，卡盘夹紧后机器手退出数控机床 2，机器人则完成了二次上料，以实现工件的分步加工。

5）待数控机床 2 加工完毕后，机器人发出信号控制数控机床 2 安全门打开，机器人控制机械手夹取工件，实现二次卸料；并将加工好的工件摆放到载物桌上。

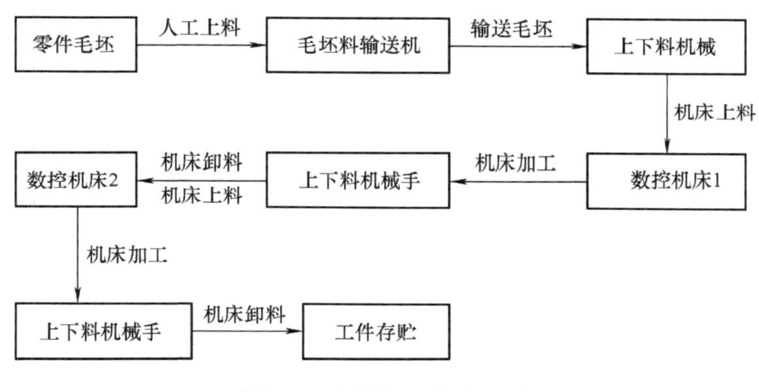

图 7-6　机器人工作流程图

2. 机械手动作流程

自动上下料系统中机器人机械手的动作流程如下：

1）机器人抓取待加工工件：机器人末端执行器由待机位置移动至取料位置一侧，末端执行器松开（检测是否张开），接收信号后移动至取料位置，末端执行器夹紧（检测是否夹紧），接收信号后移动至待机位置。

2）机器人抓取工件上料：机器人在待机位置将夹有工件的末端执行器移动至数控机床的安全门前方（检测防护门开到位），机器人将手部移动到卡盘的正前方，将夹取的毛坯料缓慢地移动至卡盘内，末端执行器松开工件，数控机床接收信号将卡盘夹紧后，机器人再缓慢移动至卡盘前位以及防护门前，最后移动至待机位置，数控机床开始加工工件。

3）机器人抓取工件下料：机器人在待机位置，移动至数控机床防护门前方（检测到防护门开到位），再将手部移动至卡盘的正前方，缓慢地移动至卡盘内，末端执行器夹紧（检测夹紧信号），数控机床接收到让卡盘松开的信号，这时机器人将末端执行器移动至卡盘前方，再缓慢移动至防护门，最后机器人将加工好的工件移动至载物桌上。

七、机器人与数控设备布局设计

进行机器人与数控设备布局设计时，首先应考虑所选择的ABB机器人最大的活动范围，如图7-7所示。由于ABB机器人的活动范围为1.55～1.85m，考虑到活动范围，将两台数控车床并排放置，以方便对工件分别进行加工。工业机器人放置于两数控车床主轴中心间距1.85m范围内的前端，以便于机器人实现上下料。毛坯料传送装置位于机器人起始点放置，便于机器人实现夹取。加工完成工件的传送装置位于机器人的右段正前方，当机器人完成两数控车床的卸料后，便于放置工件。上下料机器人整体布局如图7-8所示。

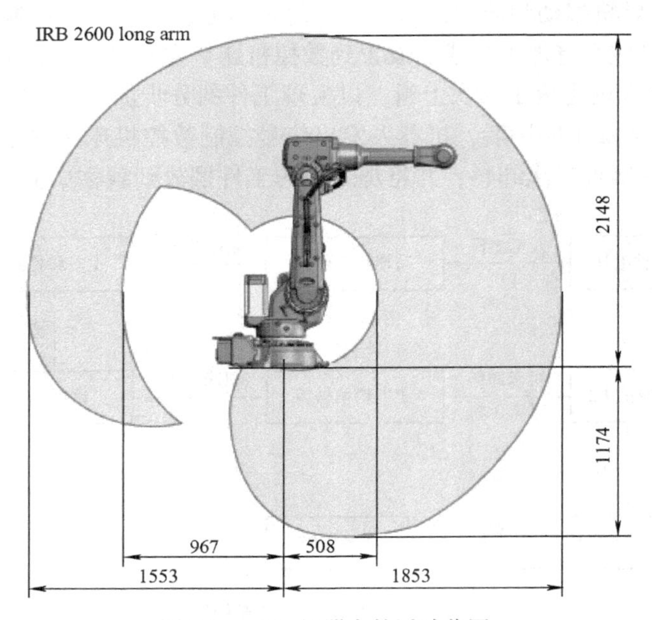

图7-7　ABB机器人的活动范围

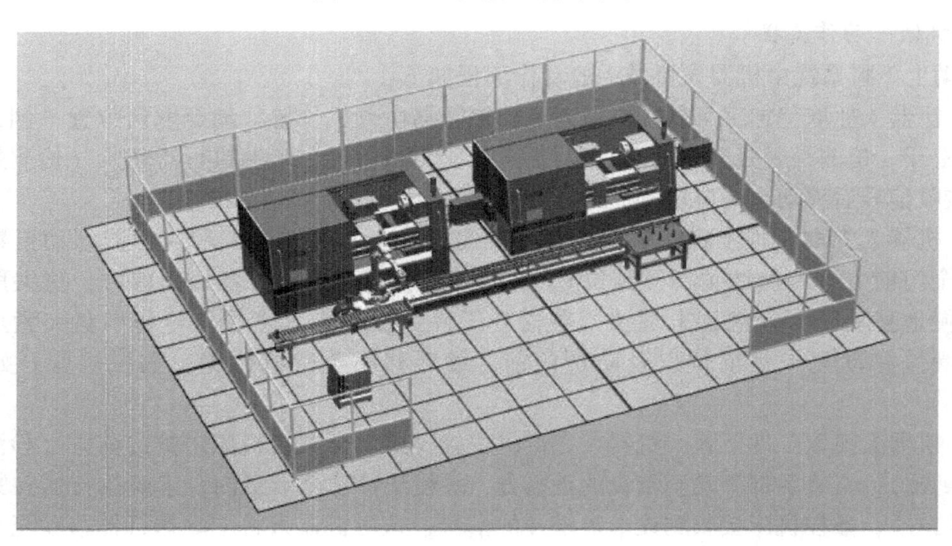

图7-8　上下料机器人整体布局

任务二　运用 RobotStudio 软件仿真机器人上下料

任务目标

1）利用 RobotStudio 软件建立工作站模型。

2）利用 Smart 组件仿真上下料机器人工作过程。

3）通过编程完成对上下料机器人的仿真。

任务引入

在上下料机器人工作站中，需要的基本模型有 ABB 机器人、导轨、数控车床、输送链、毛坯料、载物桌等模型。这些模型可以由 3D 建模软件设计得到，例如使用 SolidWorks 软件创建数控车床和输送链的模型。在 RobotStudio 软件中可直接导入适合的机器人和导轨，毛坯料可用 RobotStudio 软件建模中的创建几何体工具来构建。

利用仿真功能可以帮助初学者快速熟悉、掌握 RobotStudio 软件的应用。下面对上下料机器人工作站的建立、布局、仿真进行介绍。

任务实施

一、创建上下料机器人工作站模型

（1）ABB 机器人　型号选择 IRB2600_12_185，工作范围为 1.85m，轴数为 6，有效承重 12kg，手臂承重 15kg，从事工作有上下料、物料搬运、弧焊等。IRB2600 机器人的精度很高，其运动时操作速度比较快，在扩大产能、提升效率方面相比于其他型号的机器人更为突出，尤其适合工艺要求较高的生产环境。其特点有优化设计、工作范围大、安装灵活、占地面积小等。IRB2600 机器人标准型防护等级可达 IP67。IRB2600 机器人如图 7-9 所示。

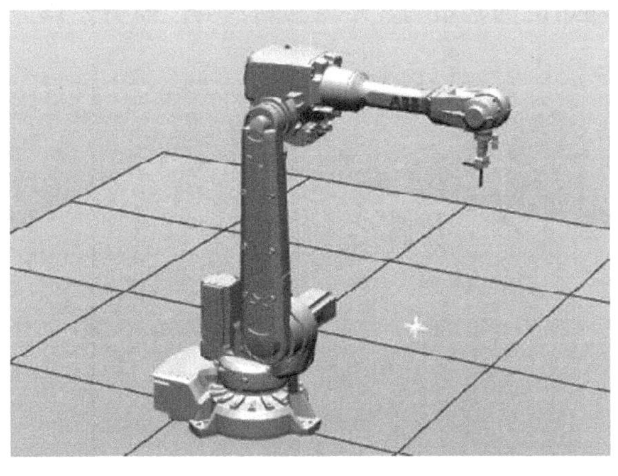

图 7-9　IRB2600 机器人

（2）导轨　型号选择 RTT_BOBIN_6_7，可执行运动长度为 6.7m，如图 7-10 所示。

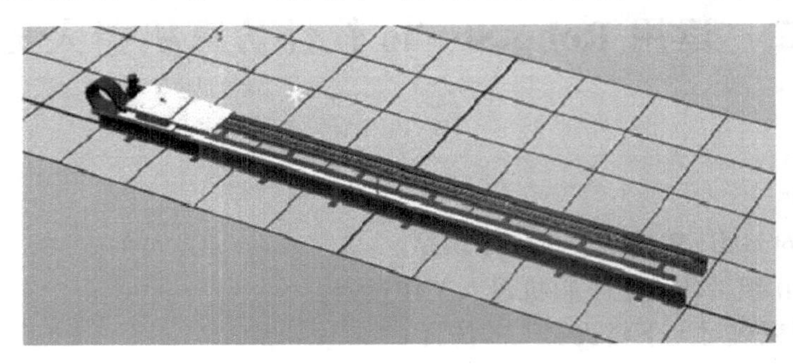

图 7-10　导轨

（3）数控车床　型号选择沈阳一机 SMTCL CAK50/61，本系列数控车床是一种经济、实用的万能型加工机床，产品结构成熟、性能可靠，广泛地应用于汽车、石油、军工等多种行业的机械加工领域。该系列机床可以实现轴类、盘类工件内外表面、锥面、圆弧、螺纹、镗孔、铰孔加工，也可以实现非圆曲线加工，根据用户的要求，可选配不同的数控系统和附件，如图 7-11 所示。

图 7-11　数控车床

（4）输送链　其长度为 3000mm，高为 800mm。用 3D 建模软件 SolidWorks 根据设计尺寸画出模型。毛坯料从输送链的起始端开始运动到末端，如图 7-12 所示。

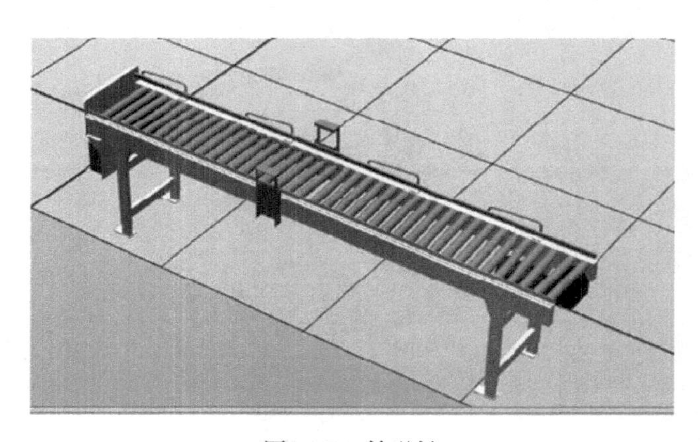

图 7-12　输送链

（5）毛坯料　采用棒料毛坯，半径为50mm，高为220mm，可以使用RobotStudio软件中的建模工具构建，如图7-13所示。

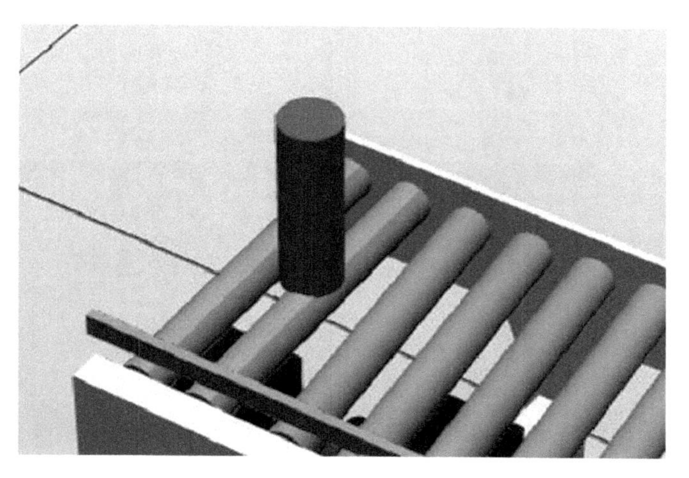

图7-13　毛坯料

二、布局上下料机器人基本工作站

通过建模软件创建好上下料机器人工作站所需模型后，需要将使用到的模型导入到空工作站中，并设定好每个模型适合的位置，在不影响机器人工作路径的条件下进行合理的布局工作。将所选ABB机器人安装到导轨上，可在导轨上做直线运动，最终到达工作目标位置。上下料机器人工作站的布局示意图如图7-14和图7-15所示，其中主要模型在工作站中的位置坐标如下：

- 数控车床1（2500，1650，2000）；
- 数控车床2（-2500，-3600，2000）；

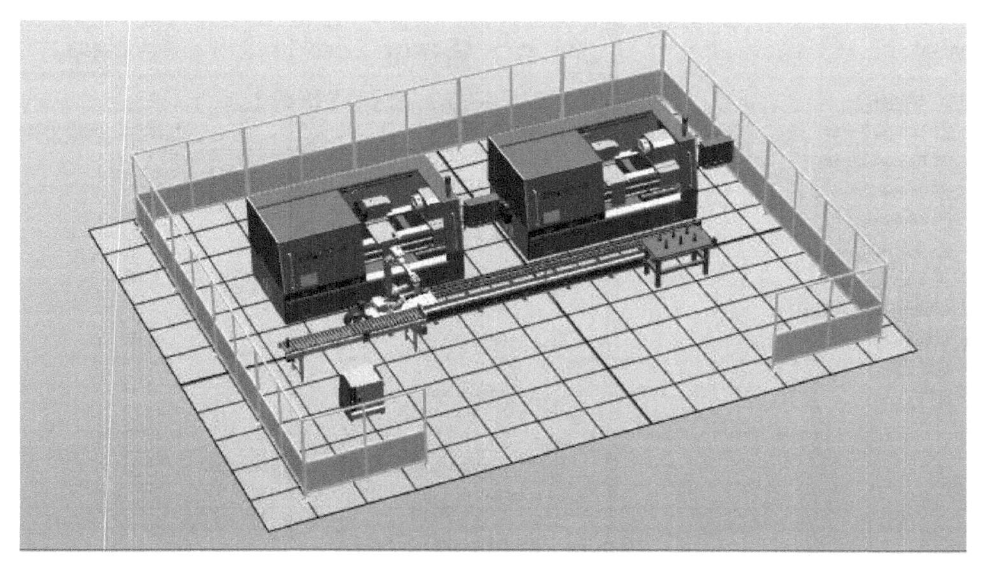

图7-14　工作站全景图

- 输送链（450，－3042.77，0.00）；
- 载物桌（672.49，2700.63，868.25）；

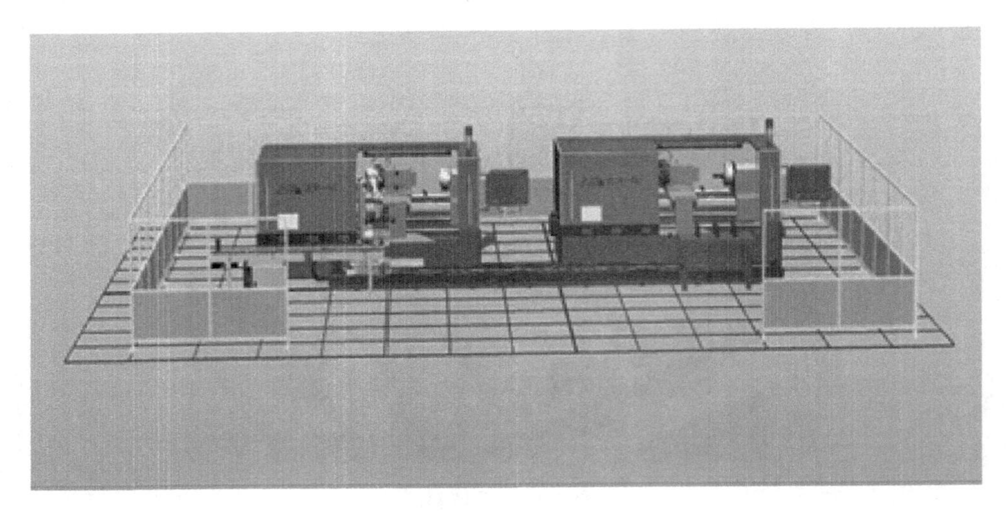

图 7-15　工作站正视图

三、用 Smart 组件创建动态输送链

Smart 组件的功能是在 RobotStudio 软件中实现动态效果的工具，输送链的动态效果对整个工作站的虚拟仿真起到了很关键的作用，包括：输送链的前端自动复制生成毛坯料、毛坯料随着输送链向前移动、毛坯料到达输送链的末端后停止运动、毛坯料被机器人夹手夹取后输送链前端再次复制生成毛坯料，依此循环。若要实现动态输送链的效果，需要添加以下子对象组件，如图 7-16 所示。

图 7-16　输送链子对象组件

1）子对象组件 Queue 的设定。在“添加组件”中选择“其他”，子组件 Queue 能够将同一类型物体做队列处理，此处暂时不需要具体设置其属性，如图 7-17 所示。

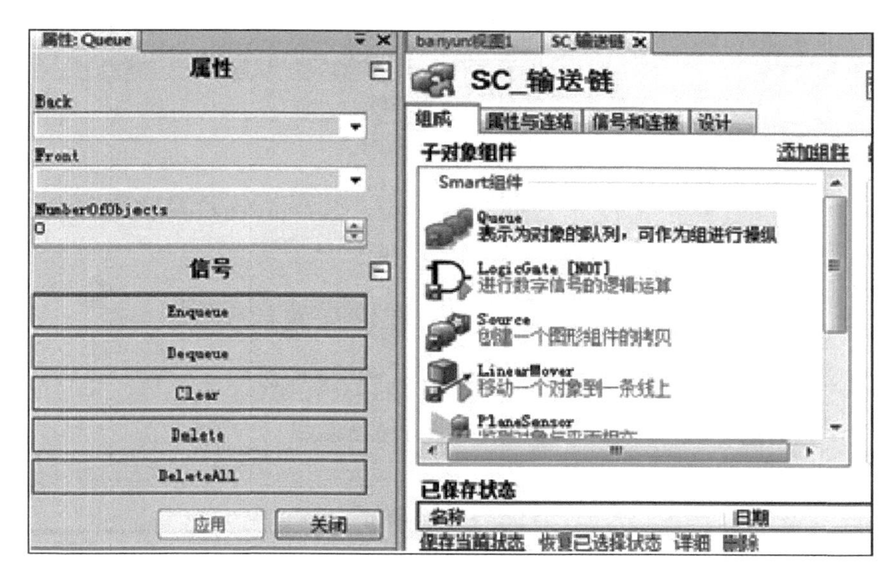

图 7-17　子对象组件 Queue

2）子对象组件 LogicGate 的设定。在 Smart 组件的应用中只有在数字信号从 0 变为 1，才能够触发事件。该组件自带锁定功能，如图 7-18 所示。

图 7-18　子对象组件 LogicGate

3）子对象组件 Source 的设定。选择“动作”列表中的“Source”，用于设定毛坯料的产品源，每触发一次 Source 都会自动产生一个毛坯料的复制品。此处将毛坯料设定为产品源，则每当触发后都会产生一个毛坯料的复制品，如图 7-19 所示。

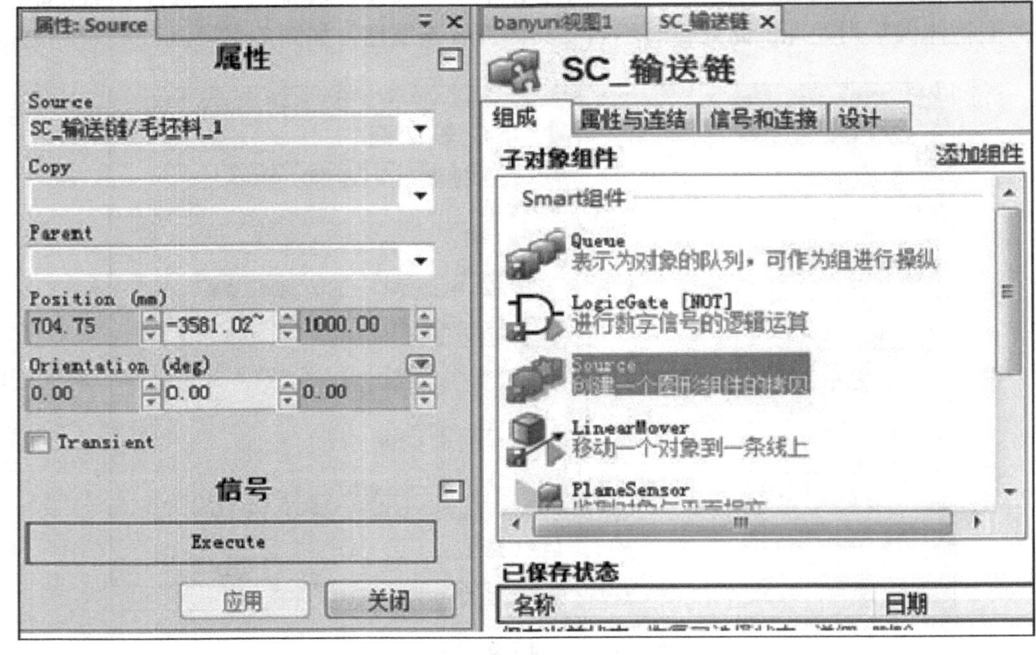

图 7-19　子对象组件 Source

4）子对象组件 LinearMover 的设定。“Object” 选为 “SC_输送链/Queue”，“Direction” 中的第二选项输入 “1”，表示在 Y 轴的正半轴方向运动，如图 7-20 所示。

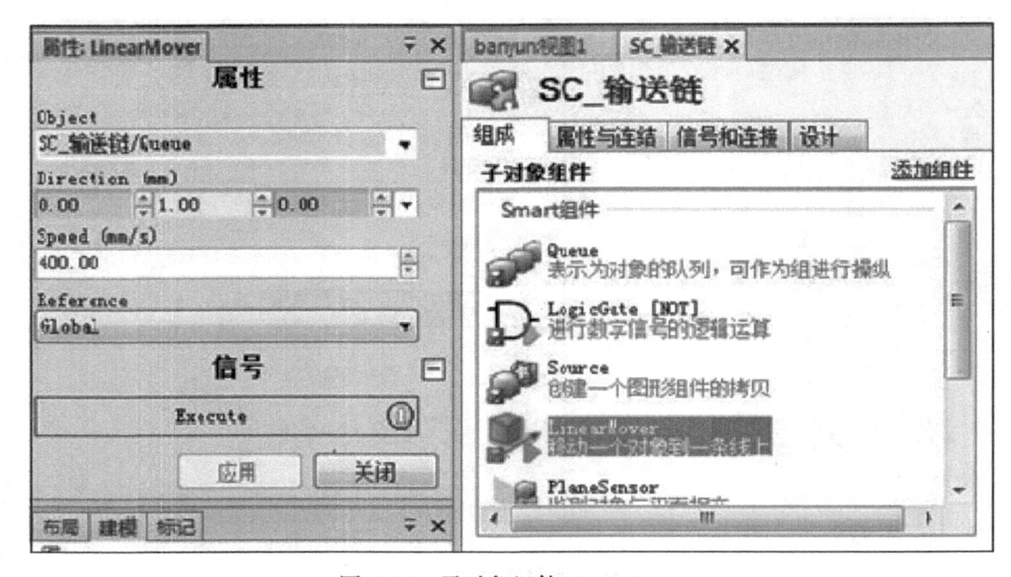

图 7-20　子对象组件 LinearMover

5）子对象组件 PlaneSensor 的设定。在 “传感器” 列表中选择在输送链的末端挡板位置设定一个面传感器。设定方法是选取一个合适的位置点作为原点，然后基于这个点设定两个延伸轴的方向和长度，以大地坐标方向为参考，这样就可以构建一个平面。这里也可以将数

值直接输入对应的数值框中来创建面传感器，以此平面作为面传感器来检测毛坯料是否到位，并能够自动输出一个逻辑信号，用于接下来机器人动作的控制。如图 7-21 所示。

图 7-21　子对象组件 PlaneSensor

6）创建属性与连结。属性与连结是指各 Smart 子组件的某项属性之间的连结。连结的子组件会互相产生影响，可在“属性与连结”窗口添加，如图 7-22 所示。

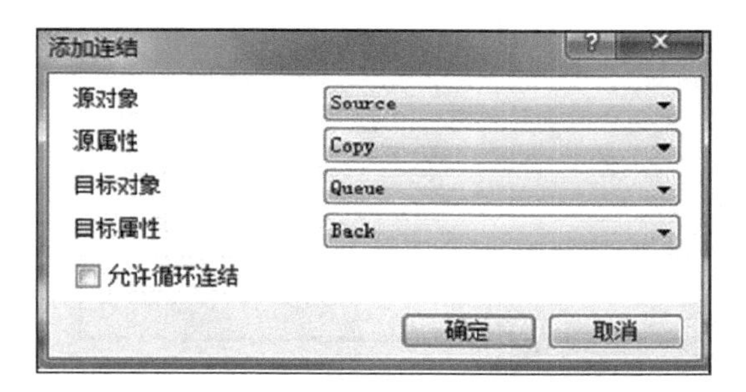

图 7-22　属性与连结

7）创建信号和连接。I/O 信号是在工作站中自行创建的一种数字信号，可以用于每个 Smart 子组件进行信号交互。I/O 信号连接是指设定创建的 I/O 信号和 Smart 子组件信号的相互连接关系，以及 Smart 子组件之间的信号连接关系。首先添加一个数字信号 di_star，用于启动 Smart 输送链，如图 7-23 所示。

8）再添加一个输出信号 do_BoxinPOs，用于毛坯料到位输出信号，如图 7-24 所示。

图 7-23　数字信号一

图 7-24　数字信号二

9）建立 I/O 信号连接。需要添加以下几个 I/O 连接，如图 7-25 所示。

10）创建的 di_star 启动信号去触发 Source 组件执行动作，则会自动产生一个毛坯料的复制品，如图 7-26 所示。

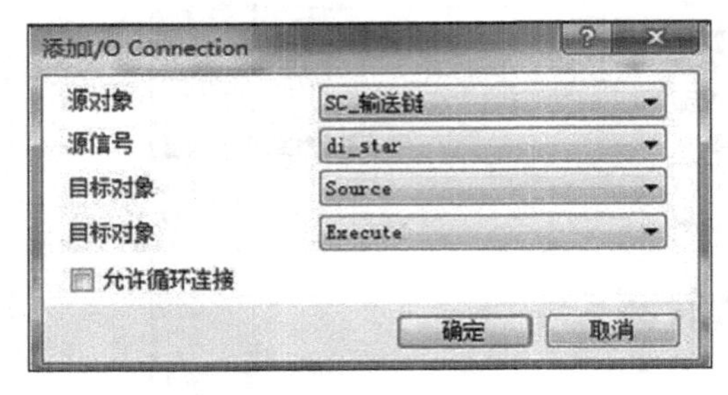

图 7-25　数字信号和连接一

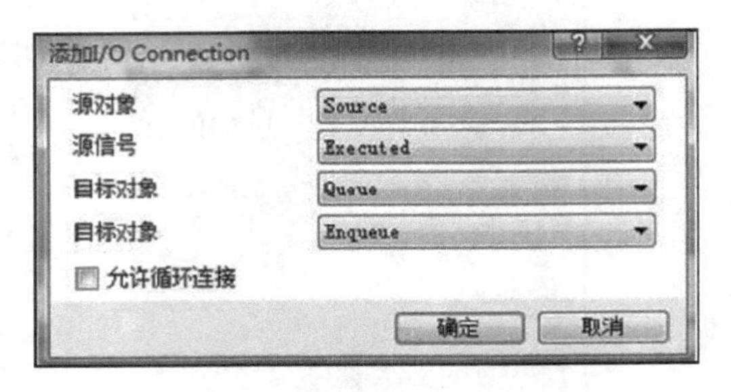

图 7-26　数字信号和连接二

11）产品源产生的毛坯料复制品完成信号触发 Queue 的加入队列动作，则产生的复制品毛坯料会自动加入队列 Queue，如图 7-27 所示。

12）当毛坯料复制品和输送链末端的面传感器发生接触后，此时面传感器的输出信号 SensorOut 置为 1。利用此信号去触发 Queue 的退出队列动作，则队列里的复制品毛坯料会自动退出队列，如图 7-28 所示。

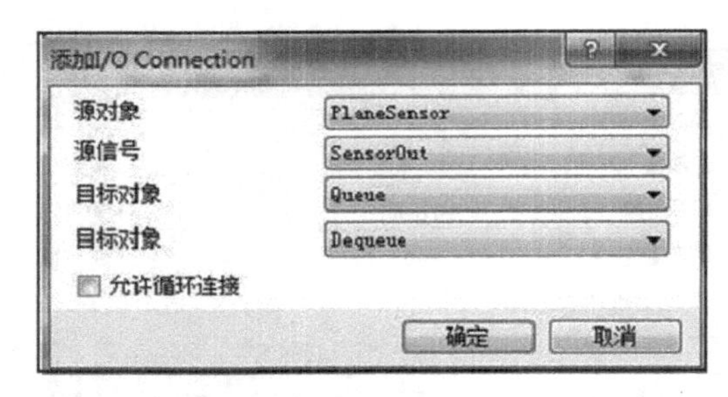

图 7-27　数字信号和连接三

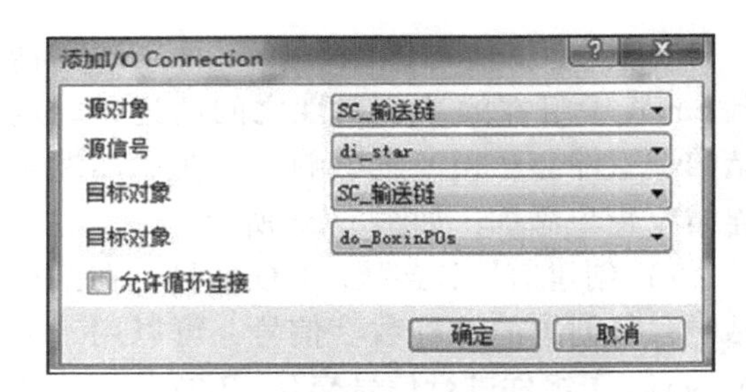

图 7-28　数字信号和连接四

13）当毛坯料移动到输送链末端和限位传感器发生接触后，可将 do_BoxinPOs 置为 1，代表毛坯料已经到达目标位置，如图 7-29 所示。

14）将传感器的输出信号和非门进行连接，那么非门输出信号的变化和传感器输出信号的变化相反。非门的输出信号来触发 Source 的执行，实现的效果是当传感器的输出信号由 1 变为 0 时，就会触发产品源 Source 产生一个毛坯料复制品，如图 7-30 所示。

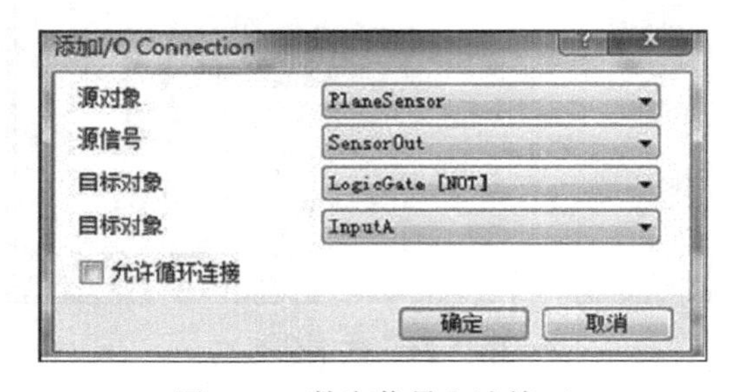

图 7-29　数字信号和连接五

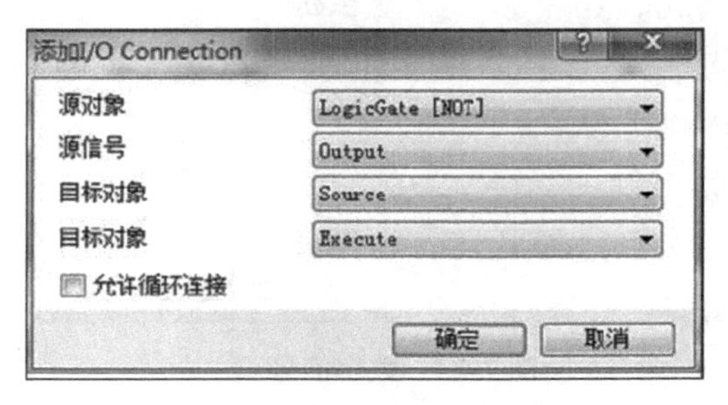

图 7-30　数字信号和连接六

15）按照图7-23～图7-30所示设置，认真设定每个I/O信号连接中的源对象、源信号、目标对象、目标信号，完成输入输出设计图如图7-31所示。

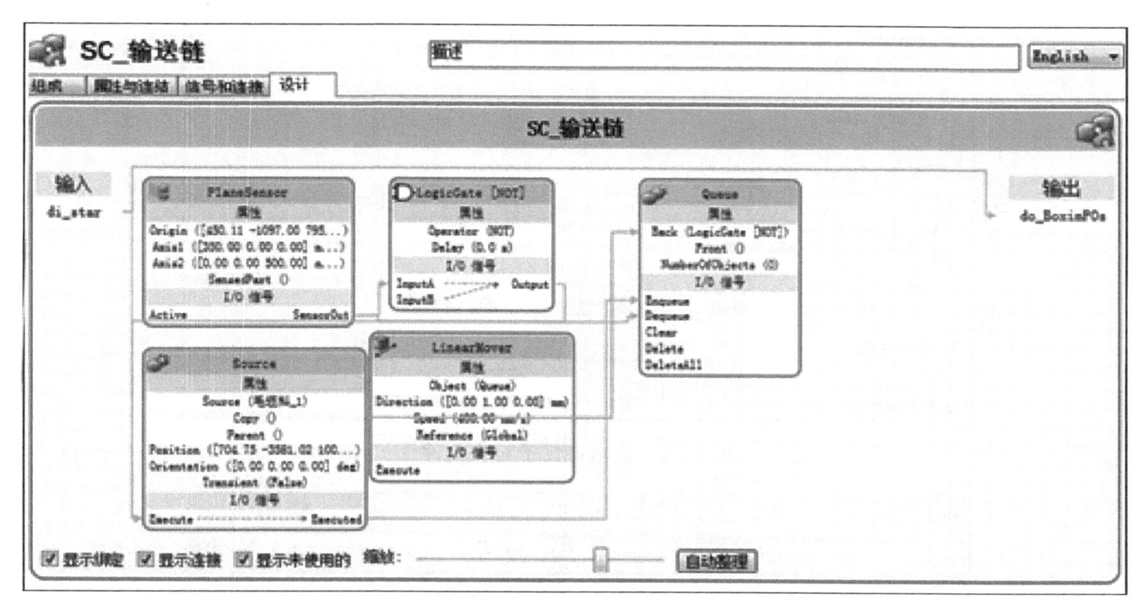

图7-31 输入输出设计图

这里一共建立了6个I/O连接，下面是整个事件的触发过程：

1）利用所创建的启动信号di_star去触发一次Source，使其产生一个毛坯料复制品。

2）复制品产生之后会自动加入已经设定好的Queue队列中，则复制品会沿着输送链向前运动。

3）当毛坯料复制品到达输送链的末端时，和设置好的面传感器接触，到位信号do_BoxinPOs置为1。

4）通过非门的连接，最终实现当毛坯料复制品和面传感器不接触后自动触发Source再次产生一个毛坯料复制品，此后进行下一个循环。

四、用Smart组件创建动态夹具SC_Grip

利用RobotStudio软件创建数控车床上下料的仿真工作站，夹取毛坯料的夹具的动态效果表现得最为重要，是仿真中不可缺少的一部分。这里选择一个合适的机械夹具对毛坯料进行夹取和放置，基于此夹具创建一个带有Smart组件特点的夹具。夹具动态效果包括：在输送链的末端传感器位置夹取毛坯料、在数控车床1卡盘中心位置放置毛坯料、自动置位复位机械夹手反馈信号。

在创建动态夹具SC_Grip时，首先需要添加以下几个子对象组件，如图7-32所示。

1）子对象组件Attacher属性的设定。“Parent”设定安装的父对象，选择“夹爪_2”；“Flange”是机械装置或工具数据安装到机器人上，如图7-33所示。

2）设置夹具的释放动作，使用的是子组件“Detacher”。添加组件，选择“动作”列表中的“Detacher”，确认“KeepPosition”项被勾选，其意义为释放后子对象保持在当前的空间位置不变。毛坯料在被放置后就会一直处于等待状态，保持不动，如图7-34所示。

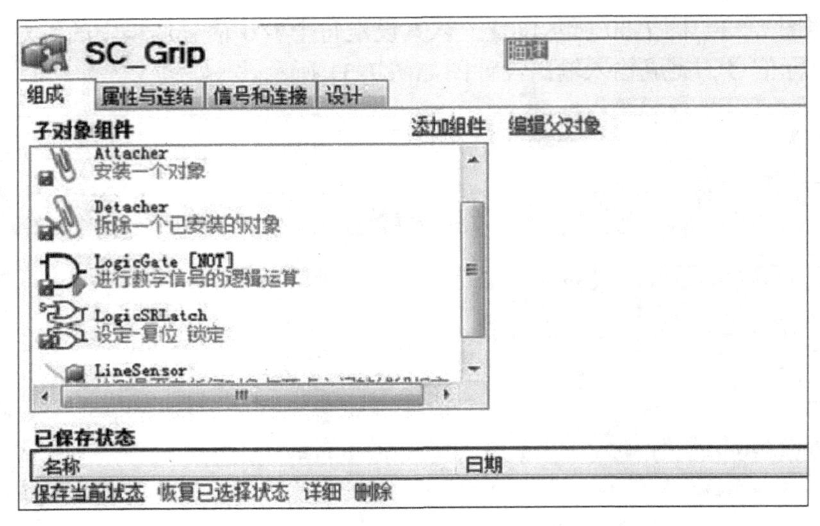

图 7-32　机械夹具子对象组件

图 7-33　子对象组件 Attacher

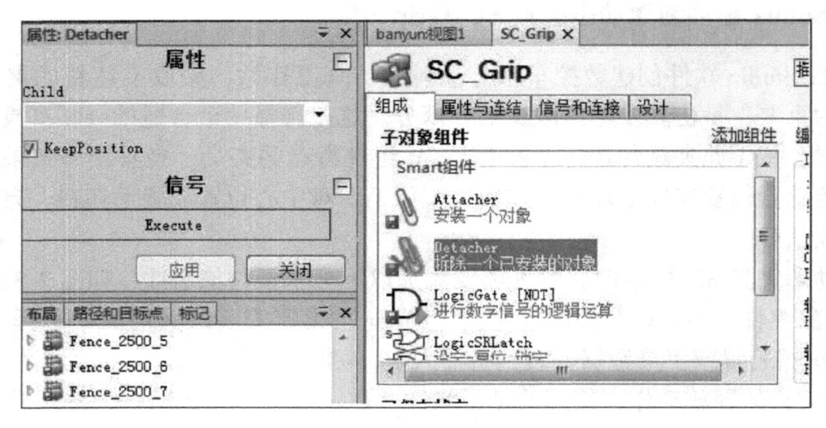

图 7-34　子对象组件 Detacher

3）创建一个非门信号，信号与属性子组件“LogicGate”的设置中，“Operator”栏选择“NOT”，如图 7-35 所示。

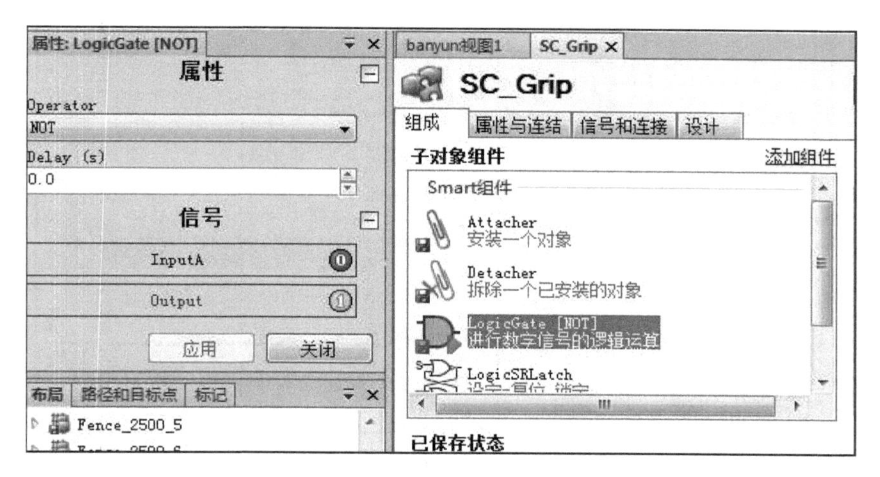

图 7-35　子对象组件 LogicGate

4）信号与属性的子组件“LogicSRLatch”的设定。该组件自带锁定功能，此处用于置位、复位信号。“Set”设置为“1”，夹具夹取毛坯料，“Reset”设置为“0”，夹具放置工件，如图 7-36 所示。

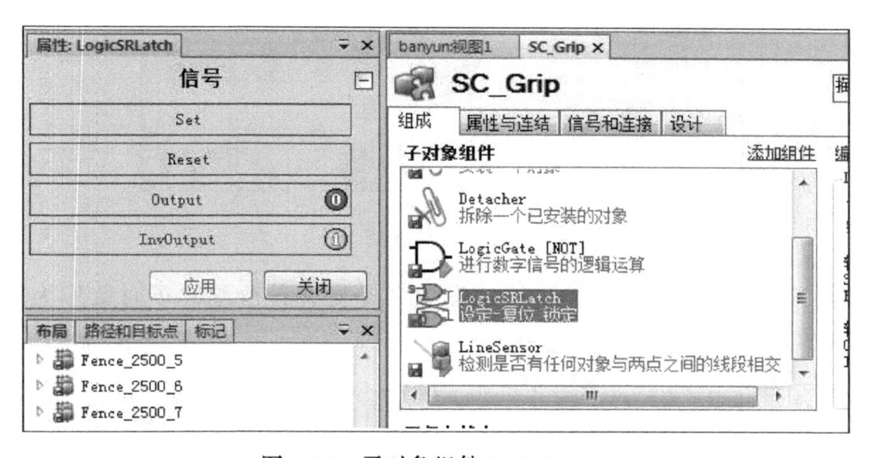

图 7-36　子对象组件 LogicSRLatch

5）添加一个检测传感器。单击“添加组件”，在“组成”选项卡中选择“传感器”列表中的“LineSensor”，在设定线传感器时需要先指定好起点 start 和终点 end。选择合适的捕捉模式以后，确定点的位置。在当前坐标方向的前提下，要求传感器的方向为 X 轴方向，若想使传感器能够接触到物体，则传感器的长度要选择合适的大小，X 轴终点的坐标要大于起点坐标，适当调整长度，直到合适为止，这样才能够准确地检测到物体，如图 7-37 所示。

6）创建属性与连结的过程。在属性与连结选项卡中单击“添加连结”，这里需要添加两个重要的属性与连结。LineSensor 的源属性 SensedPart 是指线传感器检测到的与其发生接触的物体。这里设置连结的意义是指可以把线传感器所检测到的物体作为夹具拾取的子对象，如图 7-38 所示。

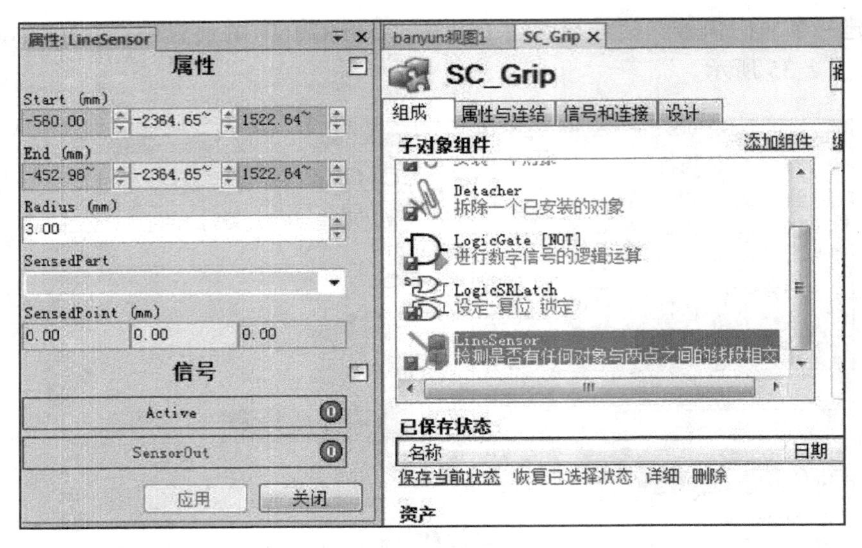

图 7-37　传感器组件 LineSensor

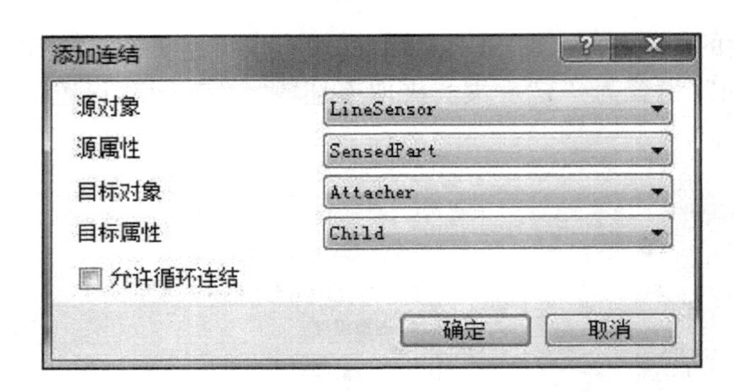

图 7-38　属性与连结（一）

7）添加第二个属性与连结，此处连结的意义是将夹具拾取的子对象作为释放的子对象，如图 7-39 所示。

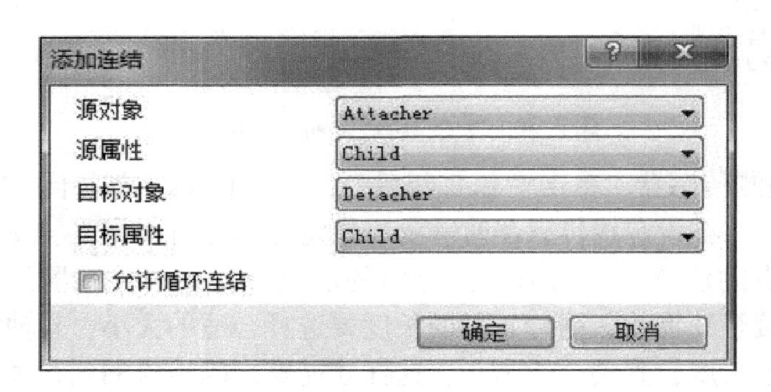

图 7-39　属性与连结（二）

8）创建信号和连结。首先创建一个数字输入信号“di_Grip”，单击“添加 I/O Signals”，添加以下数字信号，如图 7-40 所示。

图 7-40　数字信号 di_Grip

9）添加第二个数字输出信号“do_VaOK”，用于夹具反馈信号，提示抓取完成，如图 7-41 所示。

图 7-41　数字信号 do_VaOK

10）建立信号和连接，添加以下几个 I/O 连接。触发夹具的动作信号 di_Grip 去触发线传感器开始执行检测毛坯料的功能，如图 7-42 所示。

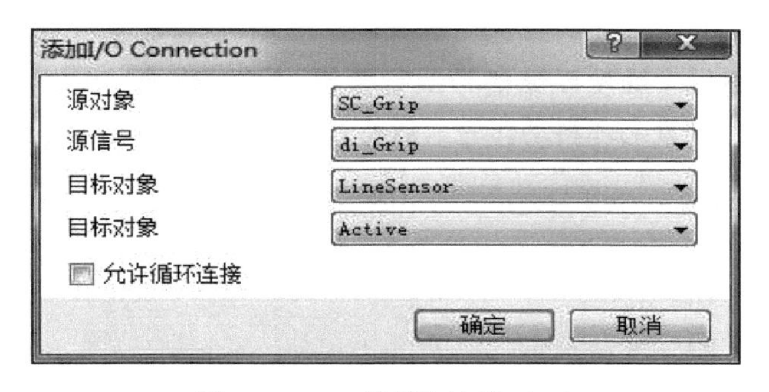

图 7-42　I/O 信号和连接（一）

11）线传感器检测到毛坯料时触发夹具产生动作信号，执行抓取动作，如图 7-43 所示。

12）夹具拾取动作完成后触发置位和复位组件执行置位动作，“Set”置为 1，如图 7-44 所示。

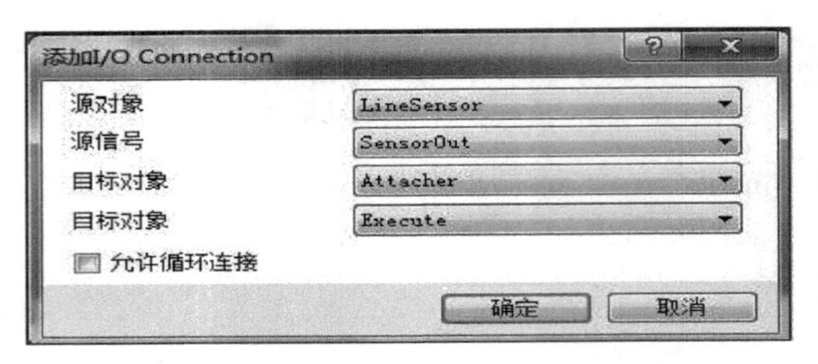

图 7-43　I/O 信号和连接（二）

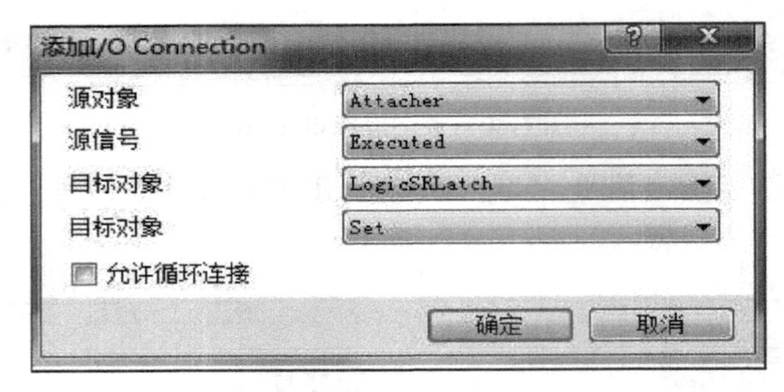

图 7-44　I/O 信号和连接（三）

13）夹具释放动作完成后触发置位和复位组件执行复位动作，如图 7-45 所示。

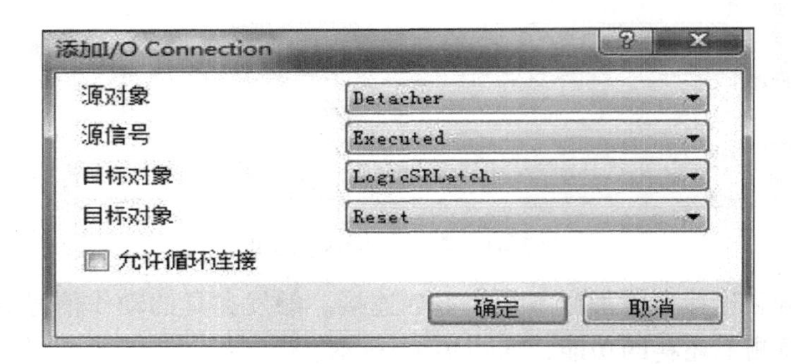

图 7-45　I/O 信号和连接（四）

14）置位和复位组件去触发反馈信号执行置位和复位动作，当抓取毛坯料动作完成后将 do_VaOK 置为 1，当放置毛坯料动作完成后将 do_VaOK 置为 0，如图 7-46 所示。

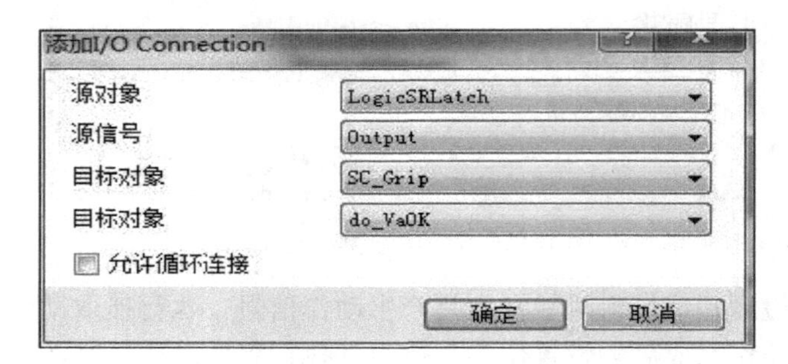

图 7-46　I/O 信号和连接（五）

15）下面两个信号和连接是利用非门的中间连接，如图 7-47 和图 7-48 所示。

添加I/O Connection

源对象 LogicGate [NOT]
源信号 Output
目标对象 Detacher
目标对象 Execute
允许循环连接
确定 取消

图 7-47 I/O 信号和连接（六）

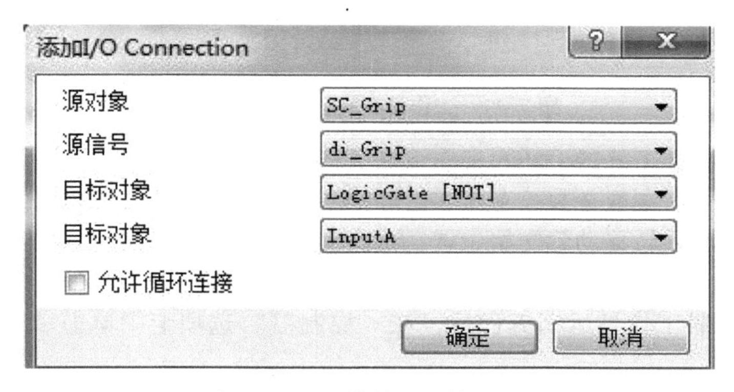

图 7-48 I/O 信号和连接（七）

整个运动过程是：机器人夹具在接收到输送链传感器发出的毛坯料到位信号以后，运动到夹取位置，夹具上的线传感器开始执行检测动作，当毛坯料与线传感器产生接触后，夹取信号会置为 1，表示已经夹取到毛坯料。然后机器人运动到指定的数控车床 1 卡盘位置后，再将信号复位为 0，执行放置动作。

五、工作站逻辑设定

工作站逻辑的设定是将 Smart 组件的输入、输出信号与机器人端的输入、输出信号作为关联信号。在所创建的上下料机器人工作站中，各信号的输入、输出端可以相互关联，互相通信。下面是工作站逻辑设定的连接图，如图 7-49 所示。

六、编辑程序及仿真

自动上下料机器人工作站要实现的动作过程需要提前规划，设计好机器人运动的位置点是很重要的，机器人在运动过程中因为受极限距离的影响，有些位置是不能够达到的。下面详细介绍创建工作站的运动过程：首先输送链导轨开始输送第一个毛坯料，毛坯料随着导轨向前移动，到达输送链末端的面传感器位置，毛坯料在接触到面传感器后停止运动，此时机器人夹具接收到毛坯料的到位信号，开始移动前往夹取毛坯料，夹取完成后移动到数控车床 1 的位置，将毛坯料放置在卡盘中心，然后离开车床工作区域进入等待时间，等待加工完成

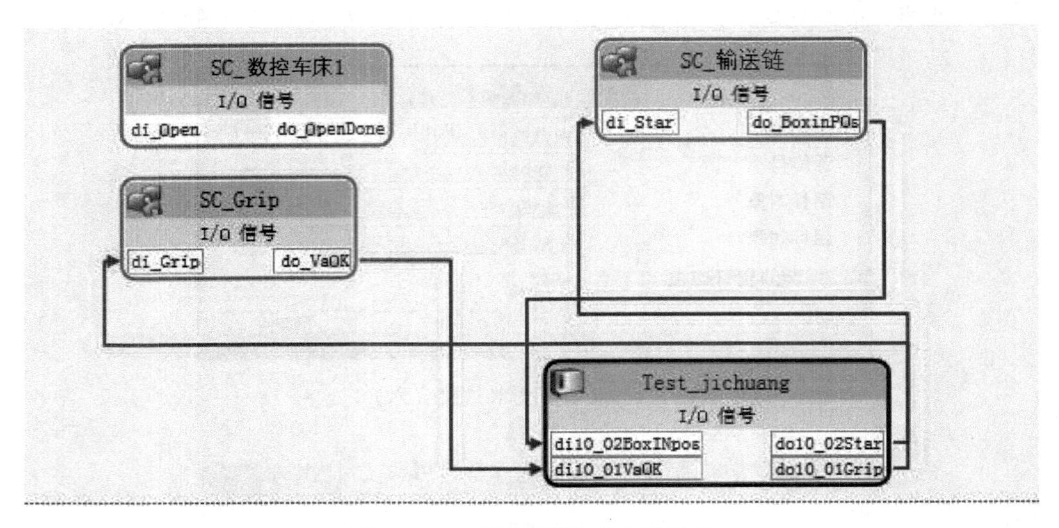

图 7-49　工作站逻辑设定的连接图

后，机器人夹具再将加工好的毛坯料夹取下来，移动至数控车床 2 卡盘位置，将毛坯料放置在卡盘中心位置，然后夹取在数控车床 2 已经加工完成的毛坯料，夹取后放置到载物桌上，然后机器人夹具沿着导轨移动到初始位置，再次夹取从输送链运送过来的毛坯料，继续循环工作。

在规划好上下料工作站运动流程后，在“控制器”选项卡中单击“虚拟示教器”，如图 7-50 所示。

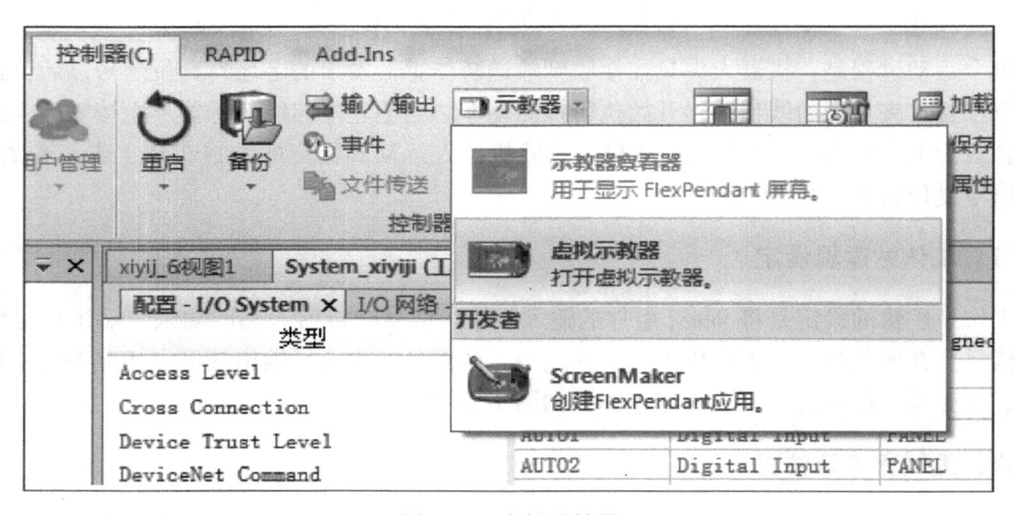

图 7-50　虚拟示教器

创建示教目标点，单击“新建”进行目标点的参数设置和创建，如图 7-51 所示。

打开虚拟示教器中的“程序编辑器”进行程序的编辑。根据工作站机器人运动过程来完成 RAPID 程序的编辑，以下是能够实现机器人逻辑和动作控制的 RAPID 程序以及程序注解。

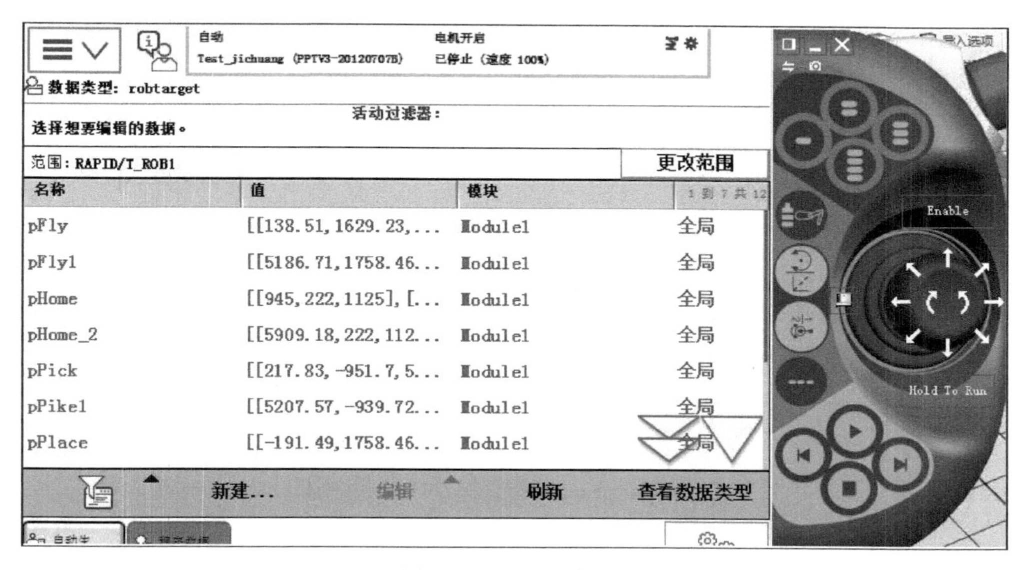

图 7-51　示教目标点

```
MODULE Module1
    PERS robtarget
pHome:=[[945.00,222.00,1125.00],[2.35306E-07,-2.98023E-08,1,-7.01268E-15],[0,
-1,-1,0],[0,9E+09,9E+09,9E+09,9E+09,9E+09]];
                                          ! 定义机器人的初始位置点 pHome
    PERS robtarget
pPick:=[[217.83,-951.70,543.20],[4.896E-09,-0.707107,-0.707107,-4.9391E-09],
[-2,0,-1,0],[0,9E+09,9E+09,9E+09,9E+09,9E+09]];
                                          ! 定义机器人的第一个拾取点 pPick
    PERS robtarget
pPlace:=[[-191.49,1758.46,1075.84],[0.707107,-6.86663E-08,-0.707107,-1.7663E-
08],[0,0,0,0],[0,9E+09,9E+09,9E+09,9E+09,9E+09]];
                                          ! 定义机器人的第一个放置点 pPlace
    PERS robtarget
pFly:=[[138.51,1629.23,1075.84],[0.707107,1.31598E-07,-0.707106,-8.60766E-07],
[0,0,0,0],[0,9E+09,9E+09,9E+09,9E+09,9E+09]];
                                          ! 定义机器人的运动中间点 pFly
    PERS robtarget
pHome_2: = [ [5909.18, 222.00, 1125.00], [2.35306E-07, -5.96046E-08,
1, -1.40254E-14], [0, 0, -1, 0], [4964.18, 9E+09, 9E+09, 9E+09, 9E+09, 9E+09]];
                                          ! 定义机器人的第二个位置点 pHome_2
    PERS robtarget
pPike1: = [ [5207.57, -939.72, 568.43],  [4.31906E-07, 0.699035, 0.715087, -4.22214E-
07], [-1, -1, -1, 0], [4964.18, 9E+09, 9E+09, 9E+09, 9E+09, 9E+09]];
                                          ! 定义机器人的最终放置点 pPike1
    CONST robtarget
pFly1: = [ [5186.71, 1758.46, 1075.84],   [0.707107, -1.59102E-07, -0.707107,
-8.3238E-08], [0, 0, 0, 0], [5378.2, 9E+09, 9E+09, 9E+09, 9E+09, 9E+09]];
```

```
                                                              ! 定义机器人的第二个放置点
        PERS robtarget
pPlace4: = [ [6325.33, 1790.03, 1066.90], [0.666878, -0.0367751, 0.743728,
-0.0281189], [0, -1, 0, 0], [5600.09, 9E+09, 9E+09, 9E+09, 9E+09, 9E+09]];
                                                              ! 定义机器人的第三个拾取点
    PROC main ()
                                                              ! 主程序
    rInitAll;
                                                              ! 初始化程序
    FOR Move FROM 1 TO 3 DO
                                                ! 重复执行判断指令，重复执行 3 次
    rPickPlace;
                                                              ! 夹取毛坯料
    rPlace2;
                                                              ! 放置毛坯料
    IF Move = 3 THEN
                                                              ! 条件判断指令
    ! MoveJ pHome, v1000, fine, toolGrip1;
                                              ! 机器人夹手移动到 pHome 初始位置点
    Stop;
                                                              ! 程序停止
    ENDIF
                                                              ! 结束 If 循环
    ENDFOR
                                                              ! 结束 For 循环
    ENDPROC
    PROC rInitAll ()
                                                              ! 初始化程序
    AccSet 30, 50;
                                                              ! 加速度控制指令
    VelSet 50, 800;
                                                              ! 速度控制指令
    Reset do10_01Grip;
                                                              ! 复位夹具
    MoveJ pHome, v1000, fine, toolGrip1;
                                                        ! 机器人移动到 pHome 点
    ENDPROC
    PROC rPickPlace ()
        MoveJ Offs (pPick, 0, 0, 300), v1000, z30, toolGrip1;
                                 ! 机器人夹具运动到 pPick 点 Z 轴正半轴 300mm 位置
        WaitDI di10_02BoxINpos, 1;
                                                  ! 等待输送链到位信号置为 1
        MoveL pPick, v300, fine, toolGrip1;
                                                        ! 机器人移动到 pPick 点
        Set do10_01Grip;
```

```
                                                    ！置位夹具，抓取毛坯料
        WaitDI di10_01VaOK, 1;
                                                    ！等待抓取信号置为 1
        MoveL Offs (pPick, 0, 0, 300), v300, z30, toolGrip1;
                            ！机器人夹具移动到 pPick 点沿 Z 轴正方向 300mm 位置
        MoveJ
[[434.62, 836.38, 1375.03], [0.0122347, 0.519027, -0.854638, 0.00743029], [0, 0,
0, 0], [0, 9E+09, 9E+09, 9E+09, 9E+09, 9E+09]], v300, z30, toolGrip1;
                                                ！机器人移动至该坐标点的位置
        MoveJ pFly, v300, z30, toolGrip1;
                                                    ！机器人移动至 pFly 点
        ! MoveJ Offs (pPlace, 0, 300, 0), v300, z30, toolGrip1;
        MoveJ pPlace, v300, fine, toolGrip1;
                                                  ！机器人移动至 pPlace 点
        Reset do10_01Grip;
                                                    ！复位夹具，放置毛坯料
        WaitDI di10_01VaOK, 0;
                                                    ！等待放置信号变为 0
        ! MoveL Offs (pPlace, 0, 300, 0), v300, z30, toolGrip1;
        MoveJ pFly, v300, z30, toolGrip1;
                                                ！机器人移动至 pFly 点位置
        MoveJ pHome, v1000, fine, toolGrip1;
                                              ！机器人夹手移动到 pHome 点
    ENDPROC
    PROC Teach ()
                                                            ！示教子程序
        MoveJ pHome, v1000, fine, toolGrip1;
                                              ！机器人夹具移动到 pHome 点
        MoveJ
[[425.10, 872.70, 1125.00], [2.12553E-07, -0.429002, 0.903303, 1.00947E-07], [0,
-1, -1, 0], [0, 9E+09, 9E+09, 9E+09, 9E+09, 9E+09]], v1000, fine, toolGrip1;
                                                ！机器人移动到该坐标点位置
        MoveJ pPick, v1000, fine, toolGrip1;
                                                  ！机器人运动到 pPick 点
        MoveJ pPlace, v1000, fine, toolGrip1;
                                                  ！机器人运动到 pPlace 点
        MoveJ pHome_2, v1000, fine, toolGrip1;
                                                  ！机器人运动到 pHome_2 点
        MoveJ pPlace_2, v1000, fine, toolGrip1;
                                                ！机器人运动到 pPlace_2 点
    ENDPROC
    PROC rPlace2 ()
                                        ！放置毛坯料到第 2 台数控车床程序
        WaitTime 5;
                                                                ！等待 5s
```

```
    MoveJ
[ [434.62, 836.38, 1375.03], [0.0122347, 0.519027, -0.854638, 0.00743029], [0, 0,
0, 0], [0, 9E+09, 9E+09, 9E+09, 9E+09, 9E+09]], v300, z30, toolGrip1;
                                                        ! 机器人运动到该坐标点位置
    MoveJ pFly, v300, z30, toolGrip1;
                                                        ! 机器人运动到 pFly 点位置
    MoveJ pPlace, v300, fine, toolGrip1;
                                                        ! 机器人运动到 pPlace 点位置
    Set do10_01Grip;
                                                        ! 置位夹具，夹取动作
    WaitDI di10_01VaOK, 0;
                                                        ! 等待信号变为 0
    MoveJ pFly, v300, z30, toolGrip1;
                                                        ! 机器人运动到 pFly 点位置
    MoveJ pHome, v1000, fine, toolGrip1;
                                                        ! 机器人运动到 pHome 点位置
    MoveJ pHome_2, v1000, fine, toolGrip1;
                                                        ! 机器人运动到 pHome_2 点位置
    MoveJ pFly1, v1000, fine, toolGrip1;
                                                        ! 机器人运动到 pFly1 点位置
    Reset do10_01Grip;
                                                        ! 复位夹具，放置动作
    WaitDI di10_01VaOK, 0;
                                                        ! 等待放置信号变为 0
    MoveJ pHome_2, v1000, fine, toolGrip1;
                                                        ! 机器人运动到 pHome_2 点位置
    WaitTime 1;
                                                        ! 等待 1s
    MoveJ pPlace4, v1000, fine, toolGrip1;
                                                        ! 机器人运动到 pPlace4 点位置
    Set do10_01Grip;
                                                        ! 置位夹具，夹取动作
    WaitDI di10_01VaOK, 0;
                                                        ! 等待夹取信号变为 0
    MoveJ pHome_2, v1000, fine, toolGrip1;
                                                        ! 机器人运动到 pHome_2 点位置
    MoveJ pPike1, v1000, z30, toolGrip1;
                                                        ! 机器人运动到 pPike1 点位置
    Reset do10_01Grip;
                                                        ! 复位夹具，放置加工完成的工件
    MoveJ pHome, v1000, fine, toolGrip1;
                                                        ! 机器人运动到初始位置 pHome 点
  ENDPROC
  ENDMODULE
```

程序编辑完成以后，能够对上下料机器人工作站进行虚拟仿真。在“仿真”选项卡中

单击“播放”，在此之前需要在仿真菜单中打开“I/O 仿真器”，选择“SC_输送带”系统。在“输入”信号中，选择“di_Star”信号，单击置为 1 时，毛坯料开始随着输送链运动，工作站按照规划好的运动过程运行，如图 7-52 所示。同时可以将上下料机器人工作站的仿真运行录制成视频。另外，还可以将工作站运行视频制作成“exe”格式的可执行文件，这种格式的文件只可以在安装有 RobotStudio 软件的计算机中查看。查看这种格式的文件时可从各种角度观察，更加灵活。

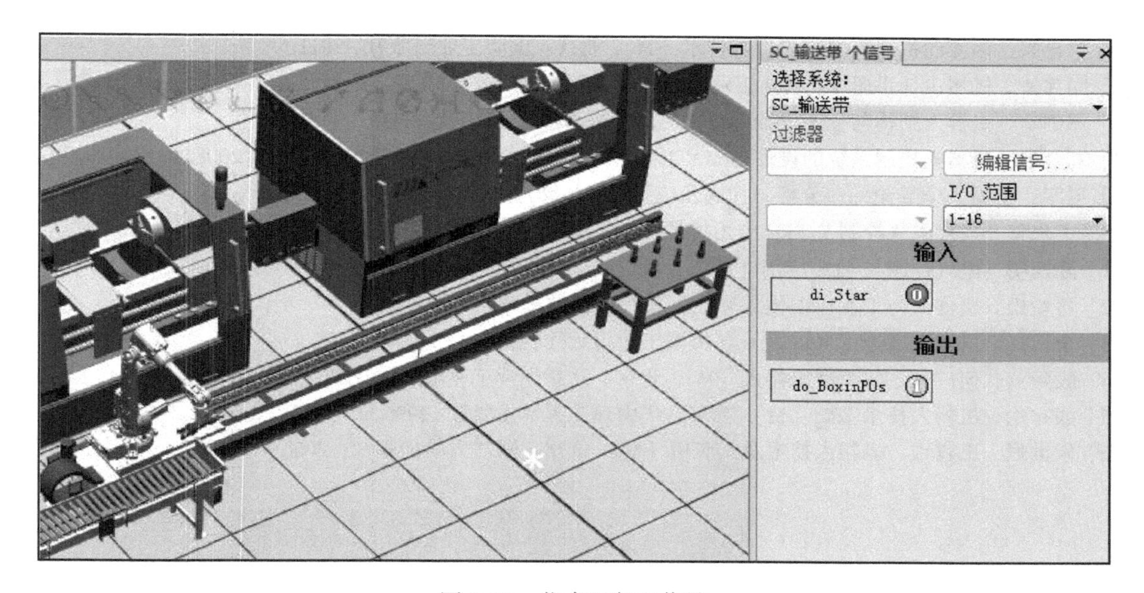

图 7-52　仿真运行工作站

课后练习

1. 简述柔性制造系统的定义。
2. 简述柔性制造系统的分类和特点。
3. 上下料机器人工作站的组成是什么？
4. 简述上下料机器人的工作流程。
5. Smart 组件的子对象和源对象怎么选择？
6. Smart 组件输送链的动态效果包括什么？
7. 编写一个程序，使 Smart 组件完成动画效果。

参考文献

[1] 蔡自兴．机器人学基础 [M]．北京：清华大学出版社，2000.
[2] 叶辉．工业机器人实操与应用技巧．[M]．北京：机械工业出版社，2010.
[3] 叶辉．工业机器人典型应用案例精析 [M]．北京：机械工业出版社，2013.
[4] 叶辉．工业机器人工程应用虚拟仿真教程 [M]．北京：机械工业出版社，2014.
[5] 蔡自兴．多移动机器人协同原理与技术 [M]．北京：国防工业出版社，2011.
[6] 闻邦椿．机械设计手册单行本：工业机器人与数控技术 [M]．北京：机械工业出版社，2015.
[7] 郑剑春．机器人结构与程序设计 [M]．北京：清华大学出版社，2010.
[8] 刘金琨．机器人控制系统的设计与 MATLAB 仿真 [M]．北京：清华大学出版社，2008.
[9] 尼库．机器人学导论——分析、控制及应用 [M]．2 版．北京：电子工业出版社，2013.
[10] 王永华．现代电气控制及 PLC 应用技术 [M]．3 版．北京：北京航空航天大学出版社，2013.
[11] 陈建明．电气控制与 PLC 应用 [M]．3 版．北京：电子工业出版社，2014.
[12] 蒋新松．机器人与工业自动化 [M]．石家庄：河北教育出版社，2003.
[13] 李云江．机器人概论 [M]．北京：机械工业出版社，2011.
[14] 殷际英，何广平．关节型机器人 [M]．北京：北京化学工业出版社，2003.
[15] 熊有伦．机器人技术基础 [M]．武汉：华中理工大学出版社．1996.
[16] 朱世强，王宣银．机器人技术及其应用 [M]．杭州：浙江大学出版社，2006.